面向大规模应用的高性能计算编程与优化

文 梅 柴 俊 苏华友 董辛楠 张春元 著

科学出版社

北 京

内 容 简 介

随着信息技术的不断发展，应用对计算的需求不断增加，需要借助高性能计算系统来解决相关领域的问题。如何高效地利用高性能计算资源解决工程和科学问题成为急需解决的问题。本书源自于作者基于天河系列超级计算机进行大规模应用开发的经验和研究成果，对高性能计算相关的基础知识和优化关键技术进行系统的介绍。

本书共 9 章，第 1 章绪论，主要介绍大规模应用对计算的需求，阐述编程方面的挑战；第 2～5 章介绍高性能计算的基础知识，重点介绍 GPU 和 MIC 编程及优化技术；第 6～8 章阐述作者基于天河-1A、天河 2 号超级计算机开发的三个典型应用案例，重点介绍大规模计算集群的优化技术；第 9 章介绍未来的高性能计算，E 级计算的挑战以及一些新兴应用，并讨论未来高性能计算可能的发展方向。

本书主要面向专门从事高性能计算的程序员和工程师以及使用大规模异构集群系统进行科学计算的科研人员，也可作为相关专业本科生和研究生的参考书。

图书在版编目 (CIP) 数据

面向大规模应用的高性能计算编程与优化/文梅等著. —北京：科学出版社，2015.11
ISBN 978-7-03-046259-6

Ⅰ．①面⋯ Ⅱ．①文⋯ Ⅲ．①程序设计 Ⅳ．①TP311

中国版本图书馆 CIP 数据核字 (2015) 第 265595 号

责任编辑：陈 静 / 责任校对：陈玉凤
责任印制：徐晓晨 / 封面设计：迷底书装

科学出版社 出版
北京东黄城根北街 16 号
邮政编码：100717
http://www.sciencep.com

北京凌奇印刷有限责任公司 印刷
科学出版社发行 各地新华书店经销

*

2015 年 11 月第 一 版 开本：720×1 000 B5
2019 年 3 月第四次印刷 印张：12 1/2 插页：2
字数：237 000
定价：**58.00 元**
（如有印装质量问题，我社负责调换）

作 者 简 介

文梅，女，国防科学技术大学计算机学院研究员，硕士生导师。长期从事超高性能加速器体系结构、并行计算、媒体处理等研究。2011 年在挪威 Simula 实验室担任客座科学家。近年来，主持及参与国家重大项目 10 余项，其中包括世界上第一款 64 位流处理器 FT64 的研制、流处理系列国家自然科学基金项目（重点、面上、青年项目）、中挪合作项目等。目前研究兴趣包括深度学习加速器以及相关图像处理。在国际会议和期刊上以第一作者/通信作者身份发表论文 20 余篇，总计发表论文 100 余篇，其中 SCI 8 篇，EI 17 篇。完成学术专著 3 部。2008 年获湖南省优秀博士论文，2009 年获全国优秀博士学位论文提名。

柴俊，男，工程师，2014 年获得国防科学技术大学计算机学院博士学位，研究方向为并行编程、高性能科学计算、计算机系统结构。以第一作者发表论文 5 篇，其中 SCI 3 篇，EI 2 篇。

苏华友，男，助理研究员，2014 年获得国防科学技术大学计算机学院博士学位。研究方向为 GPGPU 并行计算、媒体处理等。以第一作者/通信作者身份发表论文 12 篇，其中 SCI 4 篇，EI 7 篇。

董辛楠，女，助理工程师，2014 年获得国防科学技术大学计算机学院硕士学位。研究方向为高性能计算，以第一作者发表 SCI 1 篇。

张春元，男，国防科学技术大学计算机学院教授，博士生导师，IEEE 会员，享受国务院政府特殊津贴。长期从事计算机体系结构、并行计算等领域研究和教学工作。研究领域主要涉及新型计算机系统结构技术、高性能计算、嵌入式系统及应用技术、并行与分布处理技术、Web 应用技术等。作为项目负责人和主要研究人员主持或参加的各类项目（包括国家自然科学基金、国家 863 高技术研究项目、国家 973 安全重大基础研究项目、国家重点型号项目和对外合作等）共计 20 多项。发表高水平科研论文 50 余篇，出版学术专著 3 部。

序

我所在的国防科学技术大学计算机学院研制的天河系列超级计算机多次位列世界高性能计算机排名 TOP500 的第一名，这是我们学院、中国计算机界乃至全中国人的骄傲。作为天河团队的一员，与有荣焉。2011 年我在挪威 Simula 国家实验室做为期 1 年的访问学者，因为天河，结识了 Oslo 大学的蔡行教授及其研究团队，他问起能不能在天河上合作做一些事情。作为资深的数值计算专家，又是海外华人，常年与高性能集群打交道，他对天河出现的兴奋在某种程度上尤甚于我。加上我所属研究团队的张春元教授致力于开启民智，主持我院学生超算事宜，我便一头扎入高性能计算的研究中，这一扎就是 4 年。

严格地说，我们以前的研究虽然可以列入高性能计算的范畴，但一直处于单芯片微处理器体系结构，再准确点是加速器体系结构，对大规模并行编程也是初次涉猎。只是刚好，天河系列超级计算机都是加速器增强型集群，而且天天在院里耳濡目染，因此有一个相对较好的启动基础。几年来的研究使我清楚地认识到，高性能计算是一个系统工程，要把成百上千个节点集合起来做一件事，尤其是真实应用，挑战是巨大的。分层次讲，任务涉及计算机硬件、系统软件，以及上层的应用。其中，硬件包括芯片、主板、网络；系统软件包括操作系统、作业系统、通信支持，以及各种系统软件库/应用开发库；应用方面包括领域专家提供真实的应用，数值计算专家对应用的数值方法实现，并行专家在庞大集群上的并行实行，而对于集群系统还可能涉及配套的外围环境，如冷却系统、机房保障等，每一个环节都必须紧密耦合，一旦配合不好就可能导致应用无法完成，或者扩展性不高，或者需要时间太长等。高性能计算一直都是国家综合实力的象征，因为无论从人力成本还是硬件成本来说，它的开销都非常巨大。同时它也是一个需要长期积累的，涉及多个科学领域。从另一个角度来说，军事、石油勘探、医学成像、气候模拟、自然科学研究等应用领域都离不开高性能计算。例如，石油工业广泛使用软件来模拟在油井、输油管线和油气处理设备中的油、气及水的运动状态。

在高性能计算领域，大家熟知的 TOP500 相当于"硬实力"的排名，已经得到国内外广泛的关注和认可。而另一个"软实力"的竞赛同样重要，即 Gordon Bell 奖，它是由美国计算机协会（Association for Computing Machinery，ACM）组织颁发的高性能计算应用领域的学术奖项，旨在奖励将高性能计算用于解决实际科学问题的杰出成就。纵观 Gordon Bell 奖从 1987 年设立以来的历史，美国的实力有目共睹，日本也拿过 7 次，而我国则是空白，这在一定程度上也体现了我们的真实应用水平与国际先进水平存在很大的差距。MASA 团队在该书中提到的真实算例使用的最大节点规模 1000 节点、

4000 节点，在当时分别都是天河-1A、天河 2 号应用的高水平，只大约相当于全部节点规模的 1/8、1/4，最高达到 1.2Pflops（10^{15} 次/s 双精度浮点运算）的性能，而 2013 年 Gordon Bell 奖的入围候选者（finalist）的门槛是 7.17Pflops。2014 年的 Gordon Bell 奖的入围候选者中最高的应用性能已经达到了 24.77Pflops（机器 Piz Daint：18600 节点，18600 GPU）。因此，尽管我们的高性能计算的硬实力有目共睹，但是软实力还需要科学家们继续努力。相信不久的将来，我国学者最终能够摘得这个大奖。

虽然高性能计算一直是"高大上"的学科，通常用于科学计算及高端工业计算（本质上这二者是一回事），但有一个神秘出口与我们每个人都相关，这就是"技术下移"。计算机芯片每 18 个月可多集成一倍的晶体管，以前的巨型机还比不上现在的台式机性能，因此，高性能计算积累的技术（如大规模、多节点并行计算），现在已经变为普通人接触到的片上多核计算技术。

随着互联网、大数据时代的到来，传统的高性能计算有机会焕发新生。例如，2014 年下半年 Google 开源的分布式集群管理系统 Kubernetes（用 Go 语言重写的 Borg），提出的思想就是 "Manage a cluster of Linux containers as a single system to accelerate Dev and simplify Ops"。就是说，像一个单系统那样管理众多进程群（实际运行在可能异构的集群上）以便加速设备和简化操作。简而言之，用户可以像面对 1 台机器那样工作，这在传统高性能计算看来几乎是不可想象的。因为大数据任务天生并行，例如，搜索引擎，每个人的搜索任务是不相关的，所以实际上数据中心的集群计算相当于是利用多台机器完成多个任务，并行难度小，任务之间没有通信。数据中心的主要目标不是在最短的时间完成任务，而是如何处理更多的数据（包括具有极高的容错能力，面向巨量并且持续的商用需求），这也是 Google 可以采用廉价集群（单节点计算能力低下，低速互联网络）的原因。而传统高性能计算任务难以做到这样的任务并行度。

尽管从源头上，大数据与高性能计算有差别，但是随着大数据任务的发展，也逐渐出现了一些交叉。例如，近年来非常热的深度学习网络的训练就需要同时考虑性能需求，因为大量的样本图片和视频训练的时间是非常可观的，一次训练通常以周甚至月计算，而为了获得一个好的训练网络，需要不断调整，反复尝试。因此 Hinton 等纷纷采用高性能计算节点来进行训练。但同时该任务又有传统高性能计算所不具备的大量数据的特征。从这个角度上来说，我们认为未来在并行计算、分布式计算（通常包括云计算、大数据计算）等领域，都将看到高性能计算产生的持续影响。

本书的目的在于将我们近几年的研究成果总结出来，抛砖引玉，希望给正在或将要投身到高性能计算编程方面的同行提供一点经验和参考。由于作者的水平有限，书中不足之处在所难免，恳请读者批评指正。本想写得更为科普，可以适应更多的读者，受限于时间和水平，难免有些学究古板，希望读者也可多多包涵。

文　梅

2015 年 6 月

前　　言

本书基于高性能计算集群，特别是 GPU/MIC 众核加速器的异构系统，结合我们近年来的课题研究，选取了 3 个具有一定代表性的真实大规模科学与工程的应用，介绍了大规模并行应用软件设计和实现技术，以及性能优化策略，为开发设计高效的异构混合计算应用提供参考，并为进一步拓展大规模 GPU/MIC 加速器异构系统的应用领域奠定基础。

全书共分 9 章，内容安排如下。

第 1 章绪论，主要介绍大规模应用的计算需求，高性能计算硬件基础知识，重点介绍加速器增强型异构计算系统，阐述编程方面的挑战及相关研究现状。

第 2 章高性能计算并行基础，介绍相关基础知识，包括并行的分类、并行计算的度量指标以及一些典型的基准测试集。

第 3 章并行程序设计，介绍以通用处理器 CPU 为主的单节点及多节点编程模型，包括 OpenMP、MPI 及混合编程模型 MPI+OpenMP 等，并给出实例，同时阐述大规模集群系统通用的关键优化——节点间通信优化问题。

第 4 章 GPU 并行计算，介绍 GPU 体系结构、CUDA 编程模型、单芯片性能优化方法并给出实例。同时介绍单节点多 GPU 以及大规模 CPU-GPU 异构计算的混合编程模型。

第 5 章 MIC 并行计算，介绍 MIC 体系结构、单芯片编程模型、性能优化策略，并给出实例。同时介绍单节点多 MIC、大规模 CPU-MIC 异构计算的混合编程模型。

第 6~8 章分别基于天河-1A、天河 2 号超级计算机，介绍以下三个应用的大规模并行编程实例。

（1）贝叶斯分析（Bayesian analysis）构建物种进化树。贝叶斯分析根据各物种的基因序列构建出物种的进化树，是生物信息学领域的典型方法之一。进化树被广泛地用于医药和生物学研究，对科学和社会具有重大的价值和意义。贝叶斯分析是一种根据排列好的分子序列数据和形态数据矩阵来推测进化树的标准方法。然而，使用贝叶斯分析方法来推测大型进化树时，会导致对计算能力的巨大需求。例如，在个人桌面计算机上对于数百物种，数千字符长的序列来构建一个可靠的进化树，可能需要数天甚至数月的时间。

（2）盆地演化模拟。计算机模拟地层学（stratigraphy）的一个有趣的主题是调研超过若干地质年代的海底盆地的地质沉降（sediment deposition）。与许多计算科学分支类似，该数学模型为一个非线性偏微分方程系统组。因为要分辨出足够多的物理和数值上的细节，这些耦合的方程通常要被离散化，并且在并行计算机上进行数值求解。

（3）纳米精度的亚细胞级（subcellular-level）。心脏钙离子动力学模拟通过对心肌细胞中的 Ca^{2+} 释放/钙波生成扩散的数学建模，使得心电模拟能够在亚细胞级水平上直接利用计算机技术对一些复杂的心脏活动假说进行验证与预测。与第二个应用在细胞级模拟类似，也同样用于指导实验研究，模拟各种心脏疾病，对研究心脏电生理学、心律不齐、药物作用等，以及心脏疾病的预防和治疗具有非常重要的作用。下降到 1nm 精度的亚细胞级钙动力数值模拟可以作为一个重要的工具，用于探索很多心脏疾病的生理原因。模拟一个肌纤维活动 1ms 的时间，可能需要总的浮点操作数在 10^{19} 的量级。对巨大计算能力的需求，使得亚细胞钙动力学在纳米精度的模拟极具挑战性。

第 9 章未来的高性能计算，介绍 E 级计算的挑战以及一些新兴应用，并讨论未来高性能计算可能的发展方向。

本书由张春元教授和文梅研究员策划和统筹，由 MASA 课题组部分成员合作完成，第 1、2、9 章由文梅研究员撰写，第 3 章由苏华友博士和董辛楠硕士撰写，第 4 章和第 7 章由苏华友博士撰写，第 5 章由柴俊博士和董辛楠硕士撰写，第 6 章和第 8 章由柴俊博士撰写。伍楠博士及博士（硕士）研究生：蓝强、杨静、乔寓然、陈照云、沈俊忠、时洋、方皓、王彦鹏为本书提供了丰富的素材，并参与资料收集与整理工作。本书在写作过程中，参阅了国内外许多论文和著作。

本书中的三大算例除贝叶斯分析构建物种进化树外，均来源于挪威 Oslo 大学 Simula 国家实验室高性能计算系主任蔡行教授及研究团队卫文劫、Johanness Langguth、Johan Hake、Glenn Lines 的研究，在此表示感谢！

感谢国家自然科学基金项目（61033008、61272145），国家教育部博士点基金项目（20104307110002），挪威 SIU（Norwegian Center for International Cooperation in Education）合作项目（NFR-214113）的资助！

感谢伍楠博士为本书研究做出的贡献，他现在离开了天河团队，祝愿他可以开创更好的事业！

感谢国防科学技术大学计算机学院、天河团队，天津超算中心，广州超算中心对我们的研究工作给予的大力支持！

MASA 小组　文梅

2015 年 6 月于长沙

目　　录

第 1 章　绪　　论

高性能计算（High Performance Computing，HPC）是指使用高端处理器的高端服务器（处理器可以是多个、多种类型，如 CPU、GPU 等），或者是由多个这样的服务器构成的集群（单个这样的服务器称为一个节点），节点之间以高速互联网络，如天河网络、InfiniBand 或 Myrinet 连接的计算系统来进行计算的统称。传统的高性能计算通常指科学计算，广泛应用于军事、石油勘探、医学成像、气候模拟、自然科学研究等领域。作为解决国家挑战性问题的重要手段，以及解决制约国家经济发展瓶颈问题的重要工具，高性能计算有非常重要的战略意义，高性能计算的水平是国家综合国力的体现。本章从应用需求、硬件平台、编程挑战等几个方面介绍高性能计算的背景，并简单介绍本书中重点关注的加速器增强型异构集群。

1.1　大规模应用对高性能计算的迫切需求

大规模科学与工程计算应用领域对计算能力的需求是推动并行计算机发展的源动力[1]。21 世纪人类面临的一系列挑战性的重要科技问题，如卫星成像数据处理、全球天气预报、核爆炸模拟、石油勘探、地震数据处理、飞行器数值模拟和大型事务处理、基因工程、生物医学模拟等，数据规模高达 TB（10^{12}B）或者 PB（10^{15}B）量级①，每秒需要执行万亿次、百万亿次乃至千万亿次浮点运算，高性能计算已经成为当前科学研究不可或缺的重要手段。

下面以生物计算里的心电计算模拟为例来说明。近年来，心脏病已经成为人类三大疾病之一，我国心脏性猝死发生率上升很快，这一现象导致我国心脏性猝死研究工作任务艰巨，需求迫切。绝大多数猝死事件发生在医院外，一旦发生，存活比例甚低，据西方国家报道，院外猝死抢救存活率仅为 2%～15%。心脏性猝死作为人类疾病的主要死亡方式之一，迄今仍是威胁人类的重大健康问题。估计全球每年有 350 万例心脏性猝死发生，美国为 40 万～45 万例，德国为 8 万～10 万例，文献[2]调查首次得出我国心脏性猝死发生率为 41.84 例/10 万人。若以 13 亿人口推算，则我国心脏性猝死总人数高达 54.4 万例/年，位居全球各国之首。在医学领域对心电的研究主要依靠对心电现象的直接观察、对心电规律的总结和动物实验。心脏心电活动只有在有生命的个体上才能真实地表现出来。无论在伦理、观测深度还是实验便捷性上，直接观察都无

---

① 新兴互联网大数据应用的数据规模更庞大，可以说是无限的。此处主要指传统高性能计算，即科学计算的数据量。

法满足人类心脏心电特性研究需要。因此，在心脏分子和细胞学研究领域，通过对心肌细胞中的离子动作电位进行包含心肌细胞电生理特征的数学建模，可以精确表述真实的心肌细胞收缩，能够在细胞水平上直接利用计算机技术对一些复杂的心脏活动假说进行验证与预测。

然而，心脏电活动的空间和时间的跨度很大，空间跨度可以从细胞膜蛋白分子直径的 1nm 到整个机体 10cm 的尺度，相差达 8 个数量级；时间跨度从布朗运动的 1μs 到人们心脏跳动持续的周期数十分钟，相差 9 个数量级。建立一个多层次的心脏细胞模型，用于精确描述健康或者生理病理的心脏细胞活动，仍是难以捉摸的。用单个细胞的模型构建整个心脏的模型（从左至右是从微观到宏观，亚细胞级、细胞级、组织级到器官级，如图 1.1 所示），这种自下而上的方法不仅建立了将细胞/亚细胞级别的生物物理现象与心脏器官活动模式关联的可能性，还对心电模拟的空间分辨率、时间分辨率的提升和优化打下基础，成为心电建模与仿真发展的一个主要方向。整个心脏由约 10^{10} 个细胞组成，这么多细胞级别甚至亚细胞级别模型模拟的计算量是极其巨大的。更为严重的是，由于心脏电子脉冲传播的时空特征，心脏状态的变化极快，要求极高的时间分辨率，而且心电波阵面是急剧升降的，所以又需要非常精细的空间分辨率。综合来说，这两个因素使得仅模拟一次心脏跳动，就要上万甚至数十万次求解一个庞大的方程系统，同时，因为需要设置大量不同的参数和场景组合，这些模拟通常必须反复运行[3]，所以需要庞大的计算能力来保证系统数学模型的精确性和正确性[2]。

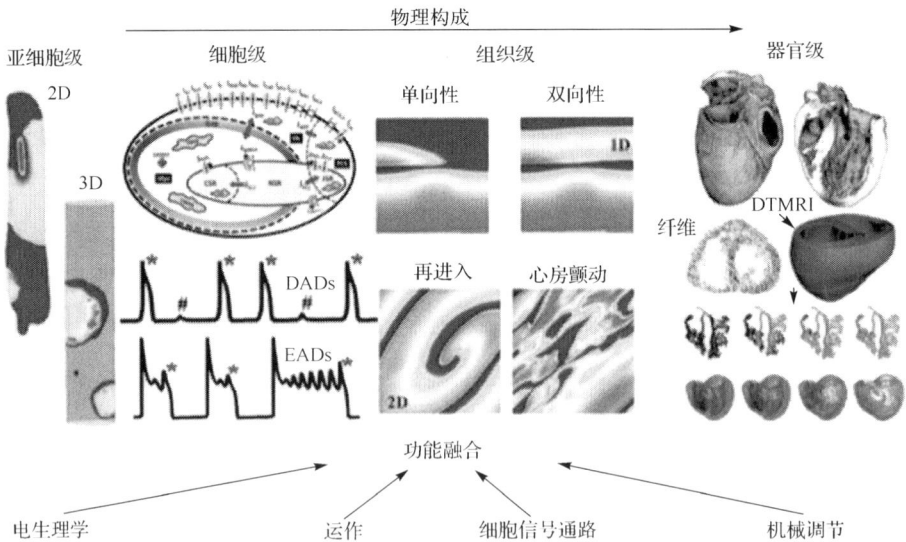

图 1.1　心电模拟自下而上的四个层次（从左至右是从微观到宏观）

当前超级计算机已经进入千万亿次（Peta-flops, 10^{15}）浮点计算能力的时代，但诸如高能核物理、材料化学、生命科学等一系列应用表现出对计算能力的超高需求，计算和模拟的时间空间分辨率，规模，以及实时性的需求永无止境，也就是说应用对计算能力的需求同样永无止境。近年来，美国、欧洲联盟（简称欧盟）、日本、俄罗斯和印度纷纷制定百亿亿次（Exascale，10^{18}）级计算的计划[4]，简称 E 级计算。例如，美国计算机科学中心为 Jaguar/Titan 超级计算机选定了 6 个面向百亿亿级的核心程序：S3D、CAM-SE、DENOVO、LAMMPS、PFLOTRAN 和 WL-LSMS[5]。这些代码的特点是在不同的尺度进行高分辨率模拟或直接数值模拟，但有限元/有限差分和分子动力学模拟这两大类基本数值方法仍将是未来百亿亿级科学与工程计算的核心应用算法[6]。

综上所述，应用领域对计算能力存在着巨大的需求，而当前基于加速器增强型异构高性能计算系统的发展正好为这类计算问题的解决提供了良好的机遇。

1.2　高性能计算硬件基础

高性能计算系统从硬件角度来看，是由集中存放的高性能服务器节点通过高速网络互连组成的。高性能服务器的核心就是高端处理器（高端指性能高）。下面简要介绍主流的两种类型的处理器，通用处理器（CPU）和加速器，同时介绍高速网络和典型的加速器增强型异构计算系统。

1.2.1　多核通用处理器

传统通用处理器的特点是面向广泛的应用领域，如桌面应用、Web 服务、SPEC 等应用设计，多数工作负载以事务处理、不规则标量、非计算密集等特点为主①，因此可以独立作为处理器或者作为加速器的主处理器存在。由于通用处理器通常采用全局寄存器文件、Cache、深度流水线等，能效比相对专用处理器、加速器等较低。

三十多年来，大规模和超大规模集成电路和体系结构技术的发展，使得处理器的性能一直保持着指数规律飞速增长。根据摩尔定律（Moore's law）的预测，集成电路的集成度的速度增长为每 18 个月翻一倍，目前单芯片的晶体管数已接近十亿个，工作频率高达数 GHz。VLSI 工艺的发展提供了丰富片上资源，为处理器体系结构的发展提供动力，同时也带来挑战。提高片上单处理器性能一直是传统处理器体系结构的设计方向。然而传统的依靠开发指令级并行（Instruction Level Parallelism，ILP）和提高处理器频率来提高处理器性能的方式导致流水线越来越深，处理器频率越来越高。随着集成电路工艺向深亚微米发展，物理上功耗和散热的增加限制了性能的提高，导致可靠性下降，频率也很难像以前那样快速提高，4GHz 的频率成为处理器厂商难以逾越的关口。工艺、材料和功耗的限制使得摩尔定律中描述的性能翻倍时间加长，性能提升遭遇瓶颈。

多核革命（multi-core revolution）趋势的出现克服了单处理器性能提升的物理限

---

① 稠密矩阵乘是计算密集型的应用，也是多种类别处理器的基准测试程序，本书中如无特指，矩阵乘指的是稠密矩阵乘。

制，体系结构设计方向转向发展在单芯片上集成大量并行执行的计算单元，即多核/众核处理器（multi-core/many-core processor）[7]。多核/众核处理器在单片上集成了多个处理器核一起并行工作，不仅能开发单核传统的指令级并行，更能开发核间的数据级和任务级并行，可以在更低的频率下提供相比单核处理器高得多的性能。充分利用大量的片上资源，在提高性能的同时又满足了功耗和散热的限制，而且相对简单的处理器核降低了设计难度，提高了设计效率。因此，几乎所有微处理器厂商都转而研发多核/众核处理器。自从 2005 年 Intel 和 AMD 正式推出双核 CPU，此后各大厂商都陆续推出 4 核、8 核、12 核等的通用多核 CPU。以 Intel 芯片为例，目前 Sandy Bridge 和 IvyBridge 都是其高端处理器体系结构。

1.2.2　众核加速器

为了改善通用处理器的低能效问题，新型加速器不断出现。加速器的特点是仅面向特定的某一类或者某几类应用，如媒体处理、图形图像处理等①。这些工作负载的特点突出，如流式应用、计算密集等[8]，因此体系结构可以不使用或者少部分使用 Cache，而采用软件管理的存储，增加向量单元提供定点/浮点计算能力，简化控制逻辑等方法来提高处理器能效[9]。

典型的加速器有流处理器、GPU、Tile64、MIC（其芯片称为 Xeon Phi）等，其中 GPU 和 MIC 是主流的商用加速器体系结构。

2007 年 NVIDIA 公司推出了全新统一计算设备架构（Compute Unified Device Architecture，CUDA）的面向通用计算的 GPU 众核处理器，在单芯片上集成了数百个计算核，以 CPU 协处理器的方式工作，相比通用多核 CPU，其更加强大的浮点计算能力使之成为天然的加速器。目前 NVIDIA 新款的 GPU 已经在单片上集成了 2880 个计算核，双精度浮点性能为 1.43Tflops②。

2012 年 Intel 公司推出了新一代 MIC 架构的众核协处理器 Xeon Phi，单片 50+的计算核，支持 200+的硬件线程，双精度浮点峰值性能超过 1Tflops。

众核加速器在性能功耗比方面比通用处理器更有优势，从根据实测 Linpack 的性能功耗比进行排名的 Green500 全球超级计算机最近几期榜单就可以看出：2012 年 11 月的榜单头名是美国田纳西大学国家计算科学研究院的 Beacon 阵列，48 节点，每节点配有 4 个 Intel Xeon Phi 5110P MIC 加速器，全系统性能功耗比为 2.5Gflops/W；2013 年 6 月的榜单[10]中，前 3 名都是基于 GPU 或者 MIC 的系统；而 2013 年 11 月的榜单上[11]，前 10 名全是基于 GPU 的系统，第 1 名是日本东京工业大学（TITech）的 TSUBAME-KFC 阵列，40 个节点，单节点配有 4 个 NVIDIA K20x GPU 作为加速器，

---

① 随着 GPU 的应用领域不断扩展，GPGPU（General Purpose GPU）计算逐渐普及，科学计算、人工智能等领域也使用 GPU 来进行加速计算，它们的特征都是计算密集的。

② 本章数据截至 2014 年 5 月。

全系统性能功耗比达到 4.5Gflops/W，同时 TSUBAME-KFC 也获得了衡量大数据计算功耗效率的 Green Graph500 同期榜单的第 1 名[12]。

目前，从巨型机的高性能计算到普通 PC 的桌面计算，多核/众核处理器已经被广泛使用于各个领域，计算技术发展已经全面进入多核/众核时代。特别是在高性能计算领域，GPU 与 MIC 作为众核加速器的典型代表，以较高的性能功耗比，有力地推动了高性能计算的发展。基于通用多核处理器+众核加速器（称为加速器增强型）的异构并行计算，已经成为高性能计算的重要发展方向。

1.2.3　加速器增强型异构系统

图 1.2 所示结构为一个异构节点，节点间通过 InfiniBand[13]、定制网络（TH Express-2）[14]或其他高速网络互连，形成节点内异构，节点间同构的基于加速器的大规模异构计算机阵列系统，称为加速器增强型异构系统，也是全书关注的计算平台。

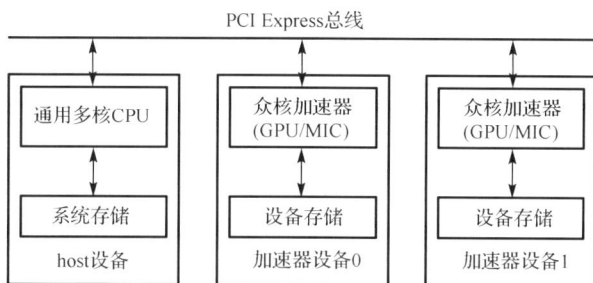

图 1.2　单节点异构系统示意图

TOP500 组织[15]每半年发布一次全球高性能计算机 Linpack[16]计算性能前 500 排行榜，代表了全世界高性能计算机研制的最高水平，反映了各个国家的高性能计算实力以及高性能计算机的发展趋势。

图 1.3 是根据最近 6 年 12 次的 TOP500 榜单统计得到的异构系统数量变化趋势。从图中可以发现，基于加速器的异构系统总数量总体上呈逐年增长的趋势。其中基于 NVIDIA GPU 的系统占有了几乎统治性的比例，特别是在 2012 年 6 月达到最高峰的 53 台。基于 Cell 的系统起步最早，但已经消失。而基于 ATI 和 AMD 公司的 GPU 系统数量一直较少。从 2012 年 6 月出现基于 MIC 的异构系统后，其呈现逐年快速增长的趋势。因此，可以预见未来的异构系统还是主要以 NVIDIA GPU 和 Intel MIC 为主要加速设备，并且后者具有新的活力。从 2013 年 11 月的最新榜单看，虽然总计 53 台异构系统只占到 500 台机器的 10%左右，然而在排名前 10 的机器中，有 4 台是异构系统（2 台基于 NVIDIA GPU、2 台基于 Intel MIC），并且排名 1、2 名的都是异构系统。这也说明了基于 GPU 和 MIC 的异构系统以其高性能、低功耗的优势已经并将继续引领高性能计算机的发展趋势。正如 NVIDIA 前首席架构设计师 Scott 所说："同时

考虑性能、能源效率和成本效率，加速运算是未来十年使 Exascale 性能级别得以达成的最好而且最现实的方式"[17]。

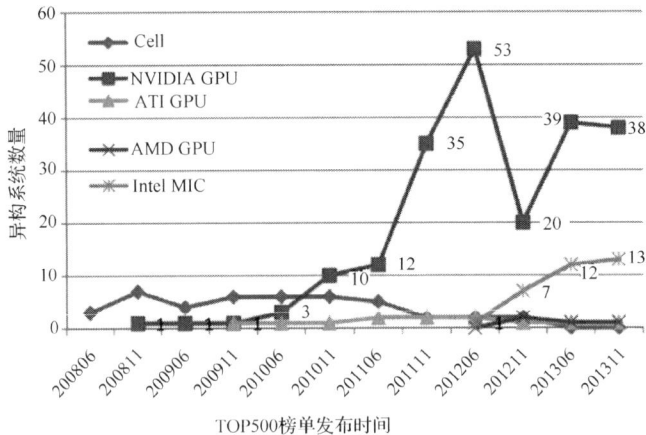

图 1.3　最近 6 年 TOP500 榜单中的异构系统数量变化趋势

下面介绍几个典型的加速器增强型异构集群。

1. 天河-1A

2010 年 11 月由我国研制的天河-1A[18]是全世界第一个基于 CPU/GPU 异构节点搭建获得 TOP500 排行榜第一名的超级计算机系统，也是我国计算机第一次位列第一名。天河-1A 理论峰值性能 4.7Pflops，Linpack 实测持续性能 2.56Pflops，性能功耗比为 635.15Mflops/W[16]，主要由 7168 个计算节点组成，每个节点包括 2 片 6 核 Nehalem 架构的 Intel Xeon X5670 CPU，以及 1 块 448 核的 NVIDIA Fermi 系列的 Tesla M2050 GPU[19]。天河-1A 的出现使得基于 GPU 加速的异构计算成为高性能计算领域的焦点，极大地推动了全世界基于 GPU 并行计算的研究，标志着 GPU 异构计算已经成为高性能计算的重要发展方向。

2. 天河 2 号

2013 年 6 月由我国研制的天河 2 号[20]是全世界第一个基于 CPU/MIC 异构节点搭建并获得 TOP500 排行榜第一名的超级计算机系统，并且在 2013 年 11 月发布的 TOP500 排行榜再夺首位①。天河 2 号理论峰值性能 54.9Pflops，Linpack 实测持续性能 33.8Pflops[14]，性能功耗比为 1901.54Mflops/W[21]，主要由 16000 个计算节点组成，每个节点包括 2 片 12 核 IvyBridge 架构的 Intel Xeon E5-2692 CPU，以及 3 块 57 核的 Intel MIC 协处理器（Knights Corner 子架构，型号：Intel Xeon Phi 31S1P）。天河 2 号的出现使得基于 MIC 加速的异构计算成为继 GPU 异构计算之后高性能计算领域的另一个

---

① 截至 2014 年 11 月 7 日，天河 2 号已经连续 4 次排名第一。

焦点，与 GPU 一起极大地推动了全世界基于异构并行计算的研究，标志着基于 MIC 的异构计算已经成为高性能计算的重要发展方向。

3. Titan

Titan（泰坦）是由 Cray 公司制造的，位于美国能源部下属的橡树岭国家实验室（Oak Ridge National Laboratory，ORNL）的基于 NVIDIA GPU 加速的 CPU-GPU 异构超级计算机，供各项科学研究项目使用。其是由 Jaguar（美洲虎）超级计算机进行多次软硬件系统升级后得到的[22]。Titan 由 18688 个同构的计算节点通过 Cray Gemini 高速网络互连组成。每个计算节点包括一颗 AMD Opteron 6274 CPU（基于 AMD Bulldozer 微架构，16 核，时钟频率为 2.2GHz），以及一块 NVIDIA Tesla K20x GPU 加速卡（内含一块基于 NVIDIA Kepler 架构的 GK110 GPU 处理器芯片，其拥有 2688 个 CUDA 运算核，核心时钟频率为 732MHz，双精度浮点性能为 1.31Tflops）。Host 端拥有 32GB 的 DDR3 系统存储，GPU 加速卡上拥有 6GB 的 GDDR5 显存。全系统总内存 710TB（host 端 598TB，GPU 端 112TB），硬盘阵列存储 40PB，1.4TB/s 的 I/O 带宽。理论峰值性能 27Pflops，Linpack 实测性能 17.59Pflops，在 2012 年 11 月 TOP500 中排名第一[23]。其性能功耗比为 2142.77Mflops/W，在根据性能功耗比排名的 Green500 中排名第三[24]。

4. Stampede

Stampede（惊跑）是由 DELL 公司和美国德州大学高级计算中心（Texas Advanced Computing Center，TACC）联合研制的基于 Intel MIC 加速器的 CPU-MIC 异构超级计算机，也是全球首个基于 Intel MIC 加速器搭建的高性能计算机系统[25]。计算能力来自 6400 个基本同构的计算节点（每个节点是一个 Dell PowerEdge C8220 Zeus 服务器）通过 2 级胖树结构的 Mellanox FDR InfiniBand 网络互连得到（网络带宽 56GB/s）。每个异构的计算节点包括 x16 PCIe Gen2 总线连接的 2 片 Intel 通用 CPU（SandyBridge 架构，型号为 Xeon E5-2680，单片 8 核，频率 2.700GHz）以及 1 块 Intel MIC 加速器（Knights Corner 子架构，型号为 Intel Xeon Phi SE10P，61 核，512 位向量宽度，频率 1.1GHz，352GB/s 访存带宽，30.5MB Cache，双精度浮点性能 1.073Tflops）。其中，少量节点安装了 2 块 MIC 加速卡，另外还有 128 个计算节点安装了 1 块 NVIDIA Kepler 架构的 K20s GPU 卡，以提供更多的用户选择。host 端有 32GB 的 DDR3 系统存储，MIC 端有 8GB 容量的 GDDR5 MIC 片外存储。全系统 205TB 内存，14PB 的硬盘存储，理论峰值性能 8.5Pflops，Linpack 实测性能 5.1Pflops，性能功耗比 1145.92Mflops/W。

1.3　高性能计算编程挑战与研究现状

1.3.1　高性能计算编程挑战

高性能计算的研究内容包括体系结构、编译系统、并行算法、并行编程、并行软件技术、并行性能优化与评价、并行应用等。2010 年 4 月，IBM 公司 *Some Challenges on Road from Petascale to Exascale* 报告指出 E 级系统面临的五大挑战：访存、通信、可靠性、能耗、应用[26]，其实这也是目前高性能计算面临的挑战。高性能计算系统规模增长会导致通信、可靠性、能耗上升。对此，异构体系结构（通用处理器+加速器）是一种解决方案，可使得单个节点的计算能力和性能功耗比上升，系统规模下降，从而缓解这 3 个方面的问题。然而，异构并行体系结构硬件技术的发展在缓解通信墙、可靠性墙和能耗墙的同时，加剧了编程墙。

2004 年著名学者 Sutter 指出，不用更改程序代码，依靠硬件发展就能提升软件性能的免费午餐已经结束。随着多核众核的出现，并行编程成为软件研发的一次重大技术变革[27]，而异构并行编程更加复杂，更具挑战性。报告[3]中指出软件技术是发挥 E 级计算系统能力的保障，软件模拟的规模和速度决定了科学研究的进展。同样，异构计算的发展需要大规模的、面向领域的异构并行软件。而领域软件面临着软件规模庞大，开发周期长、成本高、难度大的挑战。

当前，如何快速地开发大规模并行应用程序，高效地发挥当前高性能异构系统的峰值性能，已经成为当前并行计算研究面临的一个挑战性问题。我们面向真实的应用领域，总结出在基于 GPU/MIC 等加速器增强型系统上的大规模并行软件程序设计，所面临的 3 个方面的问题。

1. 软件对大规模异构计算资源利用不足

如 1.2 节所述，典型异构系统由通用多核 CPU+众核加速器构成，其通常的执行方式是 CPU 负责逻辑计算，加速器负责计算密集的代码段。然而，在大型异构阵列的计算节点上，为了使阵列机器更加通用，即不利用加速器的软件也能提供相对较高的性能，除了装配高性能的加速器，同时还要装配有较强计算能力的多核通用 CPU，如天河-1A 的每个计算节点安装了 1 片 NVIDIA Tesla M2050 GPU 和 2 片 6 核 Intel Xeon X5670 CPU（总共 12 个 CPU 核）。12 个 CPU 核的计算总能力相当于伴随 GPU 的 1/3～1/2。显然，只使用天河-1A 的 GPU 来密集计算，而 CPU 不负责部分密集计算，将导致 CPU 多核计算能力的浪费。而当使用大规模节点时，这种对计算能力浪费的累加是十分惊人的。同时利用 CPU 核和 GPU 来计算将在未来更具重要性。

因此，一些研究者通过合理的任务划分来同时利用异构计算资源，如 Yang 等的 Linpack 实现[28]，Lu 等的天气预报计算应用[29]。然而，真实的应用软件千差万别，具有不同的程序特征和并行特性，因而不存在一种可以覆盖所有应用领域的通用编程模式来解决异构计算资源利用不足的问题，需要面向应用特点来设计异构程序。例如，MrBayes 软件是最流行的贝叶斯物种进化分析软件，在已知所有对 MrBayes 的并行实现中，没有任何一个能够同时充分利用 GPU 和多核 CPU 来共同计算 MrBayes。典型情况是，GPU 被完全使用，而 CPU 多核除了传输数据以及一部分串行计算外，大部分时间大部分核都被闲置，导致其在现今的 CPU-GPU 异构超级计算机上对计算资源的严重浪费。

2. 软件缺乏在大规模异构系统上的可获得性能量化研究

在过去的几十年中，在各个大规模科学与工程计算领域搭建了无数的高性能计算机系统来满足计算需求。这些系统大部分都是基于只包含通用 CPU 的计算节点来搭建。当这些计算机系统无法满足应用软件日益增加的计算需求时，只能通过增加系统的硬件投入来提高性能。当前，虽然基于加速器的异构系统已经成为重要发展趋势，但传统的同构节点的计算机系统也还占据着重要比例。在 2013 年 11 月的 TOP500 榜单上无加速器的系统依然占到 90%左右。传统应用软件在同构系统上可以基本实现软件兼容，并较准确地预知系统扩展后的性能，估算性能收益。而对于异构系统，由于是一种新型的结构，而编程的区别使得传统软件并不兼容，所以无法利用已有的大规模性能结果和经验来预测性能收益。硬件系统的升级和更新换代需要巨大的成本，这种不可预知的性能收益，阻碍了异构系统的推广和发展，从而阻碍了应用软件利用大规模异构系统来满足计算需求。例如，对于组织级心脏电生理学模拟应用，以往的模拟计算都是基于通用 CPU 阵列，在 CPU-GPU 异构系统出现后，虽然有研究者实现了基于少量 GPU 加速的模拟计算，但规模太小，无法满足应用的计算需求。缺乏在超过 100 个 GPU 这样大规模异构阵列上的研究实现和可获得性能量化分析，使得基于大规模 GPU 阵列上可完成的心电模拟性能无法获得真实预期。

3. 软件发展滞后于硬件，应用缺乏在新型加速器异构系统上的研究与实现

应用领域的计算需求推动了高性能计算机的发展，新型的加速器异构系统的出现为具有计算挑战性的应用提供了机遇。然而，由于异构系统独特的体系结构特征和新型混合编程语言与模型，要想获得理想性能，充分发挥计算机的浮点效率，通常都要对原始的并行应用重新开发，进行程序设计，并将其移植到新的异构并行平台。而领域软件通常由于规模庞大、开发周期长、成本高、难度大（如核物理软件 CCSD 由 10 人花费了 3 年开发，气候软件 CCSM 由 40 人花费 20 年开发），所以即使是平台移植也具有相当大的工作量，导致软件发展严重滞后于硬件。这也就是自 2007 年通用计算 GPU 出现后，经历数年的软硬件发展，虽然当前异构系统已经成为硬件发展的重要趋势，但是能够利用新型异构系统的领域应用软件却并不太多的原因。

特别是继 GPU 之后，2012 年 Intel 公司推出了全新 MIC 架构的加速器，这是一种与 GPU 完全不同体系结构和编程模型的加速器。但是，针对其的编程和优化经验一片空白，没有任何历史软件积累。虽然 MIC 加速器采用了兼容 x86 指令集的设计，但是 50+的处理核、双向环形总线、只有 2 级的 Cache、512 位的宽向量运算单元，使得其非常不同于通用 CPU，因此，完全不修改已有通用 CPU 上的并行代码不可能获得极佳的性能表现。领域专家和并行专家纷纷投入到基于 MIC 加速器的编程与优化研究中。

1.3.2　高性能计算编程研究现状

基于大规模异构系统进行领域应用软件的开发是一件极具挑战性的工作，需要领

域专家、数值专家、并行编程专家通力协作，才能设计实现出高效的应用程序软件。自第一台基于 Cell 加速器的异构超级计算机 Roadrunner（走鹃）问世以来，到如今基于 MIC 加速器的天河 2 号，科学与工程领域的一系列基于异构超级计算机上进行并行开发和计算的挑战性应用，有力地推动了科学和工程的发展。下面介绍一些相关的研究现状和学术成果。

国际超级计算大会（The International Conference for High Performance Computing, Networking, Storage and Analysis, 习惯称 Super Computing 大会，简称 SC）是高性能计算领域学术界和工业界的顶级会议，每年 11 月在美国举行。众所周知，SC 大会上最重要的内容就是宣布最新一期的全球高性能计算机 TOP500 榜单，以计算机实测 Linpack benchmark 的性能为排名依据。另外，会上同时颁发高性能计算应用奖（ACM Gordon Bell Prize，简称 GB 奖），以大规模科学与工程领域真实应用的实测性能为主要评价标准，入围 GB 奖最终提名的应用代表了当前全球高性能计算领域基于最顶尖超级计算机在解决真实领域重要计算问题时的杰出成就，集中体现了在应用分析、算法设计、数值设计、并行编程与优化、系统软件、硬件能力等方面的综合表现。与我国自主研发高性能超级计算机的能力不相匹配的是，我国的高性能计算应用开发的水平远落后于国际先进水平。举例来说，该奖从 1987 年设立以来，美国的实力有目共睹，而日本也拿过 7 次，我国则是空白，这也在一定程度上体现了我们的真实应用水平目前还比较低。

2013 年 11 月，SC13 公布的最新一期 GB 奖最终提名（finalist）包括 6 个应用[30]，其中 3 个基于 CPU-GPU 异构的 Titan 超级计算机，3 个基于同构 CPU 的 Sequoia 超级计算机。总结见表 1.1。从表中可以发现，6 个来自不同学科领域的真实应用都获得极高的性能（7～20Pflops），最终云空穴崩塌模拟（simulations of cloud cavitation collapse）综合排名第 1，获得 GB 奖。前 3 个应用都是基于 CPU-GPU 异构架构的 Titan 超级计算机，说明了基于 GPU 加速的异构系统可以为大规模科学计算应用提供期望的计算能力，而且 MPI+CUDA 甚至配合多线程编程的混合编程模型成为必然的选择。例如，高温超导模拟（simulations of high-tc superconductors）就采用 MPI+Pthreads+CUDA 的混合并行编程模型，每个节点分配一个 MPI 进程，节点间通过 MPI 消息传递通信，在节点内 CPU 多核上并行若干 Pthreads 线程平均分布到多核上。Pthreads 线程负责两种不同任务，一种协同 GPU 端的 kernel 密集计算（核心计算类型是矩阵乘），包括 CPU-GPU 数据传输、kernel 启动等；另一种在 CPU 核上进行复杂的管理控制等逻辑计算。通过提出多达数个量级的改进算法、高效的数值和混合并行编程实现等，最终在 Titan 全系统 18600 个节点，约 560000 个处理器核上运行获得了最高 15.4Pflops 的应用性能，达到系统理论峰值 57%的效率。这些高性能的取得与应用本身极佳的大规模并行性计算特征、优化的算法设计、高效的数值实现、精巧的并行编程和系统性能调优密不可分。从表中对比异构和同构系统的应用性能，我们也可以发现，虽然前者的最高应用性能 15.4Pflops 大于后者的最高应用性能 13.9Pflops，但前者发挥出机器计算能力的指标——峰值效率却低于后者，前者是 57%，后者是 69%。这也从一个侧面说明了当前异构系统应用性能还有一定的提升空间。

表 1.1　2013 年 GB 奖提名高性能应用总结

应用描述	系统平台	并行编程模型	应用性能/Pflops	系统峰值 Pflops	效率/%
高温超导模拟	Titan	MPI+Pthreads+CUDA	15.4	27.1	57
蛋白质悬浮模拟	Titan	MPI+CUDA	20	54.2*	37
信号辐射	Titan	MPI+CUDA	7.1	27.1	26
天体模拟	Sequoia	MPI+OpenMP+QPXintrinsics	13.9	20.1	69
云空穴崩塌模拟	Sequoia	MPI+OpenMP+QPXintrinsics	11	20.1	55
宇宙起源	Sequoia	MPI+OpenMP+QPXintrinsics	7.2	20.1	36

注：蛋白质悬浮模拟性能为单精度浮点（标*数据），其他应用为双精度浮点。

　　基于其他 GPU 大规模异构系统也有很多成功的应用开发。例如，国防科学技术大学的学者基于天河-1A 取得了一系列大规模 GPU 异构应用成果，普遍采用 MPI(+OpenMP)+CUDA 混合编程模型。Yang 等[28]在天河-1A 上改进了协同计算的 Linpack 测试程序，采用自适应负载均衡优化，全系统下取得 0.56Pflops，占理论峰值性能 70.1%。此外，Yang 等[31, 32]还提出一个针对大规模科学计算应用的 CPU-GPU 异构混合编程框架，并通过此框架基于天河-1A 实现了两个应用：用于研究纳米物理现象的 Morse 势的分子动力学（Morsepotential Molecular Dynamics，MD）模拟和描述粒子中多体互作用的嵌入式原子方法（Embedded Atom Method，EAM）模拟，有效扩展到 4096 个节点。国防科学技术大学的文梅和挪威 Simula 实验室的蔡行等将真实世界的沉积盆地模拟应用[33, 34]移植到天河-1A，采用 CPU-GPU 协同均衡计算、流水交叉卸载等方式，在 1024 个节点上取得了 62Tflops 的性能。卢凤顺等[29, 35]以数值天气预报领域的 RRTM 长波辐射应用移植到天河-1A，通过负载均衡的 CPU-GPU 协同计算，使长波辐射传输过程模拟的计算效率提高一倍，有效扩展到 1024 个节点，表明具有较好的扩展性。另外，中国科学院的 Hou 等[36]将块状硅的分子动力学模拟应用移植到天河-1A，使用 7168 个节点的 GPU 计算取得单精度为 1.87Pflops 的性能，并通过 GPU 和 CPU 协同计算，在全系统上对晶体硅表面重构模拟取得 1.17Pflops/92.1Tflops 的单/双精度性能。中国科学院、清华大学和国防科学技术大学的 Yang 等[37]基于天河-1A 提出全球大气模拟中的立方球体浅水模型的混合算法，通过自适应 CPU-GPU 混合计算、pipe-flow 策略等优化，有效扩展到 3750 个节点，取得 0.8Pflops 的性能。天津超算中心、国防科学技术大学、北京大学、中国科学技术大学、浙江大学的 Meng 等[38]基于天河-1A 移植了磁约束聚变领域的重要软件"回旋环形等离子体代码"（Gyrokinetic Toroidal Code，GTC），有效扩展至 3072 个节点，取得相比原代码 2～3 倍的性能加速。

　　多年的发展，使得国内外学者基于 GPU 异构系统开发的应用已经深入各个研究领域，如地球科学[39,40]、计算流体力学[41,42]、医学[43]、核科学[44]等。而在基于 MIC

的异构计算应用方面，2012 年世界上才出现第一个基于 MIC 加速卡的超级计算机 Stampede。经过两年多的发展，目前进入 TOP500 的有 13 台超级计算机是基于 MIC 加速的异构系统，因此将大规模应用软件移植到 MIC 异构系统还远没有到 GPU 异构系统那么广泛。

在 Stampede 上，有一些应用软件利用多节点的 MIC 加速卡来并行应用。Park 等[45] 在 Stampede 上优化了一维 SOI FFT 计算，MPI symmetric 模式使用 MIC，节点间/设备间 MPI 并行，节点内 OpenMP 并行，通过高效的节点间/节点内低通信开销优化，Cache 访问优化，在 512 个节点上取得了 6.7Tflops 的性能，是当时 FFT 最好单节点性能的 5 倍。Meng 等[46]用 Uintah 软件计算框架求解多种流体结构在自适应结构化网格上的相互作用问题。Uintah 软件能求解复杂多尺度、多物理场问题和集成多种模拟组件，用户可通过 DAG 图描述组件间的依赖性，自动生成并行代码并处理负载平衡。可在 Stampede 上进行 Uintah AMR MPMICE 模拟（流体-结构联合的相互作用[47]），使用 MPI symmetric 模式，将 host CPU 和 MIC 卡看作独立的设备节点分别运行 MPI 进程，设备上的 MPI 进程通过 Pthreads 多线程开发多核/众核并行，总共扩展到 16 个节点的 MIC 卡，每个节点 host 端为 1MPI 进程×16OpenMP 线程，MIC 端为 2MPI 进程 ×60OpenMP 线程，但由于系统异构，Uintah 在 60%的情况下负载不平衡，需要在未来改进。例如，Wylie 等[48]在 Stampede 上测试了计算流体力学应用 NPB BT-MZ，测试关注通信和计算的平衡，以非连续存储访问点到点长通信为主，采用 MPI+OpenMP 混合并行编程，使用 MPI symmetric 模式，执行 4 个节点的 MIC，每个节点的 host 端为 2 个 MPI 进程×16OpenMP 线程，MIC 端为 15MPI 进程×16OpenMP 线程。Heller 等[49]使用几何分解库 LibGeoDecomp[50]实现模拟模型，在 Stampede 上进行具有局部相互作用的 3 维 N-Body 模拟，比较了分别使用 HPX[51]和 MPI 编程模作为 LibGeoDecomp 后端的不同，在 symmetric 模式下模拟，16 个计算节点的并行效率为 73%，HPX 达到 19.5Tflops。

在其他 MIC 异构系统上也有一些多节点应用开发。Fu[52]在天河 2 号上开发了全球规模的大气模拟应用，主要是求解 SWE（Shallow Water Equation）。计算模式为 13 点 stencil，中心有限体积的离散空间数值方法。通过节点间 MPI 并行，节点内层次化 2 维域分解充分利用单节点 3MIC 协同计算，采用 pipe-flow 式通信策略，向量化、Cache 数据分块等优化，最终弱扩展到 8652 个计算节点。Park 等[53]在 Endeavor 异构阵列（单节点有两个 MIC）上开发了反投影合成孔径雷达（Synthetic Aperture Radar，SAR）应用，节点间通过 MPI 开发并行，节点内 MIC offload 模式通过 OpenMP 多线程使用多 MIC、CPU-MIC 协同计算，通过异步传输、计算通信重叠、优化局域性和向量化等有效扩展到 256 个节点。Joó 等也基于 Endeavor 异构阵列开发了 LQCD[54]（Lattice Quantum Chromo Dynamics）计算，采用 MPI symmetric 模式，设备内 OpenMP 多线程并行，CPU 代理通信，SOA 等自动 intrinsics 向量化，强扩展到 64 个 MIC 卡，取得 3.6Tflops 性能。Lai 等[55]在 Beacon 异构系统（单节点配置了 2 个 Intel Xeon E5-2670

8 核 CPU 和 4 个 Intel Xeon Phi 5110P（MIC）60 核加速卡）[56]上进行地理空间应用 ISODATA 的模拟，采用 symmetric 模式，使用纯 MPI 并行编程，每个 MIC 核有 1 个 MPI 进程，最多有效扩展到 120 个 MIC 卡。浪潮公司与西北工业大学航空学院基于 MIC 异构阵列联合开发了计算流体力学领域的格子-Boltzmann 大涡模拟（lattice Boltzmann Method-Large Eddy Simulation，BM-LES）应用[57]。实验基于 2 个节点服务器，每个节点为 2 个 CPU 和 2 个 MIC。使用 MPI+MIC Offload+OpenMP 并行编程完成 CPU 和 MIC 的协同并行计算。节点间 MPI 并行，每个节点内为 3 个 MPI 进程，分别负责 CPU 计算、MIC0 的协同、MIC1 的协同。MIC 协同时采用 MIC Offload 编程使用 MIC，在 CPU 和 MIC 内部通过 OpenMP 多线程实现并行，通过循环变换和编译制导实现自动 SIMD 向量化，使用基于学习型预计算的方式确定 CPU 和 MIC 的实际计算能力，实现 CPU-MIC 静态负载均衡、访存优化、通信优化等，取得了相对于同样节点规模的同构系统 6.71 倍的性能加速。

从基于 MIC 的大规模应用可以发现，为了移植性的考虑，很多采用 symmetric 模式，即直接使用 MPI 运行在 MIC 上。实际上，还有一些应用虽然也在异构系统开发，但只利用通用 CPU，而没有利用加速器，如文献[58]～[62]所述。这虽然有利于编程，但对计算资源造成了极大浪费。这也从侧面反映了要想利用大规模加速器获得高性能的应用，面临着巨大的挑战。

参 考 文 献

[1] Hua W, Zhang L F, Wu Y F, et al. Incidence of sudden cardiac death in China-analysis of 4 regional populations [J]. Journal of the American College of Cardiology, 2009, 54 (12): 1110-1118.

[2] Wu H D, Xu M, Li R C, et al. Ultrastructural remodeling of Ca^{2+} signalling apparatus in failing heart cells [J]. Cardiovascular Research, 2012, 95 (4): 430-438.

[3] Luo C H, Rudy Y. A model of the ventricular cardiac action potential, depolarization, repolarization, and their interaction [J]. Circulation Research, 1991, 68 (6):1501-1526.

[4] 杨学军. E 级计算的挑战与思考[J]. 中国计算机学会通讯, 2013, 9 (12):29-32.

[5] OLCF. Titan Summit 2011 [EB/OL]. http://www.olcf.ornl.gov/event/titan-summit/.

[6] 田荣, 孙凝晖. 关于我国百亿亿级计算发展的思考[J]. 中国计算机学会通讯, 2013, 9 (2): 52-60.

[7] Borkar S. Thousand core chips: A technology perspective [C]. Proceedings of the 44th Annual Design Automation Conference, 2007: 746-749.

[8] 张春元. 流计算和视频编码[M]. 北京: 科学出版社, 2012.

[9] 张春元. 流处理器研究与设计[M]. 北京: 电子工业出版社, 2009.

[10] The Green500. The Green500 List-June 2013 [EB/OL]. http://www.green500.org/lists/green201306.

[11] The Green500. The Green500 List-November 2013 [EB/OL]. http://www.green500.org/lists/green201311.

[12] The Green500. Green Graph500 List [EB/OL]. http://green.graph500.org/lists.php.

[13] Miller L J. Dell Releases FDR InfiniBand Switches from Mellanox [EB/OL]. http://www.mellanox. com/blog/category/infiniband/.

[14] Lu Y T. Overview of Tianhe-2 (MilkyWay-2) Supercomputer [EB/OL]. http://www.asc-events.org/ 13en/To%20web/!!!TH2-ISC13-Inspur-LYT.pdf.

[15] TOP500. TOP500 Supercomputer Sits [EB/OL]. http://www.top500.org/.

[16] The Green500. The Green500 List-November 2010 [EB/OL]. http://www.green500.org/lists/2010/ 11/top/list.php?from=1&to=100.

[17] OAK RIDGE National Laboratory. Introducing Titan [EB/OL]. https://www.olcf.ornl.gov/titan/.

[18] TOP500. TOP500 List-November 2010 [EB/OL]. http://www.top500.org/list/2010/11/.

[19] TOP500. TIANHE-1A-NUDT YH MPP, XEON X5670 6C 2.93 GHZ, NVIDIA 2050[EB/OL]. http://www. top500.org/system/176929.

[20] TOP 500. TOP500 List-June 2013 [EB/OL]. http://www.top500.org/list/2013/06/.

[21] The Green500. The Green500 List-November 2013 [EB/OL]. http://www.green500.org/lists/green 201311&green500from=1&green500to=100.

[22] Wikipedia. Jaguar (Supercomputer) [EB/OL]. http://en.wikipedia.org/wiki/Jaguar_(supercomputer).

[23] TOP500. Oak Ridge Claims No. 1 Position on Latest TOP500 List with Titan [EB/OL]. http://www. top500.org/blog/lists/2012/11/press-release/.

[24] Williams L. Titan is also a Green Powerhouse [EB/OL]. https://www.olcf.ornl.gov/2012/11/14/titan- is-also-a-green-powerhouse/.

[25] TACC. Stampede User Guide [EB/OL]. https://www.tacc.utexas.edu/user-services/user-guides/stam- pede-user-guide.

[26] Steinmacher-Burow B. Some Challenges on Road from Petascale to Exascale [EB/OL]. http://www. physik.uni-regensburg.de/forschung/wettig/workshops/APQ_April2010/talks/20100414%20lQCD%2 0RegensburgSteinmacher-Burowv07.pdf.

[27] Sutter H. The Free Lunch is Over: a Fundamental Turn Toward Concurrency in Software [EB/OL]. http://www.gotw.ca/publications/concurrency-ddj.htm.

[28] Yang C, Wang F, Du Y, et al. Adaptive optimization for petascale heterogeneous CPU/GPU computing [C]. Cluster Computing (CLUSTER), 2010 IEEE International Conference, 2010: 19-28.

[29] Lu F, Song J, Cao X, et al. CPU/GPU computing for long-wave radiation physics on large GPU clusters [J]. Computers & Geosciences, 2012, 41: 47-55.

[30] SC13. ACM Gordon Bell Finalist [EB/OL]. http://sc13.supercomputing.org/schedule/.

[31] Yang C Q, Wu Q, Tang T, et al. Programming for scientific computing on peta-scale heterogeneous parallel systems [J]. Journal of Central South University, 2013, 20: 1189-1203.

[32] Wu Q, Yang C, Tang T, et al. Exploiting hierarchy parallelism for molecular dynamics on a petascale heterogeneous system [J]. Journal of Parallel and Distributed Computing, 2013, 73 (12): 1592-1604.

[33] Wen M, Su H, Wei W, et al. Using 1000+ gpus and 10000+ cpus for sedimentary basin simulations [C].

Cluster Computing (CLUSTER), 2012 IEEE International Conference, 2012: 27-35.

[34] Wen M, Su H, Wei W, et al. High efficient sedimentary basin simulations on hybrid CPU-GPU clusters [J]. Cluster Computing, 2013: 1-11.

[35] 卢风顺.面向 CPU/GPU 异构体系结构的并行计算关键技术研究 [博士学位论文]. 长沙: 国防科学技术大学, 2012.

[36] Hou C, Xu J, Wang P, et al. Petascale molecular dynamics simulation of crystalline silicon on Tianhe-1A [J]. International Journal of High Performance Computing Applications, 2013, 27 (3): 307-317.

[37] Yang C, Xue W, Fu H, et al. A peta-scalable CPU-GPU algorithm for global atmospheric simulations [C]. Proceedings of the 18th ACM SIGPLAN Symposium on Principles and Practice of Parallel Programming, 2013: 1-12.

[38] Meng X, Zhu X, Wang P, et al. Heterogeneous programming and optimization of gyrokinetic toroidal code and large-scale performance test on TH-1A [C]. Supercomputing, 2013: 81-96.

[39] Michalakes J, Vachharajani M. GPU acceleration of numerical weather prediction [J]. Parallel Processing Letters, 2008, 18 (4): 531-548.

[40] Komatitsch D, Gachharajani M. GPU acceleration of numerical weather prediction [J]. Parallel Processing Letters, 2008, 18 (4): 531.

[41] Shimokavabe T, Aoki T, Muroi C, et al. An 80-fold speedup, 15.0 Tflops full GPU acceleration of non-hydrostatic weather model ASUCA production code [C]. Proceedings of the 2010 ACM/IEEE International Conference for High Performance Computing, Networking, Storage and Analysis, 2010: 1-11.

[42] Xian W, Takayuki A. Multi-GPU performance of incompressible flow computation by lattice Boltzmann method on GPU cluster [J]. Parallel Computing, 2011, 37 (9):521-535.

[43] So H K H, Chen J, Yiu B Y, et al. Medical ultrasound imaging: To GPU or not to GPU [J]. IEEE Micro, 2011, 31 (5): 54-65.

[44] Nieto J, de Arcas G, Vega J, et al. Exploiting graphic processing units parallelism to improve intelligent data acquisition system performance in JET's correlation reflectometer [J]. Nuclear Science, IEEE Transactions, 2011, 58 (4): 1714-1718.

[45] Park J, Bikshandi G, Vaidyanathan K, et al. Tera-scale 1D FFT with low-communication algorithm and intelent data acquisition system performance in JET [J]. International Conference for High Performance Computing, Networking, Storage and Analysis, 2013: 34.

[46] Meng Q, Humphrey A, Schmidt J, et al. Preliminary experiences with the uintah framework on Intel Xeon Phi and stampede [C]. Proceedings of the Conference on Extreme Science and Engineering Discovery Environment: Gateway to Discovery, 2013: 48:1-8.

[47] Guilkey J, Harman T, Banerjee B. An eulerian-lagrangian approach for simulating explosions of energetic devices [J]. Computers & Structures, 2007, 85 (11): 660-674.

[48] Wylie B J N, Frings W. Scalasca support for MPI+ OpenMP parallel applications on large-scale HPC systems based on Intel Xeon Phi [C]. Proceedings of the Conference on Extreme Science and Engineering Discovery Environment: Gateway to Discovery, 2013: 37.

[49] Heller T, Kaiser H, Schäfer A, et al. Using HPX and libgeodecomp for scaling HPC applications on heterogeneous supercomputers[C]. Proceedings of the Workshop on Latest Advances in Scalable Algorithms for Large-Scale Systems, 2013: 1.

[50] Schäfer A, Fey D. Libgeodecomp: A grid-enabled library for geometric decomposition codes[J]. Recent Advances in Parallel Virtual Machine and Message Passing Interface, 2008: 285-294.

[51] Kaiser H, Brodowicz M, Sterling T. ParalleX: An advanced parallel execution model for scaling-impaired applications [C]. Proceedings of the 2009 International Conference on Parallel Processing Workshops, 2009: 394-401.

[52] Fu H. Accelerating Atmospheric Simulation on GPU, FPGA, and MIC [EB/OL]. http://data1.gfdl.noaa. gov/multi-core/presentations/fu_3b.pdf.

[53] Park J, Tang P T P, Smelyanskiy M, et al. Efficient backprojection-based synthetic aperture radar computation with many-core processors [C]. High Performance Computing, Networking, Storage and Analysis (SC), 2012 International Conference, 2012: 1-11.

[54] Wikipedia. Lattice QCD. https://en.wikipedia.org/wiki/Lattice-QCD.

[55] Lai C, Huang M, Shi X, et al. Accelerating geospatial applications on hybrid architectures [J]. Algorithms, 2013, 18: 19.

[56] The National Institute for Computational Sciences.Beacon [EB/OL]. http://www.jics.tennessee.edu/ aace/beacon.

[57] 王恩东, 张清, 沈铂, 等. MIC 高性能计算编程指南 [M]. 北京: 中国水利水电出版社, 2012.

[58] Meng Q, Humphrey A, Schmidt J, et al. Investigating applications portability with the uintah DAG-based runtime system on petascale supercomputers [J]. SCI Institute, University of Utah, SCI Technical Report UUSCI-2013-003, 2013.

[59] Haack J. A hybrid OpenMP and MPI implementation of a conservative spectral method for the Boltzmann equation [J]. arXiv preprint arXiv:1301.4195, 2013.

[60] Schnetter E. Performance and optimization abstractions for large scale heterogeneous systems in the cactus/chemora framework [J]. arXiv preprint arXiv:1308.1343, 2013.

[61] Lee M, Malaya N, Moser R D. Petascale direct numerical simulation of turbulent channel flow on up to 786K cores [C]. Proceedings of SC13: International Conference for High Performance Computing, Networking, Storage and Analysis, 2013: 61.

[62] Xiao G R, Xin H X. AP-IO: Asynchronous pipeline I/O for hiding periodic output cost in CFD simulation [J]. The Scientific World Journal, 2014: 273807.

第 2 章　高性能计算并行基础

挖掘并行性是面向高性能计算系统编程的一个贯彻始终的关键问题，随着多核/众核处理器的流行，应用的并行执行已经可以落脚到每一个节点的每一个芯片上，成为一个最基本的要素。本章简要介绍各种粒度的并行层次，并行计算的基本度量指标，以及如何用这些指标评价一个应用或者机器的性能，最后给出一些常用的基准测试程序集（Benchmark）。

2.1　并行计算分类

并行计算是包含多种层次，或者说多种粒度的，通常包括数据级并行①（Data Level Parallelism，DLP）、指令级并行（Instruction Level Parallelism，ILP）和任务级并行（Task Level Parallelism，TLP）。指令级并行通常由编译器开发，如超长指令字（Very Long Instruction Word，VLIW）技术[1]，因此不在本书详述。目前有很多并行技术都是致力于挖掘应用的各层次并行，如流处理技术[2]同时开发了数据级并行、指令级并行和任务级并行。并行层次越丰富，各级并行度越大，这个应用可以被加速的空间也就越大。

2.1.1　数据并行

顾名思义，数据并行指对于给定的操作，每个数据元素如果独立于数据集中其他元素，则可同时被处理。如果存在相关性，那么显然不能够同时处理而只能串行执行。现代应用通常呈现丰富的数据并行，例如，媒体处理中的图像像素之间的操作多数是没有相关性的，图像可以是标清、高清等，分辨率可以不断上升，另外图像应用还可以扩展到视频，因此这个数据集的量通常是比较大的。另一个典型的例子就是矩阵乘，因为有实际意义，特征突出，这几乎是所有处理器的基本测试程序。

下面用一个矩阵乘的例子来展示数据并行的概念，如图 2.1 所示。矩阵 $AB = C$，数据矩阵 C 中的每一个元素，是由矩阵 A 中的一行和矩阵 B 中的一列的所有对应元素的点乘之和，这些点乘之间不相关，并且 C 矩阵中不同元素的计算是独立不相关的。所以这个数据并行是多维存在的，并且随着矩阵乘的规模扩大，这个数据并行就越丰富。换句话说，并行度越大，扩展性就越好。

处理大规模矩阵时，若采用串行算法，则往往需要较多的工作单元和较大的存储单元，计算效率将受到很大影响[3]。因此存在着许多基于矩阵乘法的并行计算方法，

---

① 本书中，数据级并行和数据并行不加以区分，可互换；任务级并行和任务并行也类似。

目的是充分利用矩阵计算数据良好的并行性，提高计算效率。传统的提高矩阵乘计算效率的最普遍的做法是分块计算，如图 2.1 所示。假设 A，B 均是规模为 $n \times n$ 的矩阵，分块大小为 n/p。为了表述简单，不妨设 n 可被 p 整除，在此基础上对 A 进行行分块，对 B 进行列分块，则 A，B 可被均匀地分为 p 个子块[4]。可以看到，分块后矩阵 C 的值转化为 p^2 个低阶矩阵的乘积，并且无论分块内还是分块间计算都保持了原有矩阵计算的数据并行性，都可以实现并行计算，因此矩阵分块计算一般都包括两种数据并行粒度：分块内并行与分块间并行。分块内数据并行存在于每个子矩阵乘积 A_iB_j 中，从图中可以看到，其实质是多个独立的向量乘法。由于每个向量乘法之间不存在数据相关，所以可以同时进行计算。最简单的并行方案是设计 n/p 个线程，每个线程进行一个向量乘法。由于每一个子矩阵的阶数直接决定并行计算过程中所需要的线程数，所以必须合理设置每一个分块的大小。分块间的计算，即不同 A_iB_j 间的计算也是可以高效并行完成的，我们可以看到分块间的并行计算实质上是更大并行粒度的分块内计算，归根到底仍然是向量乘运算。我们可以采用多个处理机同时进行不同的 A_iB_j 计算，如果每个处理机采用多线程实现分块内并行计算，则可以最大限度地开发矩阵计算的并行性，达到很高的计算效率。

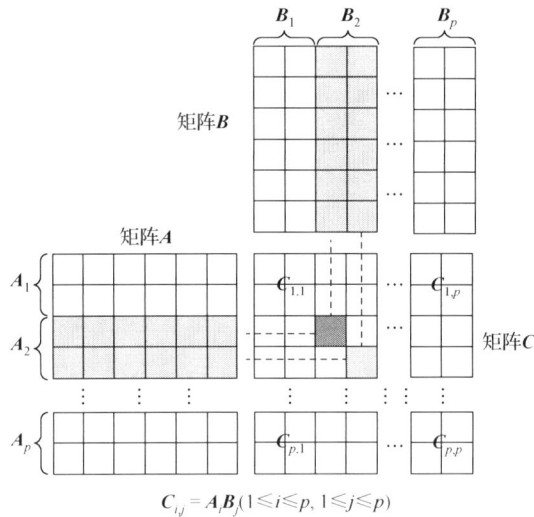

$$C_{i,j} = A_iB_j(1 \leqslant i \leqslant p, 1 \leqslant j \leqslant p)$$

图 2.1　矩阵乘的数据并行

GPU 加速器就是着重于数据并行的支持，可以同时支持成千上万个线程并行执行[5]，我们会在第 4 章详细描述。单指令多数据流（Single Instruction Multiple Data，SIMD）[6]也是支持数据并行的一种常用技术。

2.1.2　任务并行

任务并行的粒度要大于数据并行，含义较为丰富。任务并行在一个芯片内部可以指的是不同类型的任务同时执行,如大块的数据访问和 kernel 计算;在芯片之间,指的是 CPU 和 GPU 同时进行计算,或者是 GPU 进行计算而 CPU 完成节点间的通信等。

云计算中很多工作都是任务并行的,例如,Web 搜索,不同人以及同一个人的不同次搜索之间是独立任务,但是涉及的数据量很大,因此云计算、分布式文件存储、MapReduce[7],以及 Google 采用廉价集群是有其真实需求和应用背景的,与传统高性能计算有区别,我们在第 9 章还会谈到这个问题。

下面用云计算里典型的 Web 搜索操作为例说明任务并行的概念。

MapReduce 是 Google 的一个应用框架,用来处理任务并行。它的工作流程如图 2.2 所示。首先 MapReduce 将 Web 搜索时所要遍历的数据库进行划分(split 0~split 4),然后当用户程序发起一个 Web 搜索请求时,Master 节点将任务分发到多个 worker 节点,每个 worker 节点利用局部数据进行搜索。这一部分就是任务分发执行的 Map 阶段,各个 worker 节点之间任务并行。然后 Master 节点指定若干 worker 节点来执行 Reduce 任务,即将各个并行子任务的搜索结果汇总起来,这就是 Reduce 阶段。

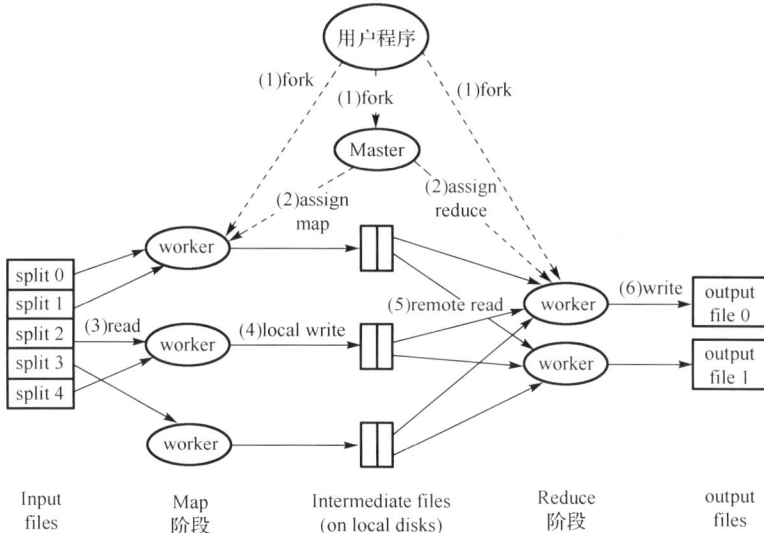

图 2.2 MapReduce 的任务并行执行流程

2.2 并行计算的度量

传统高性能计算的目标和最终评价指标其实永远只有一个,就是在最短的时间完成任务。对于一个机器,如何评价和比较,以便面向应用进行选择;对于一个应用,在某个机器上是否还有性能提升的空间，如果有，那么从哪个方向上去做性能调优。这些都是并行效率专家的主要考量。而这些离不开并行计算的度量，也就是一些评价的指标。下面简单介绍性能和扩展性指标。

2.2.1　性能

性能主要针对系统运行时的状态进行度量，它可以是描述不同部件功能的参数，如计算速度、存储容量、响应时间、通信带宽和系统吞吐率等，其中最常用的是每条指令的平均执行时间或其倒数（计算速度）。常用的度量计算速度的指标有每秒兆条[①]指令数（Million Instructions Per Second，MIPS）、每秒浮点/定点操作数（Floating Point Operations Per Second，FLOPS，定点操作直接用 OPS）。

随着产品硬件的不断升级，整个的计算能力也以数量级的速度提升。衡量计算机性能的一个重要指标就是计算峰值，如浮点计算峰值[②]，它是指计算机每秒钟能完成的浮点计算最大次数，包括理论浮点峰值和实测浮点峰值。

（1）理论浮点峰值是该计算机理论上能达到的每秒钟完成浮点计算的最大次数，它主要是由 CPU 的主频和芯片中的硬件算术逻辑单元（Arithmetic Logic Unit，ALU）数目决定的，单芯片理论浮点峰值性能计算公式为（定点运算以此类推）

$$理论浮点峰值＝CPU主频×CPU 每个时钟周期执行浮点运算的次数$$
$$×系统中 CPU 核心数目$$

例如，6 核 Intel Xeon X5670 CPU，主频 2.93GHz，每个核有 2 个 ALU，因此每个时钟周期（cycle）最多可以同时完成 2 个 64 位双精度浮点乘加操作（4 个操作），峰值性能为 35.16Gflops。如果以集群计算，则集群的峰值计算性能是每个节点的每一个芯片的峰值能力的总和。天河系列超级计算机的峰值性能就是如此计算的。

（2）实测浮点峰值是指 Linpack 测试值，也就是说在这台机器上运行 Linpack测试程序，通过各种调优方法得到的最优测试结果。关于 Linpack 测试程序的实测浮点峰值的计算方法是根据程序所需的计算操作数[③]/实际运行时间。

实际上，在实际程序运行过程中，几乎不可能达到实测浮点峰值，更不用说达到理论浮点峰值了。这两个值只是作为衡量机器性能的一个指标，用来表明机器处理能力的一个标尺和潜能的度量。

计算效率通常是指应用的实测性能/理论浮点峰值性能，对于实际应用（稠密矩阵

---

① 这个数量级可以变化，也可以是 G 或是其他度量单位。

② 目前高端处理器的基本数据单位是 64bit，支持浮点运算（浮点运算比定点运算复杂，包括 32bit 单精度浮点和 64bit 双精度浮点，定点运算包括 8bit、16bit、32bit 等多种情况），因此性能衡量通常使用双精度浮点性能，本书中如不特别说明，浮点性能都指的是双精度浮点性能。

③ 也可以通过工具获得，如 PAPI[11]。

乘除外），CPU 的效率能达到 50%，GPU 的效率能达到 40%，通常就认为优化得不错了[①]。

　　由于 VLSI 工艺的发展，功耗墙[8]的问题日益突出之后，引发人们对功耗效率的关注而逐渐受到重视。能效比，通常指的是理论峰值性能/功耗。例如，Tesla K20 的能效比为 4.98Gflops/W(1.17Tflops/235W)，Intel Xeon X5670 CPU 的能效比为 0.37Gflops/W(35.16Gflops/95W)。表 2.1 中列出了其他一些处理器的性能与功耗情况。除了专用 ASIC 之外，基于 FPGA 的专用加速器由于出众的能效比，也日益受到重视[9,10]。

表 2.1　接近万亿次量级的可编程处理器性能与功耗比较[13-24]

处理器	体系结构	峰值性能/Gflops	频率/GHz	功耗/W	能效比/(Mops/mW)
Storm-1 SP16HP[13]	异构多核，通用嵌入式内核和流处理器（SIMD+VLIW）	512（8 位）	0.8	12~20	25~50
AnySP 模型[14]	异构多核，通用嵌入式内核和多流出 SIMD 阵列	>200（16 位）	0.3	0.86	200~1000
ELM 模型[15]	多个 VLIW 核，Tile 化组织，少量标量控制核	1280	2	约为 10	128
FEENECS 模型[16]	多个 PE 组成 VLIW 核，核之间的互联可配置	1000（16 位）	0.2	约为 1	>900
Tesla C2050[17]	GPU，512 个流处理器，支持 SIMD 和多线程	1030	1.15	238	4.3
Firestream 9370[18]	GPU，1600 个核，支持 SIMD 和多线程	2720	0.85	188	14.5
Tile-Gx100[19]	CMP，16~100 个不等的嵌入式 3 路 VLIW 处理器	750	1.0~1.5	10~55	13.6~75
Polaris[20]	CMP，80 个 32 位通用处理器	1280（浮点）	4	181	7
Darco 1 模型[21]	12 个 Tile，每个 Tile 含有 32 个 Cluster，每个 Cluster 含 8 个核，每个核基于 MIPS 或 ARM，层次化互联	15000	1.6	150	100
AM2045[22]	多个顺序执行的简单 RISC 核，Tile 化互连	1200	0.35	14	约为 85.7
MIC Knight Ferry[23]	32 个 RISC 核，每个核含有一个向量处理单元，共享二级 Cache	1200（浮点）	1.2	约为 300	4
Rigel[24]	1024 个简单通用处理器核，Tile 化组织，部分共享二级 Cache	1228.8（浮点）	1.2	约为 90	约为 13

　　存储带宽，实际上芯片有很多存储层次，片上有多级 Cache，如 L1、L2，通常越靠近 ALU 的存储层次带宽越高，片内带宽显然要高于片外存储层次。通常存储带宽指的是芯片与片外主存 DRAM（之间）的带宽，而存储带宽也有峰值带宽和实测峰值

① 是一个比较泛的说法，实际效率因应用而异。全应用较单个 kernel（计算核心，可以理解为函数），任务类型要复杂，数据调度增多，计算效率比不上单个 kernel。以程序自身特征而言，对于访存密集型应用，可能 10%甚至更低的计算效率也已经是能达到的性能上限了，因为带宽已经饱和。

带宽的区别，峰值带宽通常由厂家提供。例如，6 核 Intel Xeon 2.93 GHz X5670 CPU，32GB/s。主频实测峰值通常用 stream[12]测得。

这里有个很有意思的指标就是计算访存比（存储指片外主存），通常 CPU 会小于同时代的 GPU[25]。这也说明 GPU 偏向面向更加计算密集的应用，如果访存密集的应用在 GPU 上运行，也是不会发挥出很好性能的。因此，拿到一个应用算法，可以首先分析这个。如果算法确定，那么通过并行优化等手段可以使得这个值在某些 kernel 计算中获得提高[26]，但是更为高级的优化方法是通过领域专家和数值专家的努力，从根本上改变算法，或者说是选择适合并行的数值方法，这都是提高计算访存比，发挥计算效能的手段[25]。

2.2.2 扩展性

扩展性包括硬件和软件两个角度，在第 9 章会提到硬件方面，这里主要是针对软件算法角度而言。在高性能计算领域，一个算法是否扩展性好是算法的重要评价标准，分为强扩展（strong scaling）和弱扩展（weak scaling）。

强扩展是指在程序计算规模不变的情况下，将计算任务扩展到更多的机器节点上；而弱扩展是指维持每个节点上同样的计算规模，扩展机器节点，使得总的计算任务规模不断扩大。弱扩展反映了一个应用规模扩展的极限，对于一个集群，大规模节点使用的最大瓶颈在于节点间的通信。最极端的情况就是每一个节点上分配的任务完全不相关，不需要通信，那么弱扩展性就可以是无限的，但是传统的真实的高性能计算任务（通常指科学计算）是不可能做到这一点的。弱扩展性好是指随着节点数的增加，计算性能保持不变①。强扩展从某种角度可以反映在一个节点中，多大的计算规模是最优的（最高的计算性能），太大，超出负荷能力，无益于计算性能提高；太小，不能满负荷运转，浪费资源，计算性能下降。在第 6~8 章的算法实例中，将会给出这个指标的测试结果。

加速比是与扩展性相伴出现的系统性能的相对度量指标，反映并行系统运行并行程序时系统并行能力发挥的程度，它与硬件、软件和应用的特性都有关系。对于弱扩展，加速比的上界是系统的节点数。由于存储、通信等因素的影响，实际加速比必定要小于节点数目。对于强扩展，目前较为常用的并行加速比公式主要有 Amdahl 加速比定律：

$$S = 1/(a + (1-a)/N)$$

式中，S 为加速比，a 为串行计算部分占总计算任务的比例，N 为并行处理任务的节点个数。

这个公式在分析单芯片固定规模任务的并行加速时尤为有效。它的核心思想是在部分任务并行之后，加速比的瓶颈在于不能并行的串行任务部分。

上面介绍的度量指标均是以计算性能作为并行系统的评价标准。但是，随着并行

---

① 通过通信隐藏技术，在一定节点范围之内可以做到，参见后续第 6~8 章的算法实例。

系统规模的不断扩大，在系统计算性能获得巨大提升的同时，在功耗、空间、散热、效率、可靠性、可编程性、可移植性、可管理性和鲁棒性等问题上也存在着重大挑战。因此，并行计算机系统已不再单一追求超高的计算性能，而是转为对众多影响要素的综合权衡。在并行计算系统由"高性能"走向"高效能"的同时，度量指标的研究也进入新的发展阶段。例如，以云服务[①]为主的数据中心，并行计算追求的目标已经转变为处理更大的数据、低功耗、容错等[27]。

2.3　并行程序测试集

随着体系结构的不断发展，处理器的性能分析工作变得越来越复杂。一方面是由于对新的体系结构缺少细致系统的分析方法，另一方面也是因为体系结构各个功能部件之间紧密耦合且共同影响处理器的实际性能。如何科学地评测各类体系结构的综合特性已经成为体系结构发展的关键问题之一。通过标准的基准测试程序来比较各类系统平台，找出性能瓶颈并提出可能的解决方案，反馈给硬件设计人员，是常见的研究方法。

事实上，根据应用任务的不同，以及测试对象（CPU、GPU 等）的不同，基准测试程序集有很多，本节主要面向高性能集群的需求，介绍 Linpack[28]基准测试程序集，以及一些并行测试集。

2.3.1　Linpack

Linpack 是当前国际流行的性能测试基准程序集，作为高性能计算机系统浮点性能的权威 Benchmark，其并行版本的实现——高度并行计算基准测试（High Performance Linpack，HPL）是国际高性能计算机大会进行 TOP500 排名的依据，能够综合反映出超级计算机的浮点运算能力。它的优点为：①任务扩展性极佳，这个体现在数据规模可以不断扩大，数据并行程度高，易于分块，并且计算复杂度为 $O(N^3)$，计算密集；②需要机器稳定运行一段时间，因此也可以测试机器的稳定性[②]。

这个程序有多种版本，包括单核、多核、集群的，集群测试标准为 HPL，而且阶次 N 也是 Linpack 测试必须指明的参数。CPU、GPU 等处理器以及编译就是面向这些 Benchmark（还有 SPEC2000 等）设计的，还提供了专门的库，如 MKL、BLAS、CUBLAS 等，因此这个程序在各类处理器上可达到的性能都很高。Intel 处理器单核运行 Linpack 测试的效率通常是 90%以上，多核性能会有所下降，但基本也在 80%以上。

Linpack 通过对高性能计算机求解稠密线性方程组能力的测试，评价高性能计算机系统的浮点性能。它提供多种程序并在其他函数库的支持下求解线性方程问题，包

---

① 不属于狭义高性能计算范畴，狭义的或是传统高性能计算就是指科学计算。本书中如无特指，讨论的都是传统高性能计算。

② 天河全系统运行 Linpack 测试通常需要数小时。

括求解稠密矩阵运算、带状的线性方程，以及求解最小平方问题等，这些都基于高斯消元法的原理。其测试包括三类：Linpack100、Linpack1000 和 HPL。

Linpack100 求解规模为 100 阶的稠密线性代数方程组，它只允许采用编译优化选项进行优化，不得更改代码，甚至代码中的注释也不得修改。

Linpack1000 要求求解 1000 阶的线性代数方程组，在不改变问题规模的前提下，允许用户替换其中的 LU 分解和矩阵求解部分的代码实现，但需要保持调用顺序与原来一致，并且结果达到指定的精度。

HPL 是针对现代并行计算机提出的测试方式。它对矩阵的规模 n 没有限制，同样允许用户替换其中的 LU 分解和矩阵求解部分的代码实现，要求结果达到指定的精度。用户可以通过调节问题规模大小（矩阵大小 n）、使用的 CPU 数目、使用各种编译优化方法等来执行该测试程序，以期获取最佳的性能。

HPL 采用高斯消元法求解线性方程组。当求解问题规模为 N 时，浮点运算次数为 $\left(\dfrac{2}{3}N^3 + 2N^2\right)$，计算复杂度为 $O(N^3)$。因此，只要给出问题规模 N，测得系统计算时间 T，峰值 = 计算量 $\left(\dfrac{2}{3}N^3 + 2N^2\right)$/计算时间 T，测试结果以浮点运算（Mflops）给出。

中国科学院利用主频 1.6GHz 双 CPU 的 AMD64 位机器进行测试[29]，得到 HPL 中主要模块的耗时比数据如表 2.2 所示。

表 2.2　HPL 中主要模块的耗时比

操　作	耗时比	操　作	耗时比
Dgemm_	93.71	HPL_pdmatgen	0.42
Dtrsm_	3	HPL_lmul	0.3
HPL_setran	0.6	HPL_rand	0.18
HPL_pdlange	0.48	HPL_ladd	0.12
Dgemv_	0.48	Dcopy_	0.12
HPL_dlaswp00N	0.42	其他	0.17

从表 2.2 中可以看出 Linpack 最耗时的部分是矩阵加乘操作 DGEMM，通常需要进行并行计算，可利用 GPU 或 MIC 等加速设备获得性能的提升。DGEMM 进行以下双精度矩阵相乘的操作：

$$C = \text{alpha} \cdot \text{op}(A) \cdot \text{op}(B) + \text{beta} \cdot C$$

式中，op(X) 为矩阵 X 或者矩阵 X 的转置；alpha 和 beta 是两个 N 维向量；A，B 和 C 分别是相应的矩阵，即 op(A) 是一个 $m \times k$ 的矩阵，op(B) 是一个 $k \times n$ 的矩阵，C 是一个 $m \times n$ 的矩阵。

2.3.2　13 类基准测试分类体系

2006 年，伯克利大学提出了使用一系列 dwarf 方式作为一种更高层次的抽象方法，提取、总结并行应用程序的需求和特性，每一类 dwarf 都涵盖了某一类重要应用的计算和通信特性[30]，是并行计算基准测试的先行者。现在流行的很多并行计算基准测试集的构建工作都是以这一分类方式为基础的。

首先，通过借鉴 Phil Colella 的前期工作——7 个科学计算应用模型，可以得到 7 种数值计算方法[30]。

1）稠密线性代数（dense linear algebra）

经典的向量和矩阵运算，传统上可分为 1 级（矢量/矢量）、2 级（矩阵/矢量）、3 级（矩阵/矩阵），应用范围极其广泛。

应用范围如下。

（1）线性代数：LAPACK、ATLAS。

（2）聚类算法（Clustering algorithms）/数据挖掘（data-mining）：StreamCluster、K-均值算法。

2）稀疏线性代数（sparse linear algebra）

乘法运算主要是由零矩阵组成的。通过移动对角矩阵周围的非零元素，使计算更加高效。

应用范围如下。

（1）有限元素分析。

（2）偏微分方程式。

3）光谱方法（spectral methods）

各种结构的物质都具有自己的特征光谱，光谱分析法就是利用特征光谱研究物质结构或测定化学成分的方法。光谱方法可用来解决常微分方程（ODE）、偏微分方程（PDE），以及包含微分方程增值问题。

应用范围如下。

（1）流体动力学。

（2）量子力学。

（3）天气预测。

4）N-Body 方法

N-Body 方法是模拟粒子的动力学系统，通常在物理学（如重力）的影响下，计算方法有两种（A 影响 B，同样 B 也影响 A），整个系统在每一轮之后都会再次更新。基本算法是 $O(N^2)$。对于大型系统的优化，可以通过相邻管理（neighbor-administration）和远离粒子计算，这里运行时方法是可取的。

应用范围如下。

（1）天文学：宇宙学（如星系的形成）。

（2）计算化学：分子动力学（如蛋白质折叠）、分子模拟。

（3）物理：流体动力学、等离子体物理学。

5）结构化网格（structured grids）

结构化网格是指网格区域内所有的内部点都具有相同的毗邻单元。在一个结构化或规则的网格中所有的元素具有相同的尺寸，如方形模块。计算方法依赖于相邻的不规则网格。结构化网格计算图例如图 2.3 所示。

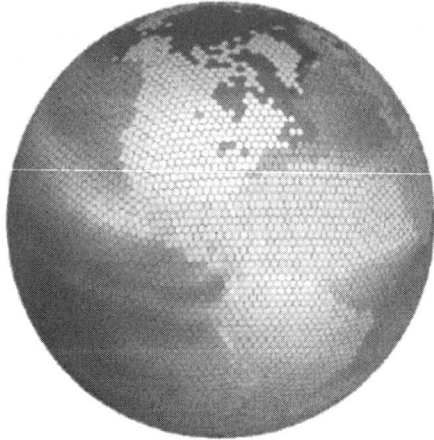

图 2.3　结构化网格计算图例

应用范围如下。

（1）图形处理：高斯图像模糊（Gaussian image blurring）。

（2）物理学模拟：瞬态热量偏微分方程求解器（transient thermal differential equation solver）。

（3）有限元素法（finite element method）。

6）非结构化网格（unstructured grids）

所有的网格都无规则性，不同的元素有着不同的相邻数量。这一组有很多的重叠与回溯。网格中的每个元素都可以是二维的多边形或者三维多面体。每个元素之间没有隐含的连通性。难点是在硬件上映射不规则网格。

应用范围如下。

（1）计算流体动力学。

（2）置信传播（belief propagation）。

7）MapReduce 与 Monte Carlo 方法

每个进程可独立于其他进程运行，因此，在相邻的进程之间没有相关性。在庞大的数据集和计算密集型算法中，GPU 可结合大数据解决方法，如 Hadoop。由于这种方法中，节点之间的通信是最小的，所以也使它成为了使用 GPU 最快的方法之一。

应用范围如下。

（1）Monte Carlo：PI（圆周率）计算法、碰撞仿真、序列对比（图 2.4）。

（2）分布式搜索。

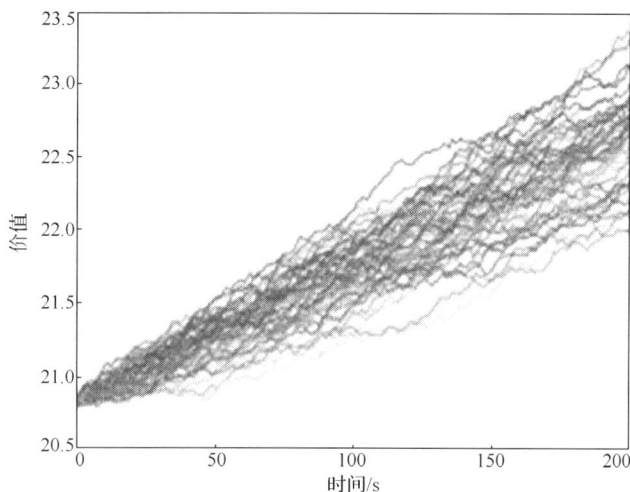

图 2.4　使用 Monte Carlo 方法模拟一组有价值数据的轨迹

　　这些方法对于科学和工程计算是十分必要的，因为它们对更广范围的应用程序的行为特性进行了高层次的抽象。当前可以找到很多以这些类为基础所构建的数值计算库，如 FFTW 对应于光谱方法，LAPACK/ScaLAPACK 对应于稠密线性代数等。

　　为了更好地研究以上七类方法的普遍适用性，可以将其与一些已有的通用测试集进行比较，包括嵌入式系统领域的 EEMBC 和桌面及服务器计算领域的 SPEC2006。由此，以下四类也被加入 dwarf 类。

　　8）组合逻辑（combinational logic）

　　组合逻辑电路是一种逻辑电路，它的任一时刻的稳态输出，仅与该时刻的输入变量的取值有关，而与该时刻以前的输入变量取值无关。该算法中涉及大量的数据，可利用位级（bit-level）操作执行简单的操作。并不是所有的硬件都适合这种类型的操作，因此，设备的选择是至关重要的。

　　应用范围如下。

　　（1）计算校验和（computing checksums）。

　　（2）计算校验法，如循环校验码（CRC）。

　　（3）加密和解密。

　　（4）散列。

　　（5）汉明（Hamming）权重。

9）图遍历（graph traversal）

图遍历（图 2.5）是以特定的方式访问所有节点，更新/检查值。树形遍历是属于图遍历的一种特殊情况，有间接查找和微计算。若想更好地发挥其并行特性，则最关键的是要保持核心程序处于繁忙状态。

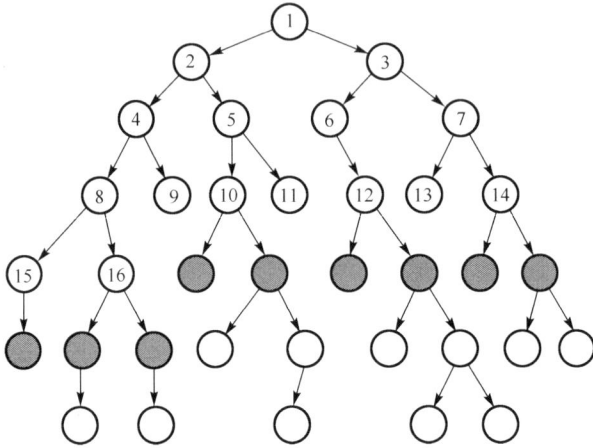

图 2.5　图追踪树形查找示意图

应用范围如下。

（1）搜索：深度优先搜索、广度优先搜索，找到所有节点中某个连接组件。

（2）排序：快速排序。

（3）序列化/反序列化。

（4）Maze 生成。

（5）碰撞检测。

10）图模型（graphical models）

图结合了不确定性（概率）和逻辑结构（独立约束）表示复杂的、现实世界的现象。随着越来越多的进程需要更新相同的节点（原子学就是典型的案例），需消耗大量的时间。

应用范围如下。

（1）贝叶斯（Bayesian）网络：信念网络、概念网络、因果网络、知识地图。

（2）隐马尔可夫模型（hidden Markov models）。

（3）神经网络（Neural networks）。

11）有限状态机（finite state machines）

有限状态机是指有限个状态以及在这些状态之间的转移和动作等行为的数学模型，具有三个特征：状态总数是有限的；任一时刻，只处在一种状态之中；某种条件下，会从一种状态转变到另一种状态。数学计算模型常用于设计连接计算机程序和时序逻辑电路。它常被看作是一个抽象性的机器，可用在有限的数量状态下。

应用范围如下。

（1）视频解码、解析、压缩。

（2）数据挖掘。

（3）查找循环模式。

更进一步，通过对机器学习、数据库软件和电脑游戏图形这三个热门领域的分析和研究，以下两类同样也被包含进来。

12）动态规划（dynamic programming）

动态规划是一种在数学、计算机科学和经济学中使用的，通过把原问题分解为相对简单的子问题的方式求解复杂问题的方法。动态规划常适用于解决简单的重叠子问题和最优子结构性质的问题。许多动态编程问题在求解中通过在网格中填写具有代表性的问题领域，然后在这个网格中保留着这一领域最终答案。通过"动态"的应用，在运行时进行调优以达到最佳性能。

应用范围如下。

（1）图形问题：Floyd's AllPairs、最短路径、Bellman-Ford 算法。

（2）序列对比：Needleman-Wunsch、Smith-Waterman。

13）回溯和分支限界（backtrack and branch bound）

回溯和分支限界是一种选优搜索法，按选优条件向前搜索，以达到目标。但当探索到某一步时，发现原先选择并不优或达不到目标，就退回一步重新选择，这种走不通就退回再走的技术为回溯法，而满足回溯条件的某个状态的点称为"回溯点"。这组通用的解决方法是分支定界（分而治之）。在将回溯算法并行化时期望达到最大的效率，最重要的就是避免大的分支。

应用范围如下。

（1）智力游戏：N-queens、填字游戏、九宫格游戏、Peg 接龙。

（2）旅行商（travelling salesman）问题。

（3）Knapsack、子集和问题以及分区问题。

（4）整数线性规划。

（5）布尔运算（Boolean satisfiabilty）。

（6）组合优化（combinatorial optimisation）。

表 2.3 将一系列已有的应用程序总结归类于上述的 13 项 dwarf 类，同时也将其划分到嵌入式计算、通用计算、机器学习、图形图像处理及游戏设计、数据库和 Intel RMS 等应用领域，而机器学习等正是现今新兴的热门领域；部分应用程序可能会隶属于多个 dwarf 类[31]。可以说，现今所有的各个类别的应用都可以归于这 13 类 dwarf，这不仅简化了大规模应用的研究与性能优化，还为体系结构的革新提供了指导。

表 2.3　EEMBC、SPEC2006、机器学习、图形图像和大数据等在 13 类 dwarf 上的映射

dwarf	嵌入计算	通用计算	机器学习	图像/游戏	数据库	Intel RMS
1. 稠密线性代数 (e.g., BLAS or MATLAB)	EEMBC Automotive IDCT. FIR, IIR, Matrix Arith: EEMBC Consumer. JPEG, RGB to CMYK, RGB to YIQ: EEMBC Digital Entertainment: RSA MP3 Decode, MPEG-2 Decode, APEG-2 Encode. MPEG-4 Decode: MPEG-4 Encode: EEMBC office Automation: Image Rotation; EEMBC Telecom: Convolution Encode: EEMBC Java: PNG	SPEC Integer: Quantum computer simulation (libquanmm), video compression (h264avc) SPEC FL PL: Hidden Markov models (sphinx3)	Support vector machines, principal component analysis, independent component analysis		Database hash accesses large contiguous sections of memory	Body Tracking, media synthesis linear programming, Kmeans,support vector machines, quadratic programming, PDE: Face, PDE: Cloth[*]
2. 稀疏线性代数 (e.g., SpMV, OSKI, or SuperLU)	EEMBC Automotive: Basic Int + FP. Bit Manip, CAN Remote Data, Table Lookup, Tooth to Spark, EEMBC Telecom: Bit Allocation; EEMBC Java: PNG	SPEC FL Pt.. Finid dynamics (bwaves),quantum chemistry (games; tonto), linear program solver (soplex)	Support vector machines, principal component analysis, independent component analysis	Reverse kinematics; Spring models		Support vector machines, quadratic programming. PDE: Face, PDE: Cloth[*] PDE: Computational fluid dynamics
3. 光谱方法 (e.g., FFT)	EEMBC Automotive: FFT, IFFT. IDCT, EEMBC Consumer. JPEG, EEMBC Entertainment: MP3 Decode		Spectral clustering	Texture maps		PDE: Computational fluid dynamics PDE: Cloth
4. N-Body 法 (e.g., Barnes-Hut, Fast Multipole Method)		SPEC Fl.Pt. Molecular dynamics (gromacs, 32-bit: namd. 64-bit)				
5. 结构化网络 (e.g., Cactus or Lattice-Boltzmann Magneto-hydrodynamics)	EEMBC Automotive: FIR, IIR; EEMBC Consumer: HP Gray-Scale; EEMBC Consumer: JPEG; EEMBC Digital Entertainment MP3 Decode MPEG-2 Decode, MPEG-2 Encode, MPEG-4 Decode: MPEG-4 Encode: EEMBC Office Automation; Dithermg; EEMBC Telecom: Autocorrelation	SPEC Fl. Pt.: Quantum chromodynamics (milc), magento hydrodynamics (zeusmp). General relativity (cactusADM), fluid dynamics (leslie3d-AMR: lbm), finite element methods (dealII-AMR; calculix), Maxwell's E&M eqns solver (GemsFDTD), quantum crystallography (tonto), weather modeling (wrf2-AMR)		Smoothing; interpolation		
6. 非结构化网络 (e.g., ABAQUS or FIDAP)			Belief propagation			Global illumination

续表

dwarf	嵌入计算	通用计算	机器学习	图像/游戏	数据库	Intel RMS
7. MapReduce (e.g., Monte Carlo)		SPEC FL Pt.: Ray tracer (povray)	Expectation maximization		MapReduce	
8. 组合逻辑电路	EEMBC Digital Entertainment. AES, DES: EEMBC Networking: IP Packer, IP NAT, Route Lookup; EEMBC Office Automation: Image Rotation; EEMBC Telecom: Convolution Encode		Hashing		Hashing	
9. 图遍历	EEMBC Automotive: Pointer Chasing, Tooth to Spark: EEMBC Networking: IP NAT, OSPF, Route Lookup: EEMBC Office Automation: Text Processing; EEMBC Java: Chess, XML Parsing		Bayesian networks decision tress	Reverse kinematics, collision detection, depth sorting. Hidden surface removal	Transitive closure	Natual language processing
10. 动态规划	EEMBC Telecom: Viterbi Decode	SPEC Integer: Go (gobmk)	Forward-backward, inside-outside, variable elimination, value iteration		Query optimization	
11. 回溯与分支限界		SPEC Integer: Chess (sieng), network simplex algorithm (mcf), 2D path finding library (astar)	Kernel regression, constraint satisfaction, satisficability			
12. 图模型	EEMBC Telecom: Viterbi Decode	SPEC Integer: Hidden Markov models (hmeer)	Hidden Markov models			
13. 有限状态机	EEMBC Automotive: Angle To Time, Cache "Buster", CAN Remote Data, PWM, Road Speed, Tooth to Spark; EEMBC Consumer: JPEG; EEMBC Digital Entertainment: Huffman Decode, MP3 Decode, MPEG-2 Decode, MPEG-2 Encode, MPEG-4 Decode; MPEG-4 Encode; EEMBC Networking: QoS, TCP; EEMBC Office Automation: Text Processing; EEMBC Telecom; Bit Allocation; EEMBC Java: PNG	SPEC Integer: Text processing (perlbench), compression (bzip2), compiler (gcc), video compression (h264avc), network discrete event simulation (omnetpp), XML transformation (xalancbmk)		Response to collisions		

　　为了研究所分类的各个 dwarf 类的性能受限情况，IBM 公司所建议的通过相关技术提供虚拟的无限存储带宽的条件下进行实验和测试，结果如表 2.4 所示[32]。其中对

于将近半数的 dwarf 类，存储墙都是限制性能的一大原因，而存储延迟与存储带宽相比是更为严重的问题。有部分 dwarf 类不受限于存储带宽也不会受限于存储延迟。而从表中可以发现，对于后几类新兴领域类的 dwarf，其受限情况很不明确，需要进一步分析和研究。

表 2.4　13 类 dwarf 的受限情况

dwarf	性能限制（存储带宽、存储延迟或计算受限）
1. 稠密矩阵	计算受限
2. 稀疏矩阵	目前 50%的计算受限，50%的带宽受限
3. 光谱方法（如 FFT）	存储延迟受限
4. N-Body	计算受限
5. 结构化网格	目前带宽是主要受限因素
6. 非结构化网格	存储延迟受限
7. MapReduce	依赖于实际问题
8. 组合逻辑	CRC 类问题带宽受限，crypto 类问题带宽受限
9. 图遍历	存储延迟受限
10. 动态规划	存储延迟受限
11. 回溯与分支限界	计算受限
12. 图模型	计算受限
13. 有限状态机	计算受限

2.3.3　其他测试集

基准测试集为比较不同的体系结构并展现其优缺点提供了一种十分有效的手段。然而大部分测试集仅支持 CPU 体系结构，如 EEMBC、SPEC 等，但忽略了 GPU 等加速部件，或者其所实现的内核应用并不广泛，没有对上述 13 类 dwarf 进行完全的覆盖。针对上述不足，现已开发几种通用的异构基准测试集，它们所包含的测试程序是 13 类 dwarf 的子集，实现了 13 类的部分内容。

1）Parboil

Parboil 是一种开源的基准测试集，在 GPU 上实现了 13 类 dwarf 的子集。测试集本身并没有充分的文档描述，然而在已发表的相关论文中有部分对内核更为细节的实现描述[33]。Parboil 的大部分应用仅用 CUDA 语言实现，少部分有基础的 CPU 的 OpenMP 并行版本实现。要对比以 CPU 为基础的同构系统和 GPU 为基础的异构系统，由于 CPU 版本的实现并不全面，所以该测试集将不是一个好的选择。

2）SHOC（Scalable Heterogeneous Computing Benchmark Suite）

SHOC 分为 3 个测试级别。0 级测试了存储带宽和峰值等 GPU 的基础特性；1 级实现了 FFT、MD、Reduction、Scan、SGEMM、SpMV、Sort、Stencil2D 和这 8 个计算内核，它们均可映射到上述 dwarf 中；最后一级 Triad 是关于稳定性的测试[34]。SHOC

的实现包括 CUDA 版本和 OpenCL 版本，很适合在 GPU 上进行 CUDA 与 OpenCL 的性能对比测试，但是由于没有在 CPU 上的版本实现，所以不能进行 CPU 与 GPU 的特性对比。

3）Rodinia

Rodinia 是一类开源的基准测试集，实现了具有不同计算与同性特性的测试应用。Rodinia 属于对 13 类 dwarf 覆盖较为全面的测试集合，包括 CPU 上的 OpenMP 版本实现和 GPU 上的 CUDA 版本实现。通过使用 OpenMP 和 CUDA 实现来对比多核 CPU和众核 GPU 的综合特性[35]。目前 Rodinia 仍处于开发状态，部分基准测试程序的 OpenCL版本也已经实现，由于 OpenCL 语言的功能一致性特性，可以使用一种语言在 CPU 与GPU 上运行，能够帮助研究者得到更广泛的结论。表 2.5 为 Rodinia 的基准测试数据集表。

表 2.5　Rodinia 的基准测试数据集

应用	dwarf	并行模型
Leukocyte	Structured Grid	CUDA OMP OCL
Heart Wall	Structured Grid	CUDA OMP OCL
MUMemerGPU	Graph Traversal	CUDA OMP
CFD Solver	Unstructured Grid	CUDA OMP OCL
LU Decomposition	Dense Linear Algebra	CUDA OMP OCL
HotSpot	Structured Grid	CUDA OMP OCL
Back Propagation	Unstructured Grid	CUDA OMP OCL
Needleman-Wunsch	Dynamic Programming	CUDA OMP OCL
Kmeans	Dense Linear Algebra	CUDA OMP OCL
Breadth-First Search	Graph Traversal	CUDA OMP OCL
SRAD	Structured Grid	CUDA OMP OCL
Streamcluster	Dense Linear Algebra	CUDA OMP OCL
Particle Filter	Structured Grid	CUDA OMP OCL
PathFinder	Dynamic Programming	CUDA OMP OCL
Gaussian Elimination	Dense Linear Algebra	CUDA OCL
K-Nearest Neighbors	Dense Linear Algebra	CUDA OMP OCL
LavaMD2	N-Body	CUDA OMP OCL
Myocyte	Structured Grid	CUDA OMP OCL
B+ Tree	Graph Traversal	CUDA OMP OCL

4）OCD（OpenCL and the 13 Dwarf）

OCD 是一异构平台之上的开源测试集，仍然处于正在开发状态。用 OpenCL 语言实现了 13 类的基准测试程序，每一类计算都涵盖了某类重要应用在计算和通信上的一般特性[36]。OCD 通过使用 OpenCL 语言，提供了一种功能一致性的基准测试集，没有对特定平台进行针对性的优化，能够得到不同体系结构平台更为合理的性能对比，从而得出更普遍的结论，具有很大的参考意义。

参 考 文 献

[1]　Wikipedia. VLIW(Very Long Instruction Word) [EB/OL]. https://en.wikipedia.org/wiki/Very_long_instruction_word.

[2]　文梅. 流体系结构关键技术研究 [博士学位论文]. 长沙: 国防科学技术大学, 2006.

[3]　雷澜. 矩阵乘法的并行计算及可扩展性分析 [J]. 重庆工商大学学报(自然科学版), 2004, 21(2): 122.

[4]　陈国良. 并行算法的设计与分析 [M]. 北京: 高等教育出版社, 1994.

[5]　Kirk D, Hwu W M. Programming Massively Parallel Processors: a Hands-on Approach [M]. Burlington: Morgan Kaufmann, 2012.

[6]　Hennesey J L, Patterson D A. Computer architecture a quantitative approach [J]. Computer Architecture a Quantitative Approach, 1996.

[7]　Dean J, Ghemawat S. MapReduce: simplied data processing on large clusters [C]. Proceedings of the 6th USENIX OSDI, 2004: 137-150.

[8]　Pollack F J. New microarchitecture challenges in the coming generations of cmos process technologies [C]. Proceedings of the Annual International Symposium on Microarchitecture, 1999: 2.

[9]　Timothy Prickett Morgan. How Microsoft is Using FPGA to Speed up Bing Search [EB/OL]. http://www.enterprisetech.com/2014/09/03/microsoft-using-fpgas-speed-bing-search/.

[10]　Timothy Prickett Morgan.Intel Mates FPGA with Future Xeon Server Chip [EB/OL]. http://www.enterprisetech.com/2014/06/18/intel-mates-fpga-future-xeon-server-chip/.

[11]　The Innovative Computing Laboratory (ICL).Performance Application Programming Interface [EB/OL]. http://icl.cs.utk.edu/papi/.

[12]　University of Virginia. Stream [EB/OL]. www.streambench.org/.

[13]　Khailany B, Williams T, Lin J, et al. A programmable 512 GOPS stream processor for signal, image, and video processing [C]. Solid-State Circuits Conference, 2007:272-602.

[14]　Who M, Seo S, Mahlke S, et al. AnySP: anytime anywhere anyway signal processing [C]. Proceedings of the 36th Annual International Symposium on Computer Architecture (ISCA), 2009: 20-24.

[15]　Balfour J, Dally W J. An energy-efficient processor architecture for embedded systems [C]. IEEE Computer Architecture Letters, 2008, 7(1): 29-32.

[16]　Catthoor F, Raghavan P, Lambrechts A, et al. Ultra-low Energy Domain-specific Instruction-set Processors [M]. Netherland: Springer Science & Business Media, 2010.

[17]　NVIDIA. NVIDIA Tesla C2050 / C2070 GPU Computing Processor [EB/OL]. http://www.nvidia.com.

[18] AMD. Radeon HD5870 Overview [EB/OL]. http://www.amd.com.

[19] Tilera. Tile-Gx Processor Family Product Brief [EB/OL]. http://www.tilera.com.

[20] Vangal S, Howard J, Ruhl G, et al. An 80-tile 1.28 TFLOPS network-on-chip in 65nm CMOS[C].
IEEE International Solid-State Circuits Conference, 2007: 98-99.

[21] Draco Electronics. 3000+ Cores Chip-Draco 1 for high performance computing [R]. Technical
Report, 2010.

[22] Butts M. Synchronization through communication in a massively parallel processor array [J]. IEEE
Micro, 2007: 32-40.

[23] Intel Corporation. Introducing Intel Many Integrated Core Architecture [EB/OL]. http: //www.intel.com.

[24] Johnson D R, Johnson M R, Kelm J H, et al. RIGEL: A 1024-core single-chip accelerator architecture
[J]. IEEE Micro, 2011: 30-41.

[25] 文梅, 蔡行. 在 CPU-GPU 混合集群上的盆地演化模拟研究[J]. 高性能计算发展与应用, 2013(2):
35-37.

[26] 张春元, 文梅, 苏华友, 等. 流计算与视频编码[M]. 北京: 科学出版社, 2012.

[27] Wikipedia. Cloud Computing [EB/OL]. https://en.wikipedia.org/wiki/Cloud_computing.

[28] Netlib. Linpack [EB/OL]. http://www.netlib.org/linpack/.

[29] 张文力, 陈明宇, 冯圣中,等. 并行 linpack 分析与优化探讨[C]. 中国科学院计算技术研究所第
八届计算机科学与技术研究生学术讨论会, 2004.

[30] Asanovic K, Bodik R, Catanzaro B, et al. The landscape of parallel computing research: A view from
berkeley[C]. Technical Report UCB/EECS-2006-183, EECS Department, University of California,
2006.

[31] Colella P. Defining software requirements for scientific computing [C]. David Patterson's 2005 talk,
2004.

[32] Yang X J, Liao X K, Lu K, et al. The TianHe-1A supercomputer: Its hardware and software [J].
Journal of Computer Science and Technology, 2011, 26(3): 344-351.

[33] Hwu W. Parboil Benchmark Suite [EB/OL]. http://impact.crhc.illinois.edu/parboil.php.

[34] Danalis A, Marin G, McCurdy C, et al. The scalable heterogeneous computing (shoc) benchmark
suite[C]. Proceedings of the 3rd Workshop on General-Purpose Computation on Graphics Processing
Units, 2010: 63-74.

[35] Che S, Boyer M, Meng J, et al. Rodinia: A benchmark suite for heterogeneous computing[C].
Workload Char-acterization, 2009: 44-54.

[36] Feng W, Lin H, Scogland T, et al. OpenCL and the 13 dwarf: A work in progress[C]. Department of
Computer Science Virginia Tech Blacksburg, 2012: 22-25.

第 3 章　并行程序设计

针对当前出现的各种并行计算机，如何充分发挥并行计算机的性能变得尤为重要，目前也相应地出现了各种并行编程语言，不同的编程语言一般是针对不同的并行体系结构。本章将介绍两种典型的并行体系结构：共享存储体系结构和分布式存储体系结构。此外，本章还会介绍基于共享存储的 OpenMP 编程模型[1]和基于分布式存储体系结构的 MPI 编程模型[2]①。此外本章还介绍了基于共享存储的大规模集群系统采用的 MPI+OpenMP 混合编程模式。

3.1　共享存储计算机

共享存储计算机[5]指的是 CPU 之间共享一个存储，共享的存储有可能是集中一起的一块存储，也可能是分布在不同地方的多块存储，前者的特点是 CPU 访问所有地址的延迟是一样的，这种访问称为均匀存储器存取（uniform memory access），而后者 CPU 在访问不同存储地址时，延迟可能是不同的，这种访问称为非均匀存储器存取（non-uniform memory access）[6]。针对这两种共享存储的计算机进行编程时，需要考虑存储延迟因素而采取不同的优化方法。

3.1.1　共享存储体系结构

共享存储（shared memory）是指在多处理器的计算机系统中，可以被不同 CPU 访问的大容量内存。由于多个 CPU 需要快速访问存储器，这样就要对存储器进行缓存。任何一个缓存的数据被更新后，由于其他处理器也可能要存取，共享内存就需要立即更新，否则不同的处理器可能用到不同的数据。共享内存是 Unix 下的多进程之间的通信方法，这种方法通常用于一个程序的多进程间通信，实际上多个程序间也可以通过共享内存来传递信息。图 3.1 是共享存储系统的结构示意图。

3.1.2　OpenMP 编程

共享存储编程模型基于共享存储并行机器模型上的细粒度线程级并行，通过全局统一地址空间的共享变量读/写操作来隐式地实现并行线程之间的数据通信。在全局统

---

① 现代加速器结构往往会设计多级存储层次，包括离 ALU 最近的寄存器文件、软件可管理的存储层次等，如 GPU[3]、流处理器 Imagine[4]等，其编程模型各不相同。关于 GPU 的编程模型，我们将会在第 4 章详细阐述。

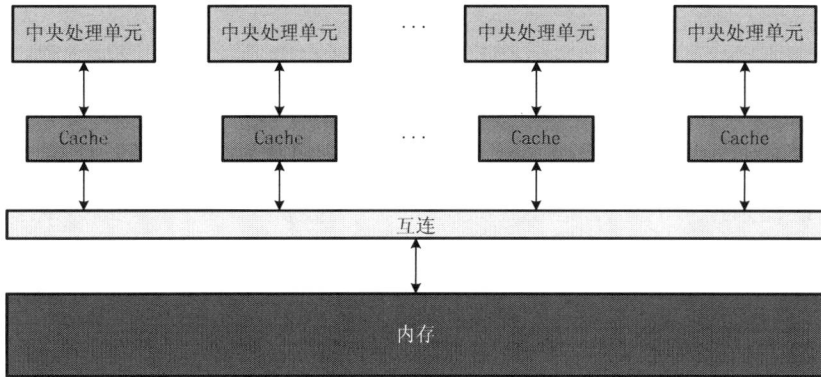

图 3.1　共享存储系统

一的地址空间内，通过程序员给出编译制导信息[7]，即可实现计算负载在线程间的隐式分配。对于线程间异步执行，程序员必须显式执行多线程间的同步以确保程序能正确执行。共享存储编程通常用于开发细粒度的数据级并行，其最大的特点是可编程性，通过编译制导即可简单实现并行，但性能依赖于程序并行性特点及与硬件的匹配性，而多线程的错误调试一直是难点。共享存储编程模型最著名的是 OpenMP 模型和Pthreads[8]模型。在高性能计算领域中，OpenMP 被广泛地用于节点内的线程通信，下面简要介绍其并行编程方式，如表 3.1 所示。

表 3.1　OpenMP 编译制导语句格式

#pragma omp	directive-name	[clause,⋯]	newline
编译制导前缀。所有的 OpenMP 语句都需要编译制导前缀	OpenMP 的编译制导指令。在编译制导指令前缀和子句之间需有一个正确的 OpenMP 制导指令	子句。在没有其他约束条件下，子句可以无序，也可以任意选择。这一部分也可以没有	换行符。表明这条制导语句的终止

OpenMP 是共享存储体系结构编程的一个工业标准。通过对基本语言（如 Fortran、C、C++等）的扩展，定义了编译制导指令、运行库和环境变量，使得程序在多个平台间可移植性的同时，按照标准将已有的串行程序并行化。编译制导指令提供了对并行区域、工作共享、同步构造、数据的共享和私有化的支持。运行库和环境变量可以设置调整多线程并行程序的执行环境。程序员的并行编程过程就是显式地对串行程序添加编译制导指令。OpenMP 程序采用 fork-join 并行执行模型[9]，即一开始只有单独主线程执行，到达编译指导标记的并行域开始时派生出一系列子线程并行执行，在并行域结束时再次恢复只有主线程执行。OpenMP 的并行结构可以嵌套，也可以动态改变线程数量。对于当前的高性能计算系统，由于节点间基本采用了分布式存储，只有在节点内多核是共享存储，所以在高性能计算领域，OpenMP 通常和 MPI 组成编程混合模型，节点间使用MPI 实现进程并行，节点内使用 OpenMP 在进程内派生出多线程并行。

　　共享存储并行编程基于线程级细粒度并行,仅被 SMP 和 DSM 并行计算机所支持,可移植性不如基于消息传递的并行编程方法。但是,由于它们支持数据的共享存储,所以并行编程的难度较小。一般情形下,当处理机个数较多时,其并行性能明显不如消息传递编程。

　　OpenMP 可以很好地对高度并行的任务进行并行化,其应用编程接口（API）是基于共享存储体系结构的支持单指令多数据流的编程模型,包含编译制导（compiler directive）、运行库（runtime library）和环境变量（environment variables）。OpenMP 是显式并行的,使用 fork-join 模型,具有并行方式可预见、支持增量并行化（incremental parallelization）等特点。在应用中采用 OpenMP 的步骤如下。

　　（1）在源程序中加入 OpenMP 的编译制导语句。

　　（2）加入编译选项-openmp（Linux 或者 Mac 系统）或者/Qopenmp（Windows 系统）。

　　（3）对于有大数组的应用程序,可以在运行时设置,增大栈空间。另外,可以通过 KMP_STACKSIZE 编译选项为线程增大栈空间。

　　OpenMP 相对简单,不需要显式设置互斥锁、条件变量、数据范围,以及初始条件,具有较好的可扩展性。OpenMP 通过添加并行化指令到串行程序,由编译器完成自动并行化,因此具有较好的可移植性。OpenMP 规范中定义的制导指令、运行库和环境变量,能够使用户在保证程序可移植性的前提下,按照标准将已有的串行程序逐步并行化,可以在不同的厂商提供的共享存储体系结构间比较容易地移植[10]。由于本实验都是基于 C/C++语言编程实现的,下面先介绍关于 OpenMP 编译制导语句的使用语法。OpenMP 的基本用法就是采用如下语句:

```
#pragma omp parallel
{代码段}
```

　　其中,parallel 内的区域称为并行区域。parallel 语句后可以加一个或者多个组合编译制导指令来控制数据和并行区域属性,parallel 也属于编译制导指令。总体来说,OpenMP 的#pragma 指令格式如表 3.1 所示。

　　OpenMP 模型可以很方便地开发多核之间的并行,而对于单核的并行开发可以采用向量化的技术,通常在 OpenMP 单线程中结合向量化来提高多核系统的整体性能。这里以 Intel 公司的处理器为例,介绍向量化技术。Intel 的编译器支持向量化[11],向量化是使用向量处理单元进行批量计算的方法,可以把循环计算部分通过自动向量化或者 SIMD 技术[12]进行向量化,从而提高计算的速度。向量化有两种实现方式:由编译器完成的自动向量化和由手动编写 SIMD 指令实现向量化。SIMD 技术支持 128 位的 SSE4.2 和 256 位的 AVX 单核的流水线 citeAVXperformance,包括 2 个浮点计算单元（FMUL、FADD）,每个最多在 SIMD 技术支持下可以操作 256 位的寄存器（YMM0～YMM15）。所有 SSE 与 AVX 的指令都是对寄存器或者下面这几种数据的操作。

　　（1）_m128:这种_m128 数据类型是 SSE 指令的操作类型。可以包括 4 个 32 位的单精度浮点值，或者用_m128d 包含 2 个 64 位双精度浮点值。另外，_m128i 代表容纳 16 个 8 位，8 个 16 位，4 个 32 位或者 2 个 64 位数值，而不针对特定类型。编译器会将和类型的局部或者全局变量在一个数据栈里以 16 字节对齐的方式存放。

（2）_m256：这种数据类型扩展了 SSE 的 YMM 寄存器，支持 AVX 的流水线。_m256 可以打包 8 个 32 位单精度浮点值，_m256d 可以打包 4 个 64 位双精度浮点值，对应地，也可以使用_m256i 数据类型容纳 32 个 8 位，16 个 16 位，8 个 32 位或者 4 个 64 位值。

自动向量化就是在编译的时候，Intel 的编译器自动使用 SIMD 指令的功能。在处理数据时，编译器会自动选择 SSE 或者 AVX 等指令集，对数据进行处理。使用自动向量化，一般的优化步骤如下。

（1）编译器向量化选项。以 Intel 的编译器为例，默认的-O2 和-O3 选项将生成 SSE 指令，如果想让编译器产生 AVX 指令，则使用-xAVX 编译选项，使用-no-vec 将关闭自动向量化。

（2）编译制导语句。当需要向量化的部分没有数据依赖性的时候，可以在循环步外加#pragma ivdep 选项，甚至加#pragma simd 强制向量化最内层的循环。当不能分析确定循环内依赖关系时，也可以加#pragma vector always 编译选项，指定循环内向量化可以避免一些没有内存对齐的操作不被向量化。

与自动向量化相比，手动 SIMD 指令的编写可以更好地控制程序的向量化，但是相对更难编写。SIMD 指令的可读性通常较差，且严重依赖硬件，可移植性较差。因此 SIMD 对于代码较少，但计算却十分密集的情况可以选择性使用。

下面将介绍通用多核处理器的向量化技术，向量化经常与 OpenMP 编程结合使用。Intel 的编译器支持向量化，它可以将具有相同数据操作的邻居数据合并成为一个操作。Intel 的 Xeon E5 多核处理器提供了向量化扩展指令集（如 AVX，SSE 等），它支持 256 位宽或者 128 位的指令集，一个 AVX 指令支持 4×64bit 或者 8×32bit 模式的浮点操作，因此每个 AVX 指令可以处理 4 个双精度浮点数或者 8 个单精度浮点操作数，从而提高计算的速度。

向量化的方式主要有两种：自动向量化和 SIMD 指令优化。自动向量化主要是通过程序员插入引语并且添加编译指令实现，一般不需要改变程序的接口，只需要对嵌套循环交换次序或者修改访问起始位置；而采用手动 SIMD 指令则较为复杂，需要基于 SIMD 指令集编写指令，易读性可能会较差，且针对不同的硬件平台，指令本身可能还存在差异，但是手动 SIMD 可能会获得更好的程序性能。大部分的 SSE 或 AVX 指令[13]命名都是下面的格式：

```
_mm128_<intrin_op>_<suffix>(<data type><parameter>,…,<data type>
<parameter>)
_mm256_<intrin_op>_<suffix>(<data type><parameter>,…,<data type>
<parameter>)
```

其中，intrin_op 代表操作的类型，例如，add 就代表加法操作，sub 代表减法操作，exp 代表指数计算。suffix 代表操作的数据类型，例如，pd 就代表对双精度浮点操作。对于双精度浮点数的操作，上述模板中的 data type 就是指_mm128d 或者_mm256d 类型的操作数。

3.1.3　实例

下面以应用非常广泛的 stencil 计算为例，采用向量化技术和 OpenMP 对 stencil 计算进行并行化。

1. stencil 计算[14]

在流体动力学、求解偏微分方程等科学计算中，其核心计算就是 stencil 计算，即根据某种固定的模式来更新数组的元素。stencil 计算可分为二维 stencil 计算和三维 stencil 计算，而根据在计算某个元素的值所依赖的元素个数又可分为 5 点 stencil 计算和 7 点 stencil 计算等。这里以三维的 7 点 stencil 计算为例，假设需要处理的三维网格大小为$(nx+2)\times(ny+2)\times(nz+2)$，7 点 stencil 计算的串行实现如代码 3.1 所示。这里只给出了计算网格内部点的值的代码，在每次时间步中，网格内任意一点当前迭代步的值与该点前一次迭代步的值以及相邻的 6 个点前一次迭代步的值有关。在计算完内部节点的值后，对边界点的值进行更新，然后通过指针的交换，使得本次迭代计算出的值将作为下次迭代计算的旧值。

代码 3.1　7 点 stencil 计算的串行实现

```
while(t<T) {
    for(int  i=1;i<=nx;i++)
        for(int j=1;j<=ny;j++)
            for(int k=1;k<=nz;k++)
                u_new[i,j,k]=a×(u_old[i,j,k])+b×(u_old[i-1,j,k]
                            +u_old[i+1,j,k]+u_old[i,j-1,k]
                            +u_old[i,j+1,k]+u_old[i,j,k-1]
                            +u_old[i,j,k+1]);
    updateBoundary(u_new,nx,ny,nz);
    swap(u_old,u_new);
    t+=dt;
}
```

其中，u_new 的值在整个边界处是已经取得的，在每个时间步循环内真正计算的是 u_new 不在边界处的点值，即其计算的实际数组大小为$nx \times ny \times nz$。在上述代码段里，变量 a 和变量 b 都是标量值。

2. 7 点 stencil 计算的 OpenMP 并行

在确定了可以并行的部分后，需要将串行程序改写为 OpenMP 并行的程序。

从代码 3.1 中可以看出，程序需要并行的部分主要集中在三重 for 循环。大家都知道，将#pragma omp parallel for 放置在整个 3D 的三重 for 循环外部，可以减少线程创建删除开销，而对于每个线程，其辅助数组可以通过私有的方式一次创建，并重复使用。因此，首先考虑采取这种在循环最外层初始化多线程的方式将在 CPU 处理器上的多个物理核上的子任务并行化，如图 3.2 所示。代码 3.2 是 stencil 计算的 OpenMP 实现。

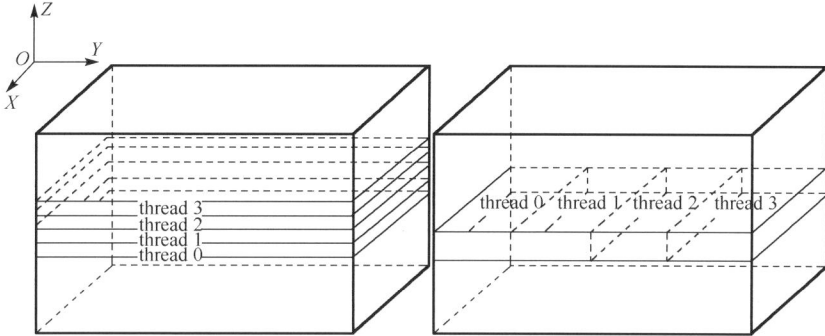

图 3.2　stencil 计算的划分方向与多线程并行策略

代码 3.2　7 点 stencil 计算的 OpenMP 实现

```
while(t<Timestep){
    #pragma omp parallel num_threads(Thread_num)
    {
        #pragma omp parallel for private(i,j,k)
        for(k=1; k<=nz; k++)
            for(j=1; j<=ny; j++)
                for(i=1; i<=nx; i++){
                    u_new[i,j,k]=a×(u_old[i,j,k])
                                +b×(u_old[i-1,j,k]
                                +u_old[i+1,j,k]+u_old[i,j-1,k]
                                +u_old[i,j+1,k]+u_old[i,j,k-1]
                                +u_old[i,j,k+1]);
                }
    }
    updateBoundary(u_new,nx,ny,nz);
    swap(u_old,u_new);
    t+=dt;
}
```

基于上述 OpenMP 的实现，还有几个可以采用的多线程优化技巧。

1）减小线程数据访问跨度

由于整个 3 维数组 u_new 的大小为 $(nx+2) \times (ny+2) \times (nz+2)$，采用多线程的方

式在单个循环时间步内，每个线程需要访问的数据块都将是一个大小为 $ny \times nz \times$ varible_num/NThreads 大小的数据块，所以这样的数据块将会导致线程之间的数据跨度比较大，从而引起 Cache 失效。为了保证线程之间数据访存具有较好的空间局部性，也为了减少线程的开销，采取内层循环的并行可能具有更好的效果，可以采取在 y 方向上划分的方法，保证每个线程访问的是一片连续的存储空间，如代码 3.3 所示。

代码 3.3 7 点 stencil 计算在 y 方向上的并行实现

```
while(t<Timestep){
    #pragma omp parallel num_threads(THREADS_NUM)
    for(i=1;i<=nx;i++){
        #pragma omp for
        for(j=1;j<=ny;j++)
            for(k=1;k<=nz;k++){
            /* stencil 计算*/
            }
        }
    ...
}
```

但是需要注意的是，这种方式可能也会导致每次时间步内需要加载到 Cache 上的数据量与线程数成正比增长。

2）选择合适的线程分配模式

对于一个好的并行方法，应该可以尽可能均衡各个线程的计算资源。在本例中每次迭代的任务量固定，因此采用 static 的调度策略最为合适。chunck 可以指定每个线程获得的迭代次数，如果不指定，则默认是各个线程平均分配迭代次数。另外，如果存在每次迭代的任务量均不同的情况，则可以采用 dynamic 方式。

3）线程绑定技术

为了减少多线程时线程的切换开销，可以采取线程绑定的方式提高效率，从而降低线程切换的开销。具体方法有两种，一种是在编译时设置环境变量如下：

```
export OMP_THREADS_NUM=24
export KMP_AFFINITY="granularity=fine,proclist=[1-24:1], explicit"
```

OMP_THREADS_NUM 是设置程序的总线程数，假设硬件环境支持 24 个物理线程，KMP_AFFINITY 是对线程在物理核上绑定方式的设置，上述例子是将 24 个线程逐一绑定到一个物理核上。另外一种方法是采用 OpenMP 提供的软件接口 omp_set_num_threads()来设置某一个程序执行域的线程数。采用该软件 API 来设置线程绑定的具体方法如代码 3.4 所示。

代码 3.4　线程绑定的接口使用方法

```
omp_set_num_threads(24);
#pragma omp parallel
{
    int tmax=omp_get_max_threads();
    int tnum=omp_get_thread_num();
    kmp_affinity_mask_t mask;
    kmp_create_affinity_mask(&mask);
    kmp_set_affinity_mask_proc(tnum%tmax+1, &mask);
}
```

当设置整个程序执行环境的总线程数为 24 后，函数接口 omp_get_thread_num() 可以在该并行域内得到相应线程的线程编号 tnum，而函数接口 omp_get_max_threads() 可用于得到总的线程数 tmax。采用公式 mask = tnum%tmax + 1 算出核编号，即可以将线程绑定到对应的物理核上。

3. 7点 stencil 计算的向量化

stencil 计算是典型的访存密集型计算，因此在对 stencil 计算的时候，特别需要对存储访问进行优化。从我们的例子中可以发现，对数组 u_old 的访问会存在不对齐访问的情况，不对齐的存储访问对向量化会造成很大的性能损失。如果对每次访存操作都直接调用相应的访存的向量指令，那么将会导致每次读数组操作都会读取冗余的数组。由于访存操作所需的时钟周期较长，重复访存将会造成极大的访存开销，为整个向量化并行造成困难。因此，我们考虑通过向量化指令中的移位指令，重复利用已经读取的数据，从而减少访存指令的次数，提高 stencil 计算的访存效率。

当我们计算 u_new[k][j][i]时，它的计算依赖于其相邻数据域的值。采用的计算策略是一次打包 4 个 64 位的双精度浮点值，其起始地址分别为 u_new[k][j][i−1]，u_new[k][j][i+1]，u_new[k−1][j][i]，u_new[k+1][j][i]，u_new[k][j−1][i]和 u_new[k][j+1][i]。为了减少空间访存开销，数组 u_new 可以以对齐的方式声明，因此可以一次访存就得到一个 32B 缓存行的值。也就是说，当我们计算一个起始地址为 u_new[k][j][i]的结果时，需要另外两个起始地址为 u_new[k][j][i−1]、u_new[k][j][i+1]的值，以及另外 4 个其他向量值。需要注意的是，对于起始地址为 u_new[k][j][i−1]和 u_new[k][j][i+1]，其访问并不是对齐的（假设访问 u_new[k][j][i]时是对齐的）。根据 32 位对齐访问的策略，可以通过 AVX 提供的访问操作_mm256_load_pd()来访问对齐地址，而不是采用非对齐访问操作_mm256_loadu_pd()。AVX 指令提供了移位操作，可以有效地对 4 个双精度浮点数进行移位，采用移位操作也可以避免非对齐数据访问。关于移位操作的具体流程如图 3.3 所示。

移位操作示意图中_mm256_permutef128_pd()是将两个 128 位的双精度浮点操作

点（图 3.3 中 C0 的高 128 位，C1 的低 128 位）移位成为一个 256 位的目标向量（图 3.3
中 tmp1）。而 shuffle 操作_mm256_shuffle_pd() 将两个双精度浮点值（图 3.3 中 C1 和
tmp1）从两个 4 字变成一个高位和低位拆分的四字（图 3.3 中 tmp2）。上述这种针对
存储的优化策略是数据重用，以减少在一个循环时间步内访存的次数，其具体的实现
方法如代码 3.5 所示。

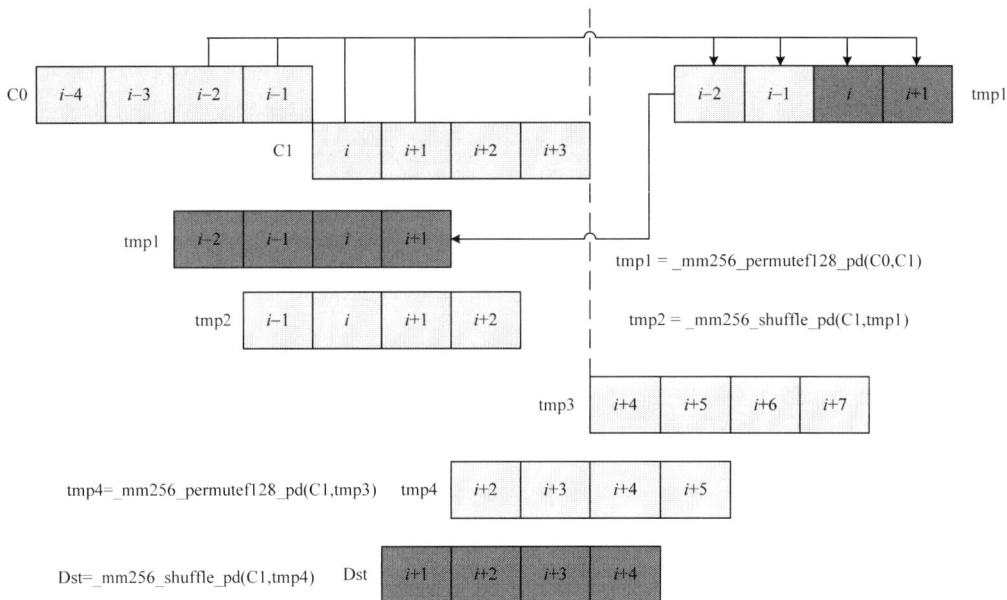

图 3.3　移位操作指令

代码 3.5　7 点 stencil 计算中手动向量化的移位操作

```
for(k=1; k<=nz; k++){
    for(j=1; j<=ny; j++){
        tmp0=_mm256_load_pd(&u_old[k][j][0]);
        tmp1=_mm256_load_pd(&u_old[k][j][4]);
        for(i=4; i<=nx; i+=4){
            tmp2=_mm256_permute2f128_pd(tmp0,tmp1,0b00100001);
            tmp2=_mm256_shuffle_pd(tmp2,tmp1,0b0101);
            tmp3=_mm256_load_pd(&u_old[k][j][i+4]);
            ...
            tmp0=tmp1;
            tmp1=tmp3;
        }
    }
}
```

采用这种对齐的访存方式，要求存储的数组也是对齐的才可以支持对齐访问，其数组对齐声明需要采用下面这种方式：

```
u_new=(double*)_mm_malloc((nx+8)*(ny+2)*(nz+2)*sizeof(double), 32);
```

这种声明方式可以使地址对齐访问（地址是 32 字节的整数倍），然后调整 256 位长向量中的数据顺序。另外需要注意的是，内层循环的起始位置不再是从 $i=1$ 开始，这是由于每次计算都是 4 个双精度浮点操作，而对于 $i=1\sim4$ 四个值的计算，需要用到 $i=0\sim3$ 四个点的值，为了保证每次访问都是对齐的，需要额外在 x 方向加入 8 个冗余点，来确保每次访问的对齐。

3.2　分布式存储计算机

现代的高性能巨型机系统都采用分布式存储的集群系统，尽管系统的理论峰值性能很高，但由于节点数量庞大，对于一个复杂的应用，要想发挥系统的性能，并不是件简单的事。本节将介绍分布式存储的体系结构以及基于分布式存储体系结构的 MPI 编程模型。最后将给出一个运用 MPI 编写的 stencil 计算的实例。

3.2.1　分布式存储体系结构

分布式内存的计算机系统由很多微处理器组成，即一定数量的并行处理节点，每个微处理器都有自己私有的内存，是一个相对完整的计算单元。每个微处理器都可以位于不同的计算机上，而且计算机之间可以有不同类型的通信信道。例如，有线网络和无线网络都可以是通信信道，在高性能计算中使用高速网络互连，由统一的一个操作系统来控制，分布于各个节点上的内存被统一编址管理。如果运行在一个微处理器上的作业需要远程数据，那么这个作业就必须通过通信信道与远程微处理器进行通信。消息传递接口（Message Passing Interface，MPI）是运行在分布式内存计算机系统上的并行应用程序所使用的最流行的通信协议。使用 C、C++等其他编程方式时，可以配合 MPI 来充分发挥共享内存多核系统的特性。不过，MPI 主要关注的是帮助开发在集群上运行的应用程序。因此，在共享内存的多核系统中，MPI 会带来没有必要的额外开销，因为所有的内核都可以访问内存，所以没必要发送消息。对于一个分布式内存的计算机系统，包含多台计算机，每台计算机都有一个多核的微处理器，这些内核之间采用的是共享内存的架构。通过这种方式，每一个微处理器所使用的私有内存对于其所有的内核来说又是共享内存。分布式内存系统会迫使程序员考虑数据分布问题，因为每一个获取远程数据的消息都会产生一个严重的延迟。由于可以通过增加计算机（节点）的方式增加系统微处理器的数量，所以分布式内存的系统提供了很好的可扩展性。分布式存储系统如图 3.4 所示。

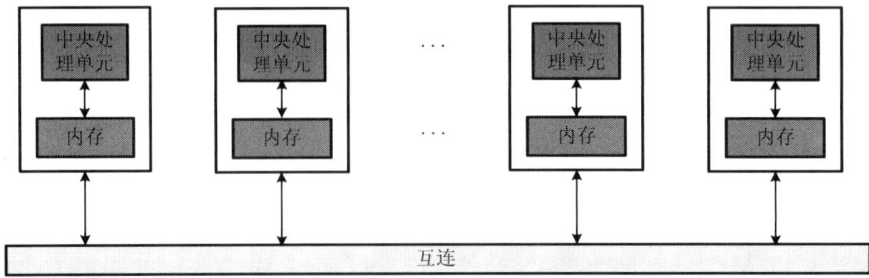

图 3.4　分布式存储系统

3.2.2　MPI 消息传递机制

消息传递编程模型基于分布式存储并行机器模型上的粗粒度进程级并行，通过消息传递来显式地实现并行进程之间的数据通信。消息包括数据、指令、同步或中断信号等。消息传递模型中，通过多个进程异步执行相同或不同的代码实现并行（相应地称为 SPMD 或 MPMD 模式），通过路障、通信等方式实现进程间的同步。由于对各个进程分配了独立的进程地址空间，所以进程间的数据交换必须通过消息传递来实现。而程序员必须负责显式地描述并行性开发、数据映射、负载平衡、通信、同步等。这种显式并行增加了编程的难度，但这种灵活性使得程序员更容易设计出高性能的并行程序。实际上，消息传递模型也可以在共享变量的并行系统上有效实现。消息传递具有最好的可移植性和可扩展性。消息传递编程系统主要包括 MPI、PVM 等。在高性能计算领域中，MPI 被广泛地用于节点间的进程通信。下面简要介绍其并行编程方式。

MPI 是一种标准消息传递接口，定义了点到点通信、集合通信、远程内存访问、动态进程管理、并行 I/O 等操作。在标准串行程序设计语言（如 C、Fortran、C++）的基础上扩展，加入实现进程间通信的 MPI 消息传递库函数，就构成了 MPI 并行编程环境。一个具体的 MPI 编程环境包括两个部分，一是所有消息传递函数的标准接口说明，不包括具体实现；二是各学术界和业界提供的对这些函数的具体实现，如MPICH[15]、MVAPICH[16]、Open MPI[17]等。MPI 编程中最重要的特性是通信体（communicator），由进程组（process group）和进程上下文（context）组成，前者是一组有限和有序的进程子集合，后者使得不同通信体的进程组间通信操作互不干扰。MPI 支持集合通信，包括路障、广播、收集、散播、归约。支持点对点通信，包括阻塞式和非阻塞式两种机制，具体又分为 4 种模式：标准、缓冲、同步、就绪。具体编程过程可参见各厂商实现的 MPI 编程手册。MPI 良好的可移植性、可扩展性、可编程性、完备的异步通信功能、精确度定义，使得其自 1994 年推出以来，成为最流行的并行编程语言,在 20 余年中积累了大量使用 MPI 开发的大规模科学与工程计算应用代码。

OpenMP 和 MPI 是并行编程的两个手段，其中 OpenMP 的并行粒度是线程级的，为共享存储编程模型，使用隐式数据分配方式，但其可扩展性差。而 MPI 是进程级，分布式存储编程方式，使用显式数据分配方式，具有很好的可扩展性。OpenMP 采用共享存储，意味着它只适合于 SMP、DSM 机器，不适合于集群。MPI 虽适合于各种机器，但它的编程模型复杂，需要分析及划分应用程序问题，并将问题映射到分布式进程集合；需要解决通信延迟大和负载不平衡两个主要问题；MPI 程序调试起来较为复杂，可靠性差，一个进程出问题，整个程序将错误，但是在大规模并行编程下常采用分布式存储编程模型而不用共享存储编程模型的原因在于 OpenMP 扩展性差，对机器要求高。由于 MPI 使用分布式机器之间数据传输，通信时间开销较大。在一台机器中有很多 CPU 共享其中的内存条，让共享内存并行机适合 OpenMP，而把这样的机器用专用高速网连接就形成了分布式内存并行机，它适合于 MPI，此时，可以混合 OpenMP，能提高一定的运行速度。OpenMP 编程只要在已有程序的基础上根据需要加并行语句；而 MPI 需要从基本设计思路上重写整个程序，还涉及网络互连这一不确定的因素。当然 OpenMP 虽然简单却只能用于单机多 CPU/多核并行，而 MPI 才是用于多主机超级计算机集群的有力工具，当前 OpenMP+MPI 的组合方式在集群方面有很成熟的案例。OpenMP 与 MPI 的比较如表 3.2 所示。

表 3.2　OpenMP 与 MPI 的比较

比较	并行粒度	存储方式	可扩展性	适合机器
OpenMP	线程级	共享存储	差	SMP、DSM 机器，用于单机多 CPU/多核
MPI	进程级	分布式	好	多主机超级计算机集群
比较	编程难易	数据分配方式	可靠性	主要应用
OpenMP	易，直接添加并行语句	隐式	好	科学计算上占统治地位，多线程应用
MPI	难，需要重新设计程序	显式	差，一个进程出问题，程序崩溃	集群应用

3.2.3　实例

下面以 7 点 stencil 计算为例，说明如何使用 MPI 对其进行并行计算。stencil 计算是一种典型的计算，在很多领域中都涉及该类型计算，而且是访存密集型的计算。在 3.1 节中介绍了如何在单个节点中使用 OpenMP 对 stencil 计算进行并行化，以及为了利用 Intel CPU 的向量化单元对 stencil 计算进行手动向量化。OpenMP 和向量化技术使我们充分利用了单个节点的性能，针对集群系统，我们需要采用 MPI 技术来充分发挥集群系统的性能。

假设 stencil 计算的网格大小为 (N_x, N_y, N_z)，使用的 MPI 进程配置为 (P_x, P_y, P_z)，

这里 N_x, N_y, N_z 分别能被 P_x, P_y, P_z 整除。每个 MPI 进程处理的网格大小变为$(N_x/P_x, N_y/P_y, N_z/P_z)$。由于 stencil 在计算某点的值时需要邻居 6 个点的值，所以每个 MPI 进程在计算其负责的网格边界点时，需要相应的邻居进程的边界值，为此我们对每个进程处理的网格在 x, y, z 方向各增加 2 个网格，所以每个进程处理的网格大小变为（N_x/P_x+2, N_y/P_y+2, N_z/P_z+2）。虽然网格大小各方向增加了 2，但每个进程每次时间步只是计算内部每个点的值，最外 6 个面的值是对应的邻居通过 MPI 通信发送过来的。因此每个 MPI 进程在每个时间步的行为就是更新其负责的网格点的值，然后更新网格 6 个面的值，并将其负责计算的最外层的值发送给相应的邻居。对应的程序框架如代码 3.6 所示。

代码 3.6　stencil 计算的 MPI 实现

```
int main(int nargs,char **args)
{
        Partitioner_t *partitioner;
        int Nx,Ny,Nz,Px,Py,Pz;
        int sub_Nx,sub_Ny,sub_Nz;
        MPI_Init(&nargs,&args);
        GetArgs(&Nx,&Ny,&Nz,&Px,&Py,&Pz,nargs,args);
        Partitioner=Partitioner_construct(MPI_COMM_WORLD,Nx,Ny,Nz,
                    Px,Py,Pz);
        sub_Nx=partitioner->sub_N[0];
        sub_Ny=partitioner->sub_N[1];
        sub_Nz=partitioner->sub_N[2];
        double ***u_old,***u_new,***tempPtr;
        double a,b;
        u_old=(double *)Malloc3DArray(sub_Nx*sub_Ny*sub_Nz
                *sizeof(double));
        u_new=(double *)Malloc3DArray(sub_Nx*sub_Ny*su_Nz
                *sizeof(double));
        InitialValue(u_old,u_new,sub_Nx,sub_Ny,sub_Nz,&a,&b);
        int T=100000,t=0;
        while(t<T){
            for(int i=1;i<sub_Nx-1;i++)
                for(int j=1;j<sub_Ny-1;j++)
                    for(int k=1;k<sub_Nz-1;k++)
                        u_new[i,j,k]=a×(u_old [i,j,k])
                                    +b×(u_old[i-1,j,k]
                                    +u_old[i+1,j,k]+u_old[i,j-1,k]
                                    +u_old[i,j+1,k]+u_old[i,j,k-1]
                                    +u_old[i,j,k+1]);
            UpdateGhostValue(u_new,Partitioner);
            tempPtr=u_old;
```

```
                u_old=u_new;
                u_new=tempPtr;
        }
        OutPutResult(u_old,sub_Nx,sub_Ny,sub_Nz);
        free(u_old);
        free(u_new);
        MPI_Finalize();
        return 0;
}
```

　　程序中引入了一个数据结构 Partitioner，该数据结构是对任务进行划分的划分器，每个 MPI 进程都拥有一个这样的任务划分器，该数据结构保存了各个 MPI 进程负责处理的子任务网格大小、总任务的大小，用于存放接收邻居发送过来的数据的接收 buffer，以及用于存放待发送给邻居的发送 buffer，还有关于 MPI 进程的信息。数据结构 Partitioner 的主要成员信息如代码 3.7 所示。

代码 3.7　任务划分器数据结构信息

```
struct Partitioner
{
        int plane[2*NDIMS][2];//进程处理的网格的边界的 6 个面的大小,NDIMS=3
        int offsets[2*NDIMS];//处于边界的 6 个面的起始点所在的偏移位置
        int inner_offsets[2*NDIMS];
        int offsets1[2*NDIMS];
        int offsets2[2*NDIMS];
        int N[NDIMS];//总任务网格在各个维度的大小
        int sub_N[NDIMS];//每个进程负责处理的子任务的网格大小
        double *ghost_value_send[2*NDIMS];//存放发送给邻居的数据 buffer
        double *ghost_recv[2*NDIMS];//接收邻居发送过来的数据的 buffer
        int my_rank;//进程 ID 号
        int neighbors[2*NDIMS];//邻居的进程 ID
        int dims;//MPI 进程组织成的维度
        MPI_Comm comm3d;
        MPI_Request sendRequest[2*NDIMS];
        MPI_Request reciveRequest[2*NDIMS];
};
Typedef struct Partitioner Partitioner_t;
```

　　下面主要介绍任务划分器的初始化以及更新边界值函数的实现。任务划分器的初始化函数主要完成对任务划分器数据结构成员信息的初始化。代码 3.8 是任务划分器初始化的代码。

代码 3.8   任务划分器初始化函数实现

```
Partitioner_t *Partitioner_construct(MPI_Comm comm, int Nx,int Ny,
int Nz,int Px,int Py,int Pz)
{
        Partitioner_t *partitioner=(Partitioner_t *)malloc(sizeof
                                (Partitioner_t));
        MPI_Comm_rank(partitioner->my_rank);
        int periods[NDIMS]={0,0,0};
        int reorganisation=0;
        MPI_Cart_create(comm,NDIMS,partitioner->dims,periods,
reorganisation,&(partitioner->comm3d));
        MPI_Cart_shift(partitioner->comm3d,0,1,& (partitioner->
neighbors[0]),&(partitioner->neighbors[1]));
        MPI_Cart_shift(partitioner->comm3d,1,1,& (partitioner->
neighbors[2]),&(partitioner->neighbors[3]));
        MPI_Cart_shift(partitioner->comm3d,2,1,& (partitioner->
neighbors[4]),&(partitioner->neighbors[5]));
        partitioner->N[0]=Nx;
        partitioner->N[1]=Ny;
        partitioner->N[2]=Nz;
        partitioner->sub_N[0]=Nx/Px+2;
        partitioner->sub_N[1]=Ny/Py+2;
        partitioner->sub_N[2]=Nz/Pz+2;
        ...
        return partitioner;
    }
```

在划分器初始化函数中后面省略了部分对划分器数据结构剩余部分成员的初始化，如边界的每个面的大小等信息，以及用于 MPI 通信的存储空间的申请等。

下面介绍更新边界值的函数实现。在一次时间步的计算完成后，每个进程需要将其负责的网格的最外层的值发送给其邻居，并且接收邻居发送过来的值。其实现如代码 3.9 所示。

代码 3.9   更新边界值函数实现

```
void UpdateGhostValue(double ***u_new,Partitioner_t *p)
{
        double *uPtr=&(u_new[0][0][0]);
        for(int di=0;di<2*NDIMS;di++){
            if(p->neighbors[di]!=MPI_PROC_NULL){
                int inner_offset=p->inner_offsets[di];
```

```
                    int offset1=p->offsets1[di];
                    int offset2=p->offsets2[di];
                    int n1=p->plane[di][0];
                    int n2=p->plane[di][1];
                    for(int i1 =0;i1<n1;i1++){
                        int buffer_offset=i1*n2;
                        for(int i2=0;i2<n2;i2++)
                            p->ghost_value_send[di][buffer_offset+i2]=
                                uPtr[inner_offset+i1*offset1+i2*offset2];
                    }
                }
            MPI_Isend(p->ghost_value_send[di],p->size_ghost_values[di],
                    MPI_DOUBLE,p->neighbors[di],1234,MPI_COMM_WORLD,
                    p->sendRequest[di]);
            MPI_Irecv(p->ghost_recv[di],
                    p->size_ghost_values[di],MPI_DOUBLE,
                    p->neigbors[di],1234,MPI_COMM_WORLD,
                    p-> recive Request[di]);
        }
        for(int di=0;di<2*NDIMS;di++){
            if(p->neighbors[di]==MPI_PROC_NULL){
                int offset=p->offsets[di];
                int inner_offset=p->inner_offsets[di];
                int offset1=p->offsets1[di];
                int offset2=p->offsets2[di];
                int n1=p->plane[di][0];
                int n2=p->plane[di][1];
                for(int i1=0;i1<n1;i1++)
                    for(int i2=0;i2<n2;i2++)
                    uPtr[offset+i1*offset1+i2*offset2]=uPtr[inner_offset
                        +i1*offset1+i2*offset2];
            }
        }
        MPI_Waitall(2*NDIMS,p->sendRequest,MPI_STATUS_IGNORE);
        MPI_Waitall(2*NDIMS,p->recieveRequest,MPI_STATUS_IGNORE);
        for(int di=0;di<2*NDIMS;di++) {
            if(p->neighbors[di]!=MPI_PROC_NULL) {
                int offset=p->offsets[di];
                int offset1=p->offsets1[di];
                int offset2=p->offsets2[di];
                int n1=partitioner->plane[di][0];
                int n2=partiitoner->plane[di][1];
```

```
for(int i1=0;i1<n1;i1++) {
    int buffer_offset=i1*n2;
    for(int i2=0;i2<n2;i2++)
        uPtr[offset+i1*offset1+i2*offset2]=
        p->ghost_recv[di][buffer_offset+i2];
}
    }
}
}
```

更新边界值函数主要通过调用两个 MPI 的通信函数来完成进程之间的通信。这里使用了非阻塞的通信模式,因此另外使用等待函数确保 MPI 通信已经完成。代码中显得复杂主要是在 MPI 通信之前需要做一些准备工作,例如,需要将通信的数据复制到一个临时的 buffer 中,而在接收数据之后,又需要将数据从接收 buffer 中复制到对应的边界网格中。而对于没有邻居的那个边界面,只需要将此外层的值复制到边界面中。

3.3 大规模并行计算

随着应用对计算需求的不断增加,单节点多核处理器的计算能力已无法满足应用的需求。因此,研究人员通过采用多节点的方式构建大规模并行计算平台,通过网络对不同计算节点进行统一管理,为大规模科学和工程应用提供强大的计算能力。为了与节点内多核编程进行区分,本书将采用多节点且使用 CPU 数量超过 64 的计算才称为大规模并行。本节将介绍大规模并行计算的编程方法和节点之间通信优化方法。

3.3.1 混合编程模型

大规模并行计算需要多个计算节点协同处理同一问题,不可避免地涉及节点之间的信息交换,因此,通常采用消息传递编程模型。对于这种大规模计算平台,最简单的编程模型是 3.2 节介绍的基于 MPI 的分布式存储编程模型,为每一个 CPU 核分配一个 MPI 进程。这种情况下,所有的计算核是对等的,编程风格统一,相对简单。从程序员的角度来说,整个系统类似于一个拥有成百上千个 CPU 计算核的计算机,只是运行于不同节点上的 MPI 进程进行数据通信的时候是跨节点模式,通信开销比较大。这种 MPI 的编程方式虽然简单,但是,如果问题求解过程涉及的计算需要比较大,需要的计算资源比较多时,程序创建的 MPI 进程数量非常大,MPI 进程之间通信开销对整个系统的网络压力非常大,则程序的性能可能会极大地受限于数据通信。为了获得比较好的性能,如果计算节点数量超过一定程度(如 100 个计算节点),则可以采用 MPI+

OpenMP 或者 MPI+Pthread 的方式构建混合编程模型。为每个节点指定一个 MPI 进程，则每一个 MPI 进程创建多个 OpenMP 线程或者 Pthread 线程，来利用节点内的多核 CPU 进行并行任务的计算。本书主要关注 MPI+OpenMP 的多节点混合编程模型。

MPI+OpenMP 这种混合编程模式提供节点内和节点间的两级并行，能充分利用共享存储模型和消息传递模型的优点，有效地改善系统的性能。使用混合编程模式的模型结构图如图 3.5 所示。在每个 MPI 进程中可以在#pragma omp parallel 编译制导所标示的区域内产生线程级的并行，而在区域之外仍然是单线程。代码 3.10 给出了基于 MPI+OpenMP 的 stencil 计算混合实现方式。与 3.2 节中纯 MPI 实现不同之处在于，每一个 MPI 进程处理的三层 for 循环处增加了一个#pragma omp parallel 语句，该语句告知系统根据设置的 OpenMP 线程数量对循环进行并行处理。此时，在程序执行过程中，程序员指定的 MPI 数量应该比纯 MPI 实现方式要少很多。混合编程模型可以充分利用两种编程模式的优点，MPI 可以解决多处理器间的粗粒度通信，而 OpenMP 提供轻量级线程，可以很好地解决每个多处理器计算机内部各处理器间的交互。大多数混合模式应用是一种层次模型，MPI 位于顶层，OpenMP 位于底层。例如，处理一个二维数组，可以先把它分割成多个子数组，子数组的个数与节点个数相同，每个进程处理其中一个子数组，而子数组可以进一步被划分给若干个线程进行处理。这种模型很好地映射了多处理器计算机组成的集群体系结构，MPI 并行在节点间，OpenMP 并行在节点内部。

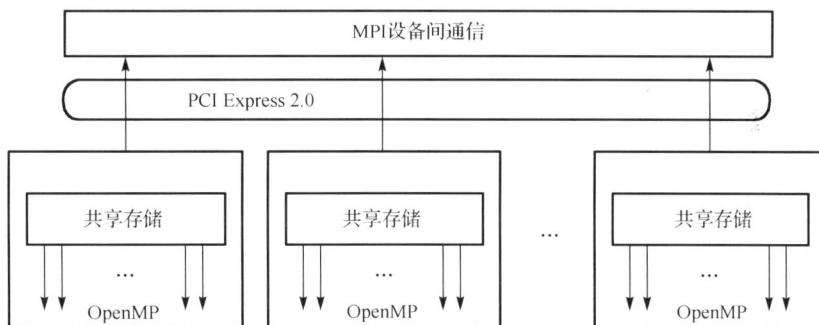

图 3.5 MPI+OpenMP 编程模型

代码 3.10 基于 MPI+OpenMP 的 stencil 计算实现

```
int main(int nargs,char **args)
{
        Partitioner_t *partitioner;
        int Nx,Ny,Nz,Px,Py,Pz;
        int sub_Nx,sub_Ny,sub_Nz;
        MPI_Init(&nargs,&args);
        GetArgs(&Nx,&Ny,&Nz,&Px,&Py,&Pz,nargs,args);
```

```
Partitioner=Partitioner_construct(MPI_COMM_WORLD,Nx,Ny,Nz,
            Px,Py,Pz);
sub_Nx=partitioner->sub_N[0];
sub_Ny=partitioner->sub_N[1];
sub_Nz=partitioner->sub_N[2];
double ***u_old,***u_new,***tempPtr;
double a,b;
u_old=(double *)Malloc3DArray(sub_Nx*sub_Ny*sub_Nz
  *sizeof(double));
u_new=(double *)Malloc3DArray(sub_Nx*sub_Ny*su_Nz
  *sizeof(double));
InitialValue(u_old,u_new,sub_Nx,sub_Ny,sub_Nz,&a,&b);
int T=100000,t=0;
while(t<T){
    #pragma omp parallel
    for(int i=1;i<sub_Nx-1;i++)
        for(int j=1;j<sub_Ny-1;j++)
            for(int k=1;k<sub_Nz-1;k++)
                u_new[i,j,k]=a×(u_old[i,j,k])
                    +b×(u_old[i-1,j,k]+u_old[i+1,j,k]+u_old
                    [i,j-1,k]+ u_old [i,j+1,k]+u_old[i,j,
                    k-1]+u_old[i,j,k+1]);
            UpdateGhostValue(u_new,Partitioner);
            tempPtr=u_old;
            u_old=u_new;
            u_new=tempPtr;
    }
    OutPutResult(u_old,sub_Nx,sub_Ny,sub_Nz);
    free(u_old);
    free(u_new);
    MPI_Finalize();
    return 0;
}
```

相对于单纯使用 MPI 的编程方式，基于 OpenMP+MPI 的混合编程模型具有以下几个优点。

1）有效地改善 MPI 代码可扩展性

MPI 代码不易进行扩展的一个重要原因是负载均衡，一些不规则的应用都会存在负载不均的问题。采用混合编程模式，能够实现更好的并行粒度。MPI 仅负责节点间的通信，实行粗粒度并行；OpenMP 实现节点内部的并行，因为 OpenMP 不存在负载均衡问题，从而提高了性能。

2）数据复制问题

数据复制常受到内存的限制,而且全局通信的可扩展性也较差。在纯 MPI 应用中,每个节点的内存被分成处理器个数大小,而混合模型可以对整个节点的内存进行处理,可以实现更加理想的问题域。

3）MPI 实现的不易扩展

在某些情况下,MPI 应用实现的性能并不随处理器数量的增加而提高,而是有一个最优值。这个时候,使用混合编程模式会比较有益,因为可以用 OpenMP 线程来替代进程,这样就可以减少所需进程数量,从而运行理想数目的 MPI 进程,再用 OpenMP 进一步分解任务,使得所有处理器高效运行。

4）通信与计算的重叠

大多数 MPI 的实现(如 MPICH 和 LAM),都是使用单线程。这种单线程的实现可以避免同步和上下文转换的开销,但是它不能将通信和计算分开。因此,即使是在有多个处理器的系统上,单个的 MPI 进程不能同时进行通信和计算。MPI+OpenMP 混合模型可以选择主线程或指定一个线程进行通信,而其他的线程执行计算的部分。

虽然在很多情况下,使用 OpenMP+MPI 混合编程模式的程序效率更高,但是它也存在着一些不足。例如,对于纯 MPI 应用,每个参与通信的 CPU 可以饱和节点间的带宽,而 MPI+OpenMP 若分出一个线程进行通信则难以做到。同时,OpenMP 也要产生系统开销(如线程 fork/loin),为了达到同步清洗 Cache,空间局部性会更糟糕。采用混合编程模型的程序能否取得更高的效率取决于以下几种因素:采用混合编程模型的程序往往有着更小的通信开销,是否可以用轻量级的线程来代替重量级的 MPI 进程来实现并行化。同时,还包括其他一些因素,如 MPI 进程数量限制、MPI 进程负载均衡问题、数据复制的内存限制因素。在面对实际应用的时候,一定要考虑 MPI 和 OpenMP 这两者的结合是否能够提供一个更加优化的并行平台,怎样利用两者实现并行化。

MPI+OpenMP 的混合编程模型比单纯的 MPI 消息传递编程模型更能充分利用多处理器计算机集群的体系结构特点,在某些情况下,可以有效地改善集群的性能,它为多处理器构成的计算机集群提供了一种不错的并行策略,但是这种编程模式并不能适应所有的代码。因此,在实际应用中,是否选择混合编程模式还需要根据实际情况而定。

3.3.2 大规模系统节点间通信优化

在大规模并行程序设计中,要想获得理想的性能,除了需要充分利用计算平台所包含的计算资源外,一个重要的因素是对不同节点或者不同进程之间的数据通信进行优化。通常来讲,无论目标平台是同构还是异构系统,节点之间的通信大多采用类似于消息传递的模式,节点之间的通信与节点内的计算模型关系并不大,只是通信和延迟隐藏使负载均衡因子随着节点的计算能力与网络通信开销而有所不同。不失一般性,本节以同构系统为例介绍面向大规模系统的节点间通信优化问题，这些方法同样适用于异构大规模并行计算系统。

采用 MPI 编程模型进行数据分解以及数据通信是程序在多节点阵列上有效实现扩展性、获得高性能的一种经典计算方式。要想实现高性能，就必须花费大力气来优化数据通信。在大规模并行处理系统中，采用 MPI 进行节点间通信。随着计算节点的增加，并行程序的通信开销往往成为性能提升的主要瓶颈，如何优化 MPI 进程之间的通信，对于提高多节点间通信显得尤为重要。因此可以通过特殊的编程技术对通信进行优化，而优化手段主要包括通信合并与通信隐藏两个方面。

首先，通过通信合并能够将一组属于同一个 MPI 进程数据传输的对象进行打包操作，合并为一次调用进行数据传输，从而有效地增加数据块的大小，更加高效利用数据传输的带宽，示例伪代码如代码 3.11 所示。

代码 3.11　合并多次数据通信优化伪代码

```
//原始伪代码
for(i=1; i<=n; i++){
                pack data_i into send buff_i;
                MPI_Isend(buff_i, m, dest);
                MPI_wait(buff_i);
}
//合并优化后伪代码
for(i=1; i<=n; i++){
        pack data 1～n into send buff;
}
MPI_Isend(buff, m*n, dest);
MPI_wait(buff);
```

从上述代码中可以看出，通信的合并优化首先需要识别属于同一个进程对象 dest 的数据通信，通过初始化新的数据通信缓存数组 buff，不通过通信的循环控制，将 n 个数组全部打包到大小为 $m×n$ 的同一通信缓存数组 buff 中，其中 n 为原始数据的大小，m 为数据的个数。在同一个 MPI 的通信过程中，将 buff 数组中的所有数据都发送到目的进程对象 dest。通过合并通信不仅简化了代码，减少了 MPI 调用的多次开销，而且能够通过大数据块的传输有效提高数据传输带宽。

除了通信合并技术，在多节点并行程序设计中，更常用且效果更好的通信优化策略是通信隐藏，即实现计算与通信的重叠。在通信隐藏过程中，可以通过对通信的大数据块进行切分并重新排序，将在同一个时间步内所执行的代码进行顺序调整，改变计算代码块和通信代码块的前后顺序，达到通过计算来隐藏通信开销的目的。采用这种方法，通常需要将计算分为至少两个部分，一部分是涉及节点间通信所需数据的计算，另一部分是不涉及数据通信的计算，通常将这两部分分别称为边界计算和内部计算。图 3.6 给出了 stencil 计算涉及的边界和内部计算区域。对于这样的计算过程，由于边界区域的计算需要相邻节点的数据，所以通常先计算每个节点内部的区域，同时启动非阻塞通信语句进行节点之间的数据通信，该过程可以实现一定程度的计算与通信重叠，通信结束之后对边界区域的数据进行处理，示例伪代码如代码 3.12 所示。

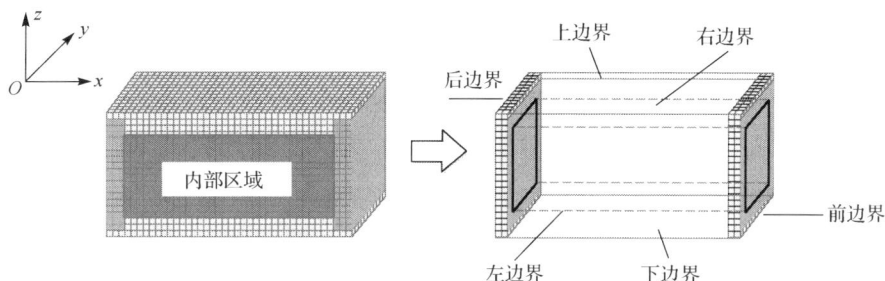

图 3.6　stencil 计算的内部区域和左右边界

代码 3.12　计算与通信重叠伪代码

```
//原始伪代码
for(timestep=1; timestep<=N; timestep++){
                MPI_Irecv;
                MPI_Isend;
                MPI_wait;
                Compute_all;
}
//重排序后伪代码
for(timestep=1; timestep<=N; timestep++){
                MPI_Irecv;
                MPI_Isend;
                Compute_inner;
                MPI_wait;
                Compute_boundary;
}
```

从上述原始伪代码可以看出，在一个典型的 MPI 操作时间步中包括数据接收、数据发送、同步等待、计算这四个部分。其中，考虑到操作数据前后存在数据相关性，使得某些计算需要依赖本次接收到的数据，到数据接收更新完毕后才能够开始计算，否则会出现错误。因此在通信隐藏进行重新排序时，就要对这类数据相关性进行识别，将计算代码段划分为与数据通信相关的计算段和无关的计算段这两类，与数据通信无关的代码段就可以在数据传输结束之前进行计算，从而实现通信与计算在一定程度的隐藏，减少数据开销。

参 考 文 献

[1] Chandra R, Menon R, Dagum L, et al. Parallel Programming in OpenMP [M]. Burlington: Morgan Kaufmann, 2000.

[2] 奎因. MPI 与 OpenMP 并行程序设计 [M]. 北京: 清华大学出版社, 2004.

[3] NVIDIA. GPU [EB/OL]. http://www.nvidia.com.

[4] Khailany B, Dally W J, Kapasi U J, et al. Imagine: media processing with streams [J]. IEEE Micro, 2001 (2): 35-46.

[5] Karam L J, AlKamal I, Gatherer A, et al. Trends in multicore DSP platforms [J]. Signal Processing Magazine, IEEE, 2009, 26 (6): 38-49.

[6] Blagodurov S, Zhuravlev S, Fedorova A, et al. A case for NUMA-aware contention management on multicore systems[C]. Proceedings of the 19th International Conference on Parallel Architectures and Compilation Techniques, 2010: 557-558.

[7] OpenMP Architecture Review Board.OpenMP Specifications [EB/OL]. http://openmp.org/wp/openmp-specifications/.

[8] Butenhof D R. Programming with POSIX Threads [M]. Boston:Addison-Wesley Professional, 1997.

[9] Robison M R. Structured Parallel Programming:Patterns for Efficient Computation[M]. Burlington: Elsevier, 2012.

[10] Nieplocha J, Harrison R J, Littlefield R J. Global arrays: a portable shared memory programming model for distributed memory computers [C]. Proceedings of the 1994 ACM/IEEE Conference on Supercomputing, 1994: 340-349.

[11] Intel. A Guide to Vectorization with Intel C++ Compilers [EB/OL]. https://software.intel.com/sites/default/files/8c/a9/CompilerAutovectorizationGuide.pdf.

[12] Parri J, Shapiro D, Bolic M, et al. Returning control to the programmer: SIMD intrinsics for virtual machines [J]. Communications of the ACM, 2011, 54 (4): 38-43.

[13] Intel. Intel Intrinsics Guide [EB/OL]. https://software.intel.com/sites/landingpage/IntrinsicsGuide/.

[14] Rahman S M F, Yi Q, Qasem A. Understanding stencil code performance on multicore architectures [C]. Proceedings of the 8th ACM International Conference on Computing Frontiers, 2011: 30.

[15] Argonne National Laboratory, Mississippi State University. MPICH|High-performance Portable MPI [EB/OL]. https://www.mpich.org/.

[16] MVAPICH: MPI over InfiniBand,10GigE/iWARP and RoCE [EB/OL]. http://mvapich.cse.ohio-state.edu/.

[17] Indiana University. Open MPI Documentation [EB/OL]. http://www.open-mpi.org/doc/.

第 4 章　GPU 并行计算

受限于功耗问题，计算机处理器无法通过持续提高主频的方式来获得性能的增加。然而，人们对计算的需求是无止境的。为了克服功耗带来的问题，各大计算机处理器生产商通过集成多核的方式来增加单个处理器的性能，并且获得了巨大成功。从2003 年开始，多核、众核处理逐渐占据整个计算机处理市场，并极大影响了程序员的编程方式。虽然通用多核处理器能够提供很高的性能，但是由于仍然遵循"重核"的设计理念，大量的资源用于复杂的控制，所以多核 CPU 的计算能力仍然无法满足应用对计算的需求，尤其是在高性能计算领域。对于计算需求较高的应用，其计算过程往往遵循一定的模式，基于这一点，科学家开始采用专用加速设备来获得进一步的性能提升。图形图像处理设备最初常用于图像渲染和视频处理领域，为了获得这种设备所提供的高计算能力，开发人员需要采用复杂设备指定的 API 进行编程，如图形图像渲染器等。2007 年，NVIDIA 公司推出了统一计算设备 CUDA，将 GPU 从专用计算领域推向了通用高性能计算领域，极大地推动了 GPU 并行计算的发展。然而，从单核处理器到多核处理器，从多核处理器到 GPU，程序的设计和运行机制都发生了巨大的变化，编写高效的 GPU 程序并不容易。本章从 GPU 的硬件体系结构、编程模型、性能优化等几个方面介绍 GPU 并行计算相关技术。此外，我们给出了多 GPU 计算环境以及基于 GPU 的大规模异构计算需要考虑的问题。

4.1　GPU 体系结构

4.1.1　GPU 的发展历程

20 世纪六七十年代，受硬件条件的限制，图形显示器只是计算机输出的一种工具。限于硬件发展水平，人们只是纯粹从软件实现的角度来考虑图形用户界面的规范问题。图形用户界面国际标准 GKS（GKS3D）、PHIGS 就是其中的典型代表。20 世纪 80 年代初期，出现以 GE（Geometry Engine）为标志的图形处理器。GE 芯片的出现使得计算机图形学的发展进入图形处理器引导其发展的年代。GE 的核心是四位向量的浮点运算，它可由一个寄存器定制码定制出不同功能，分别用于图形渲染流水线中，实现矩阵、裁剪、投影等运算。12 个这样的 GE 单元可以完整地实现三维图形流水线的功能。芯片设计者 Clark 以此为核心技术建立了 SGI 公司。而基于 SGI 图形处理器功能的图形界面 GL 及其后的 OpenGL，成为图形用户界面事实上的工业标准。20 世纪八九十年代，GE 及其图形处理器功能不断增强和完善，使得图形处理功能逐渐从 CPU 向 GPU 转移。现代图形处理的流水线主要功能分为顺序处理的两个部分：第一部分对图元实施几何变化以及对图元属性进行处理（含部分光照计算）；第二部分是扫描转换，在进行光栅化以后完成一系列的图形绘制处理，包含各种光照效果和合成、纹理映射、遮挡处理、反混淆处理等。

1999 年发布的代号为 NV10 的 Geforce 256 处理器，是图形芯片领域开天辟地的产品，也是第一款提出 GPU 概念的产品。Geforce 256 所采用的核心技术有硬体 T&L（几何光照转换）、立方环境材质贴图和顶点混合、纹理压缩和凹凸映射贴图、双重纹理四像素 256 位渲染引擎等，而硬体 T&L 技术可以说是 GPU 概念形成的标志。

Geforce 256 被称为 GPU 的原因就在于其划时代地在图形芯片内部集成了 T&L 功能，使得 GPU 拥有初步的几何处理能力，彻底解决了当时众多游戏在用 CPU 进行几何处理时吞吐量不够的瓶颈。Geforce 256 显卡的出色表现使得 NVIDIA 强大的技术实力得到全面释放。这块显卡是真正的全面领先型产品，而不是靠 16bit 色和 32bit 色的区域优势或者是单纯依赖特定的 3D API 支持。T&L 原先由 CPU 负责，或者由另一个独立处理机（如一些旧式工作站显示卡）处理。较强劲的 3dfx Voodoo2 和 Rendition Verite 显示核心已整合了几何（三角形）建构，但硬件 T&L 仍是一大进步，原因是拥有该技术的显示核心从 CPU 接管了大量工作。硬件 T&L 单元让 Geforce 256 几乎成为一个全新的 GPU 标准，也让 GPU 更加独立自主。

虽然这个时候的 GPU 技术已经有了长足的进步，但是 GPU 通常只是作为一种图形图像处理专用设备而存在。2003 年，NVIDIA 首次将 GPU 应用在非图形应用领域，通过使用诸如 DirectX[1]、OpenGL[2] 和 Cg[3] 等高级图形渲染语言，将通用计算领域并行算法映射到 GPU 上。这种在通用计算领域使用图形 API 的方式称为 GPGPU 编程。虽然在 SQL 查询和 MRI 重建等领域，GPU 获得了很好的性能，但是，由于其高度专用编程接口的特点，严重限制了 GPU 在其他计算领域的应用。

为了解决这一问题，NVIDIA 公司引入了两个关键的技术：G80 统一图形架构和计算体系结构，以及统一计算设备架构 CUDA[4]。这两者仍然是当今 NVIDIA GPU 得以广泛使用的基石。这两个技术彻底改变了 GPU 的使用方式，程序员使用扩展的高级 C 语言对 GPU 进行编程，而不需要关注传统 API 编程接口。另外，程序员看到的也不再是特定的图形处理单元，而是通用的大规模并行处理器。NVIDIA CUDA 以及 AMD 公司推出的 AIT GPU 编程模型 Stream，使得 GPU 无论在传统应用领域还是通用计算领域都取得了长足的发展。除此之外，Intel 公司也推出了相应的 GPU 体系结构 "Larrabee"[5]。但是，无论是 AMD 还是 Intel，都无法撼动 NVIDIA 在目前 GPU 领域的决定性主导地位。由于目前主流的高性能计算设备都采用 NVIDIA GPU，本书重点以 NVIDIA GPU 为目标进行介绍。

目前，NVIDIA 已经成功推出了 4 代通用 GPU 产品。第一代产品基于 GeForce 8800[6] 的 G80 处理器体系结构。G80 给 GPU 计算带来了几个显著变化：G80 首次支持在 GPU 上使用 C 语言；G80 首次使用一个统一的处理器代替传统 GPU 中分离的顶点着色器和像素着色器；G80 采用单指令多线程（SIMT）的执行模式在 GPU 上实现数据级并行。另外，G80 还引入了共享存储器机制来实现线程之间的通信和同步。2008 年，NVIDIA 公司在 G80 体系结构上进行改进，推出了第二代统一架构 GPU——GT200[7]，主要型号有 GTX 280、Tesla T10 等。GT200 在 G80 的基础上进一步增加了流处理器的数量，每个 GPU 包含多达 240 个处理器。同时，每个处理器所用的寄存器数量也有所增加，支持更多的线程同时在 GPU 上执行。合并（coalescing）访问机制的引入大大提高了存储器访问的效率。另外，双精度浮点计算的支持使得 NVIDIA GPU 迅速应用在科学和高性能计算领域。这两代 GPU 的体系结构可以统称为 Tesla 架构，与后续 GPU 相比，G80 和 GT200 都没有使用片上 Cache。NVIDIA 第三代 GPU 基于 Fermi 架构[8]，面向通用高性能计算而设计。与 Tesla 架构相比，Fermi GPU 将片上晶体管资源主要用于集成更多的计算核心，以提升峰值计算性能。其主要运算单元包含 14 或者 16 个流多处理器（Streaming Multiprocessor，SM），每个 SM 包含的流处理器由原来的 8 个增加到 32 个，在单片上集成多达 512 个 CUDA 计算核。每个 CUDA 核都拥有全流水的整数运算单元（ALU）和浮点运算单元（FPU），可以执行 32/64 位精度的计算任务，并对单/双精度浮点计算提供了融合的浮点乘加（Fused Multiply-add，FMA）指令。Fermi GPU 拥有 384 位的存储接口，支持多达 6GB 容量的 GDDR5 DRAM 存储，访存带宽高达 177GB/s。继 Fermi 架构大获成功后，NVIDIA 推出新一代 Kepler 架构[9] Tesla GPU，采用 28nm 工艺，具有更高的性能和更优的能耗比，面向高性能异构混合计算应用领域设计。与 Fermi GPU 相比，Kepler GPU 更加注重处理器的能耗比。Kepler GPU 体系结构与 Fermi GPU 类似，主要的不同点在于 SM 的设计，在 Kepler GPU 中，每一个 SM 包含多达 192 个 CUDA 核，改称为 SMX。

NVIDIA 的第 5 代 GPU 也已经于 2015 年 2 月份正式面市，采用全新的 Maxwell 架构设计。目前只发布了入门级产品，真正为高性能计算设计的 Maxwell GPU 预计将于 2016 年 2 月份上市。与 Kepler 相比，Maxwell 在功耗方面可谓做足了功课，比 Kepler 有 10%～20%的节能效果。同时在 Maxwell GPU 中，每个 SM 上的 CUDA 核数将进一步增加，达到 256 个，整个 GPU 的 CUDA 核心数将超过 6000 个。

除了 NVIDIA 之外，AMD 和 Intel 等生产商也推出了相应的 GPU。后者主要占据集成显卡的市场份额，通常与 Intel 的 CPU 集成在一个芯片上。AMD 在 2006 年收购 ATI 之后，其 GPU 市场份额急剧增加，尤其体现在 AMD 处理器的集成显卡上。目前 AMD 是世界上第二大独立显卡生产商，仅次于 NVIDIA。本书简要介绍 AMD GPU 的体系结构。不同于 NVIDIA GPU，AMD GPU 采用 SIMD 的架构模式，这种架构能很好地对像素的色彩和坐标所包含的四维数据进行运算。传统的顶点单元和像素单元中的 ALU 都能在一个周期内完成对 4D 矢量数据的运算。因此，通常称这种逻辑运算器为 4D ALU。需要注意的是，4D SIMD 架构虽然很适合处理 4D 指令，但遇到 1D 指令的时候，效率便会降为原来的 1/4。此时的 ALU，3/4 的资源都被闲置。为了提高像素单元和顶点单元执行 1D、2D、3D 指令时的资源利用率，从 DirectX9 时代开始，AMD GPU 通常采用 1D+3D 或 2D+2D ALU 结构。

为进一步改善流处理器的运算性能，AMD 推出了代号为 R600[10] 的显卡核心。该 GPU 采用了统一渲染架构，采用了 5 路超标量运算单元，通过在流处理器内部集成 5 个 1D 标量运算单元，每一个流处理器都能进行 1+1+1+1+1 或 1+4 或 2+3 等方式搭配运算。同时，为提升 ALU 运算效率，AMD 采用了 VLIW 体系设计，将多个短指令合并为一个超长指令交给流处理器去执行。

此外，AMD 还推出了代号为"Llano"[11] 的处理器 APU，将 4 个 X86 处理器核心、16 个 Radeon VLIW-5 单元（整体性能为 480Gflops）和其他相关部件有机整合到 228mm^2 的硅片上，主要用于增强游戏和多媒体类应用的用户体验。APU 能够有效地平衡计算性能和功耗，并且能够很好地支持多种应用类型，适合 CPU 的应用程序，可以在四核 CPU 上运行；适合 GPU 的应用程序可以在 Radeon VLIW-5 单元上运行。

4.1.2　GPU 硬件体系结构

由于作者在科研和工程实践中主要是基于 NVIDIA GPU 展开的，所以本书介绍的重点是 NVIDIA GPU 的体系结构和相关的并行计算技术。不同于 CPU、GPU 处理器的设计理念是开发应用中蕴涵的大规模数据级并行，整个处理器的控制逻辑相对简单，而大量的资源用于计算逻辑。本节重点介绍 NVIDIA 的 Fermi 和 Kepler 两种目前主流的 GPU 处理器。

1）Fermi 架构

NVIDIA 的前两代通用 GPU 的双精度浮点计算能力是有限的，而科学和工程计算领域的大部分应用都需要对双精度甚至更高精度的数据进行处理。为了更好地适应高性能科学计算领域的需求，NVIDIA 推出了第三代具有划时代意义的 Fermi GPU 体系结构，极大地增强了 GPU 的双精度浮点计算能力，将 GPU 真正推向了通用高性能计算领域。Fermi 架构 GPU 相对前 2 代产品，极大地提高了通用计算能力，其体系结构如图 4.1 所示，主要运算单元是 14 个或者 16 个流多处理器（SM），每个 SM 由 32 个 CUDA 计算核组成，在单片上集成多达 512 个 CUDA 计算核，双/单精度峰值性能可达 665/1331Gflops。CUDA 核的每个线程一个时钟周期可以执行一条浮点或者整数运算指令。拥有 384 位的存储接口，支持多达 6GB 容量的 GDDR5 DRAM 存储，访存带宽 177GB/s。host 接口通过 PCI Express（简称 PCI-E）连接到作为 host 的通用 CPU。GigaThread 全局调度器分配线程块到 SM 的线程调度器。

每个 CUDA 核都拥有全流水的整数运算单元和浮点运算单元，可以执行 32/64 位精度的计算任务，并对单/双精度浮点计算都提供了融合的浮点乘加（FMA）指令。每个 SM 拥有 16 个 load/store 单元，64 位地址宽度，每拍可以为 16 个线程计算 Cache 或者 DRAM 的访存地址。另外还有 4 个特殊功能部件（Special Function Unit，SFU）

执行超越指令，如 sin、cos、求倒数以及平方根等。每个 SFU 线程每拍执行 1 条指令。SM 线程调度器以 32 个并行的线程组合为一个最小单位执行线程调度，称为 warp。每个 SM 拥有 2 个 warp 调度器和 2 个指令分配单元，因此支持来自 2 个 warp 的指令并发发射和执行。双发射机制适用于 2 条整数指令、2 条浮点指令，或者整数、浮点、load、store 和 SFU 指令的混合并行。但是双精度浮点指令不能和其他指令混合。GPU 片上存储层次包括：所有 SM 共享的 L2 Cache（768KB），每个 SM 内有 64KB 可配置的共享存储器（shared memory）和 L1 Cache，32KB 的寄存器文件，指令 Cache。片外存储称为全局存储，即 DRAM 显存。

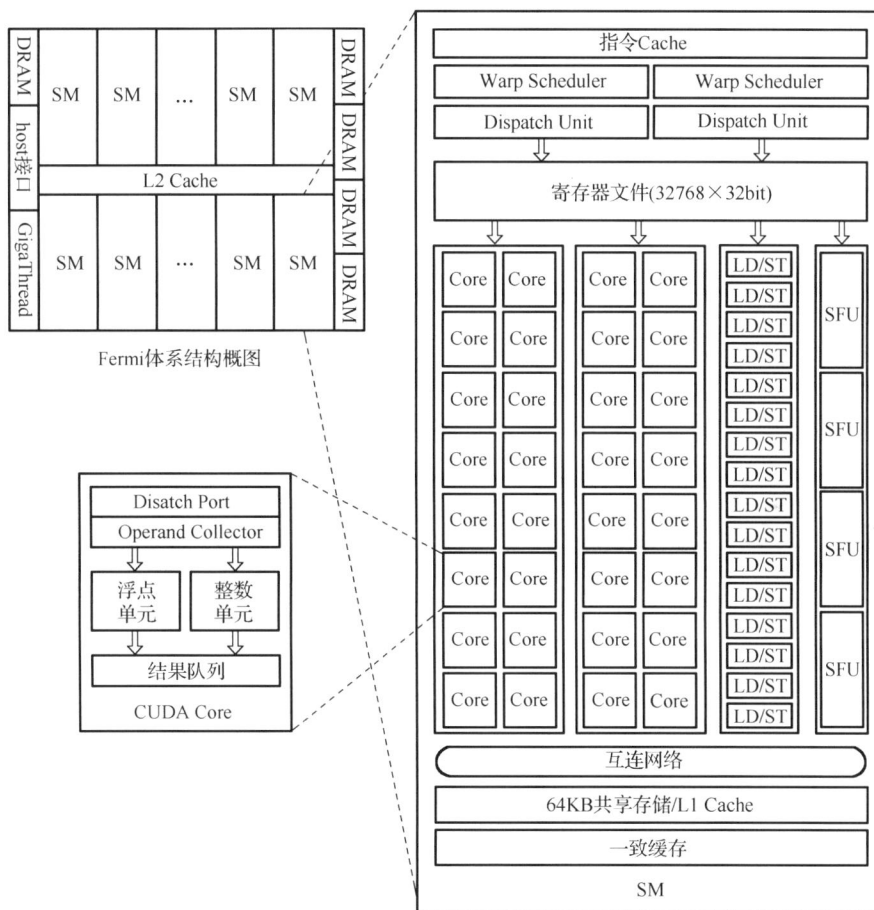

图 4.1　Fermi GPU 体系结构

2）Kepler GPU 体系结构

继 Fermi 架构大获成功后，NVIDIA 推出新一代 Kepler 架构[9]Tesla GPU，采用 28nm 工艺，具有更高的性能和更优的能耗比，面向高性能异构混合计算应用领域设计，其结构图如图 4.2 所示。与 Fermi GPU 相比，Kepler GPU 更加注重处理器的能耗比。从图中可以看出，Kepler GPU 体系结构与 Fermi GPU 类似，主要的不同点在于 SM 的设计。在 Kepler GPU 中，每一个 SM 包含多达 192 个 CUDA 核，改称为 SMX。为了获得更好的硬件利用率和能耗比，Kepler 引入了很多新技术。

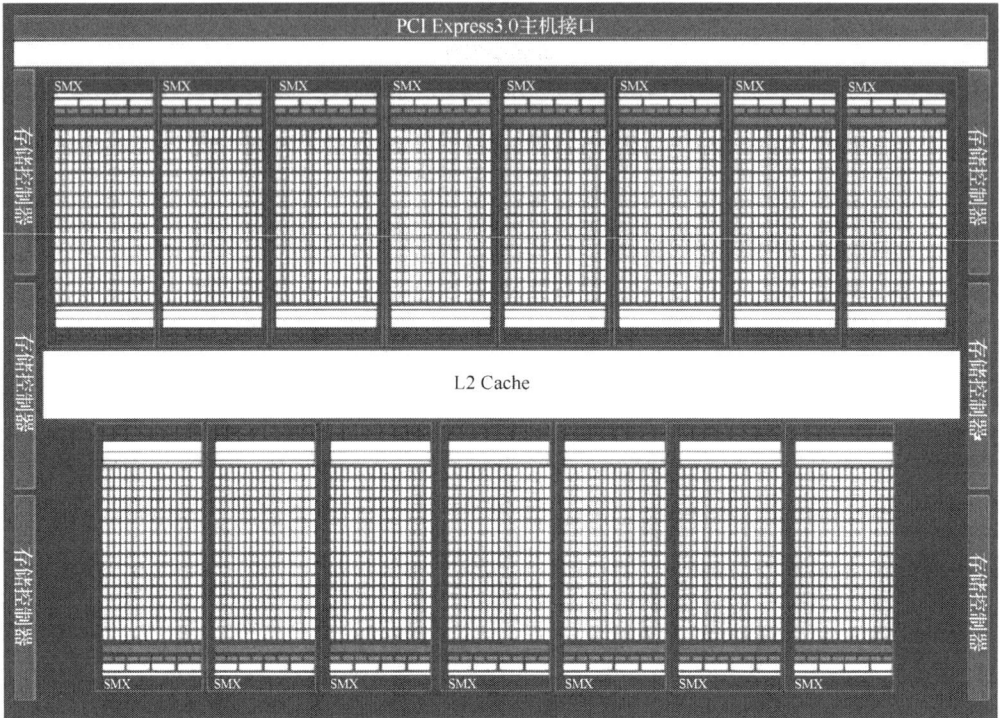

图 4.2　Kepler GPU 体系结构

支持动态并行，即允许 GPU 在执行过程中产生新的任务。GPU 本身可以完成结果的同步、任务的控制和调度等工作，而无须 CPU 参与，大大增强了 GPU 编程的灵活性和效率。

混合队列（Hyper-Q），该特性使得多个 CPU 可以在同一个 GPU 上同时启动不同任务的执行，大大提高了 GPU 的利用率和减少了 CPU 的等待时间。

网格管理单元（Grid Management Unit，GMU），该功能单元的设计使得动态并行可以高效运行，它可以暂停、排队和挂起一个网格，直到该网格执行需要的资源准备完毕。GMU 单元可以保证 CPU 和 GPU 产生的任务能够以合适的方式执行。

NVIDIA GPUDirect，该特性可以使得同一计算系统中不同 GPU 直接进行数据交互。它允许第三方设备（如 SSD、NIC 和 IB 适配器等）直接访问一个系统中不同 GPU 的存储空间，大大减少了 GPU 存储空间中数据通过 MPI 发送和接收延迟时间。

Kepler 第一代产品 Tesla K10 系列 GPU 拥有 2 片 GK104 芯片，总共是 2×1536 个

CUDA 核心，双/单精度浮点峰值性能为 190/4580 Gflops。其第二代产品 Tesla K20 系列 GPU 拥有 1 片 GK110 芯片，可以获得 3 倍于 M2090 的性能功耗比，提供超过 1 Tflops 的双精度浮点计算能力，DGEMM（双精度浮点矩阵乘）的效率可达 80%（Fermi 结构只有 65%）。目前最高配置的 Kepler GPU K40 包括 15 个 SMX 单元，每个单元拥有 192 个单精度 CUDA 核，总共每片有 2880 个 CUDA 计算核心。

4.2　CUDA 编程模型

统一计算设备架构 CUDA 是由 NVIDIA 开发的一种面向 GPU 通用计算的并行编程模型，包括一套编译器及相关的库文件，支持 C/C++、Fortran 等高级语言，具有较低的学习曲线。CUDA 编程模型完全抛开了传统 GPU 的图形绘制语言和图形编程接口，采用扩展的 C 语言作为基本编程语言。作为一种新型的硬件和软件架构，CUDA 可在 GPU 上进行计算的发放和管理，而无须将其映射到图像 API。作为一个并行编程模型和一个软件编程环境，它主要就是为了帮助广大的程序员来更好地开发平滑扩展的并行程序。对于许多熟悉标准编程语言，如 C 语言的程序员来说，是很容易掌握的。本节将从三个方面介绍 CUDA 编程模型。

4.2.1　程序结构

CUDA 编程模型将 CPU 作为主机，GPU 作为协处理器（co-processor）或者设备（device）[12]，在一个系统中可以存在一个主机和多个设备。CPU 主要负责进行逻辑性强的事务处理和串行计算，GPU 则专注于执行高度线程化的并行处理任务。CPU、GPU 各自拥有相互独立的存储器地址空间：主机端的内存和设备端的显存。CUDA 对内存的操作与一般的 C 程序基本相同。

由于 GPU 不具备独立执行程序的能力，只能作为 CPU 的一种辅助计算设备存在，其计算模式为 CPU-GPU 架构的异构计算。CUDA 程序主要分为两个部分：主机端程序和设备端程序，如图 4.3 所示。主机端程序和常见的 C/Fortran 程序没有大的区别，不同之处在于为了使用 GPU，需要调用 CUDA 为 GPU 设备设计的专用 API。CPU 代码完成的工作包括在 kernel 启动前进行数据准备和设备初始化的工作，以及在 kernel 之间进行一些串行计算。理想情况是，CPU 串行代码的作用应该只是清理上一个内核函数，并启动下一个内核函数。这样，就可以在设备上完成尽可能多的工作，减少主机与设备之间的数据传输。设备端程序通常称为 kernel，一个 kernel 函数并不是一个完整的程序，而是整个 CUDA 程序中的一个可以被并行执行的步骤。kernel 的定义必须使用 CUDA 指定的_global_函数类型限定符，并且只能在主机端代码中调用。如下代码段为向量加对应的 kernel 函数定义形式：

```
_global_ void vecAdd(float*A,float*B,float*C){ }
```

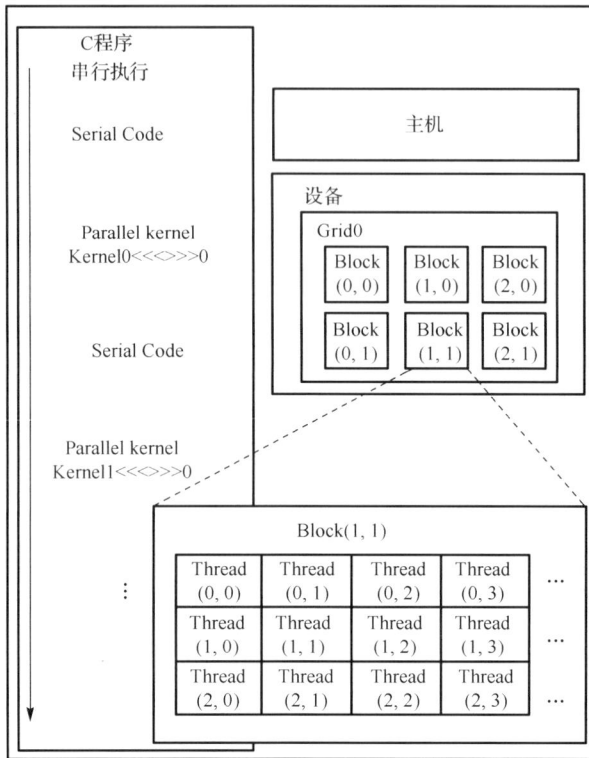

图 4.3 CUDA 编程模型

为了在 CPU 端主程序中调用 kernel 在 GPU 上执行，需要对 kernel 的并行线程层次进行配置。在主程序 main 函数中对 vecAdd()核心函数的调用形式如下：

```
int main(){vecAdd<<<GridDim,BlockDim>>>(A,B,C);}
```

其中，<<< GridDim，BlockDim >>>指明了 vecAdd()核心函数执行过程中线程的组织层次关系，每一个线程都会执行 kernel 函数对应的执行流程。

当该 kernel 被调用时，以并行线程的网格形式执行。一个 kernel 创建一个网格。网格中的线程被组织成两个层次。在最顶层，每个网格包含一个或多个线程块。每个线程块有一个唯一的二维坐标，由 CUDA 的特定关键字 blockIdx.x 和 blockIdx.y 指定。所有的线程块必须以相同的方式组织，并有相同数目的线程块。在该示例中，GridDim 指明了整个 kernel 对应的网格中包含的线程块的数目，该变量 GridDim 可以是 int 类型的数据也可以是 CUDA 定义的 dim3 类型的数据结构（该数据结构为包含三个元素的结构，每一个元素为 int 类型）。

kernel 并行线程的另一个层次是线程块，它是由程序员定义的连续的多个线程组成，这些线程之间可以相互独立也可以相互协作。在相互协作模式下，这些线程通过同步或者在低延迟的共享存储器之间共享数据进行协作。不同块里的线程不能协作。

每个线程块组织成三维的线程数组, 最大线程数目根据 GPU 设备的不同而有所不同。块中的线程坐标是唯一的, 通过三个线程 id 指定: threadIdx.x, threadIdx.y, threadIdx.z。

相应地, kernel 程序为程序员提供两级并行开发方式, 分别是线程级和线程块级。线程是细粒度的并行层次, 它执行在流处理器上, 大量的线程可以同时执行。多个密切相关的线程组织成一个线程块, 同一个线程块内的线程通过共享存储器可以进行通信。线程块实现粗粒度的并行, 它完成对某一块数据的处理, 多个并行执行的线程块构成一个网格, 共同完成 kernel 指定的任务。

4.2.2　存储模型

CUDA 编程模型的存储层次如图 4.4 所示。从硬件的角度看, 包括全局存储器、片上 Cache/共享存储器、片上寄存器三个主要层次。此外, 还包括常数存储器和纹理存储器等。从线程的组织层次和访问权限来看, 每个线程有自己的私有寄存器和本地存储器。需要注意的是, 本地存储器虽然是每个线程私有的, 但是其硬件存储介质是全局存储器, 因此, 其访问性能比较低。线程的寄存器和本地存储器属于每个线程私有的存储空间, 其他线程无法访问, 其生命周期随着线程中的结束而被释放。L1 Cache 和共享存储器都是每个 SM 的片上存储资源, 共享存储器隶属于每一个单独的线程块, 同一个线程块内的线程可访问分配给该线程块的共享存储器空间, 而不同的线程块之间的共享存储器是互相不可见的。共享存储器类似于软件管理的片上 Cache, 由程序员显示申明, 并随着线程块的结束而被释放。L1 Cache 和共享存储器在物理上是同一片存储空间, L1 Cache 服务于同一个 SM 上执行的所有的线程块, 不同的线程块之间可能通过 L1 Cache 隐式地共享数据。L2 Cache 对整个 kernel 上的线程均可见。最外一

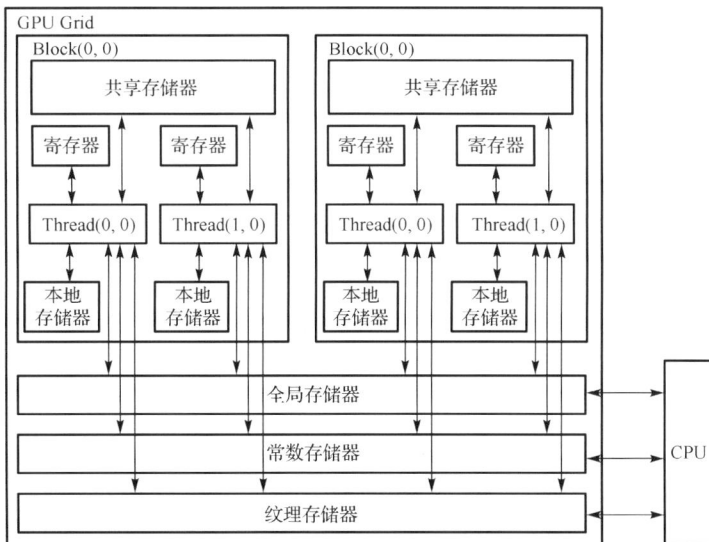

图 4.4　CUDA 存储层次

层的全局存储器对于所有的线程以及 CPU 端主程序都是可见的,同样常数存储器和纹理存储器也是全局可见的,并具有与 kernel 一样的生命周期。

4.3　性　能　优　化

虽然 CUDA 程序可以在任意支持 CUDA 的设备上运行,但是同一个程序在不同 GPU 上表现出来的性能大不相同。CUDA 程序的性能主要受限于算法的并行潜力以及程序对 GPU 设备的利用情况。NVIDIA 提供给读者的性能优化手册详细地描述了如何对 CUDA 程序进行优化。本节结合实践经验,介绍基于 CUDA 的 GPU 程序性能优化的几个主要考虑的方面。

4.3.1　大规模线程并行

GPU 设计的最主要理念是面向大规模数据并行应用,通过开发足够丰富的并行性来实现应用程序的性能加速。现代 GPU 有成百上千的执行单元,单个 GPU 的峰值计算能力已经超过 1Tflops 的量级（双精度浮点计算）。在 GPU 上获得良好性能的一个最主要因素是使得 GPU 简单的计算单元能够满负荷运转,因此,在 CUDA 程序设计时,最主要的考虑因素应该是创建足够多的并行线程,充分利用 GPU 的计算单元,实现性能最大化。在将并行程序映射成 CUDA 程序的过程中,我们主张时刻保持一颗贪婪的心,即不要轻易放过任何一个可以并行的代码段以及尽可能地将多层循环展开。

例如,下面的代码段,其核心功能是实现一个 3D 的雅可比迭代计算。程序的执行过程是通过三层循环对 3D 数组的每一个元素进行遍历,并根据上一次迭代之后的相邻元素求出当前元素的新值。由于不同层次的循环遍历变量之间没有依赖关系,所以 CUDA 程序应该将三层 for 循环对应的索引空间进行并行化。换句话说,整个 CUDA 程序需要创建的线程的数量至少为 $(n-2)^3$。当然,在设计 CUDA 程序的时候,不能一味只追求最大并行,当程序所能够开发的并行性足够大时,同时需要考虑每一个线程内部可以开发的指令级并行。例如,在本例中,如果 $n \geqslant 258$,那么能够同时执行的线程数量为 16777216,这一数字已经远超过了 GPU 中 CUDA 核的数量。在这种情况下,程序员可以考虑增加每个线程处理的数据粒度,在保持 CUDA 程序具有足够丰富并行性的同时,开发线程内部的指令级并行。例如,可以使每个 CUDA 线程处理 4 个点,此时的线程数量为 4194304,同样能够保证 GPU 上有足够多的线程同时执行。具体示例如代码 4.1 所示。

代码 4.1　代码示例

```
for(k=1; k<n-1; k++)
    for(j=1; j<n-1; j++)
        for(i=1; i<n-1; i++)
        {
            u_new[k][j][i]=factor0*u_old[k][j][i]+factor1*(
```

```
                    u_old[k][j][i-1]+u_old[k][j][i+1]
                    +u_old[k][j-1][i]+u_old[k][j+1][i]
                    +u_old[k+1][j][i]+u_old[k-1][j][i]);
        }
```

前面在介绍 CUDA 编程模型时提到，CUDA 程序执行时，将线程组织成 warp 的形式，每个 warp 内线程的执行过程犹如 SIMD 的方式。当线程块内剩余线程不足一个 warp 所包含线程数量时，运行时会自动进行填充，保证一个 warp 的执行，只是填充的线程不进行有效的计算。因此，在线程块的配置过程中，线程块的大小应该为 32 的整数倍。根据我们的经验，如果程序处理的数据量没有特殊的要求，那么线程块的大小一般设置为 $128 \leqslant$ nthreads_block $\leqslant 512$。这样的设置方式主要出于以下几点考虑：第一，由于 CUDA 程序执行过程中能够同时激活的线程块是有限的，如果线程块设置比较小，那么即使同时激活的线程块达到最高上限，整个 GPU 上同时执行的线程数量也是有限的，无法充分利用 GPU 的计算资源；第二，GPU 运行过程中同时激活的线程块的数量受限于 GPU 的片上资源（寄存器和共享存储器）的需求情况，当线程块比较大时，一个线程块对片上资源的需求比较高，可能造成资源的闲置。例如，GPU 支持 1536 个线程同时执行，而线程块大小设置为 1024，能够同时执行的线程块就只有一个，而线程块大小设置为 512，可以同时执行的线程块为 3，资源的利用率增加了 50%。

4.3.2 全局带宽的利用

GPU 硬件包含成百上千的执行单元，要保证这些执行单元能够同时执行，需要对数据的组织和访问进行优化，以保证每个计算单元不会因为数据准备不充分而处于停顿状态。对于 GPU 程序，内存的带宽和延迟是两个需要重点关注的因素。我们知道，GPU 存储层次分为全局存储器、片上 Cache 和寄存器三个主要部分。从内到外，每一层的带宽逐渐降低，差不多达到一个数量级。考虑到 GPU 的计算能力可以达到 1Tflops，而全局存储器的带宽为 200GB/s 左右，要充分利用 GPU 的计算能力，程序的计算访存比应该达到 5 左右。然而，对于大多数科学与工程应用，其计算访存比很难达到这一指标。例如，对于双精度浮点计算应用，如果计算访存比要达到 5，则每一次访存需要 40 次的浮点操作。

在 CUDA 编程模型中，相邻的线程可以使用合并访问机制，实现全局带宽利用的最大化。存储器合并保证内存融合，比如全局存储器在计算能力为 1.x 上是按照 half-wrap 进行访问读写的，而在 2.x 上是按照 wrap 进行访问读写的。在显存中，有多个存储器控制器，负责对显存的读写，因此，一定要注意存储器控制器的负载均衡问题。每一个存储器控制器所控制的那片显存中的地址空间称为一个分区。连续的 256B 数据位于同一个分区，相邻的另一组 256B 数据位于另一个分区。访问全局存储器就是要让所有的分区同时工作。合并访问就是要求同一 half-wrap 中的线程按照一定字节长度访问对齐的段。在 1.0 和 1.1 上，half-wrap 中的第 k 个线程必须访问段里的第 k

个字，并且 half-wrap 访问的首地址必须是字长的 16 倍，这是因为 1.0 和 1.1 按照 half-wrap 访问全局存储器，如果访问的是 32bit 字，如一个 float，那么 half-wrap 总共访问就需要 16 个 float 长，因此，每个 half-wrap 的访问首地址必须是字长的 16 倍。1.0 和 1.x 只支持对 32bit、64bit 和 128bit 的合并访问，如果不能合并访问，就会串行 16 次。1.2 和 1.3 改进了 1.0 和 1.1 的访问要求，引进了段长的概念，与 1.0 和 1.1 上的端对齐长度概念不同，支持 8bit-段长 32B、16bit-段长 64B、32bit-64bit-128bit-段长 128B 的合并访问。对 1.2 和 1.3 而言，只要 half-wrap 访问的数据在同一段中，就是合并访问，不再像 1.0 和 1.1 那样，非要按照顺序一次访问才算合并访问。如果访问的数据首地址没有按照段长对齐，那么 half-wrap 的数据访问会分两次进行，多访问的数据会被丢弃掉。所以，下面的情况就很容易理解：对于 1.0 和 1.1，如果线程的 id 与访问的数据地址不是顺序对应的，而是存在交叉访问，即没有与段对齐，那么会 16 次串行访问；而对 1.2 和 1.3 来讲，会判断 half-wrap 所访问的数据是不是在同一个 128B 的段上，如果是，则一次访问即可，否则，如果 half-wrap 访问地址连续，但横跨两个 128B，则会产生两次传输，一个 64B，一个 32B。当然，有时还要考虑 wrap 的 ID 的奇偶性。1.2 和 1.3 放宽了对合并访问的条件，最坏的情况下的带宽是最好的情况下的带宽的 1/2，然而，如果 half-wrap 中的连续线程访问的显存地址相互间有一定的间隔，则性能会非常差。例如，half-wrap 按列访问矩阵元素，如果线程的 id 访问 2×id 的地址空间数据，那么半个 wrap 访问的数据刚好是 128B，一次访问就可以获取所需数据，但是，有一半数据会丢失，造成带宽的浪费。如果不是 2 倍，而是 3 倍、4 倍，那么有效带宽继续下降。在程序优化时，可以使用共享存储器来避免间隔访问显存。

4.3.3　SM 片上资源优化

GPU 的片上存储资源比全局存储器的访问带宽更高，达到了 1TB/s 的量级，要想在 GPU 上获得很好的性能，一个很重要的因素是充分利用 GPU 的片上存储资源，主要包括共享存储器和 L1 Cache。共享存储器是软件可管理的片上 Cache，程序员可以借助其显式开发数据局域性，而 L1 Cache 和普通 CPU 中的 L1 Cache 类似，是硬件管理的，通过隐式的方式开发数据局域性。

共享存储器的使用原则。共享存储器是每个 SM 上的片上可管理存储空间，隶属于某一个特定的线程块。从硬件的角度来看，共享存储器分为多个 bank，bank 的数量与对应 GPU 的计算能力相关，例如，计算能力为 1.x 的 GPU 设备，共享存储器的 bank 数量为 16，而计算能力为 2.x 或者更高级别的 GPU，其共享存储器的 bank 数量为 32。在对共享存储器进行访问时，首先要保证的是尽可能不发生 bank 冲突，即一个 warp 中的多个线程通过同一个 bank 接口访问共享存储器。

为了获得较高的带宽，共享存储器的访问接口分为多个 bank，这些 bank 可以同时访问。在 CUDA 程序中，如果线程对连续 n 个地址的读和写操作落到 n 个共享存储器 bank 中，那么对这 n 个地址的访问可以同时执行，获得的带宽是每个 bank 所能提

供的带宽的 n 倍。如图 4.5 所示，多个线程通过不同的 bank 访问共享存储器，一次访问开销即可获得多个数据。而图 4.6 给出了多个线程同时访问一个 bank 的情况，左图为 2 路访存冲突，右图为 8 路访存冲突，访问请求需要顺序处理，效率低下。需要指出的是，共享存储器支持广播机制，即所有的线程访问同一个 bank 对应的接口时，不会产生冲突，一次访存请求即可将数据分发给所有的线程。

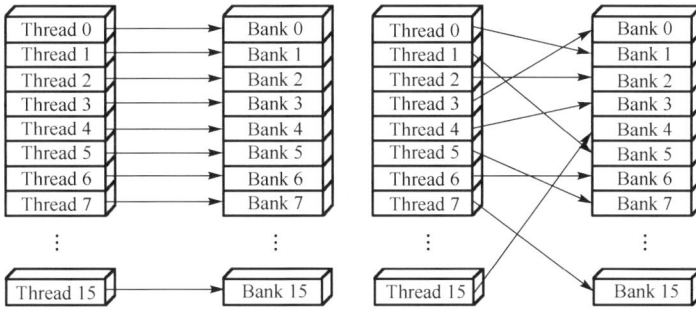

图 4.5　无 bank 冲突共享存储器访问

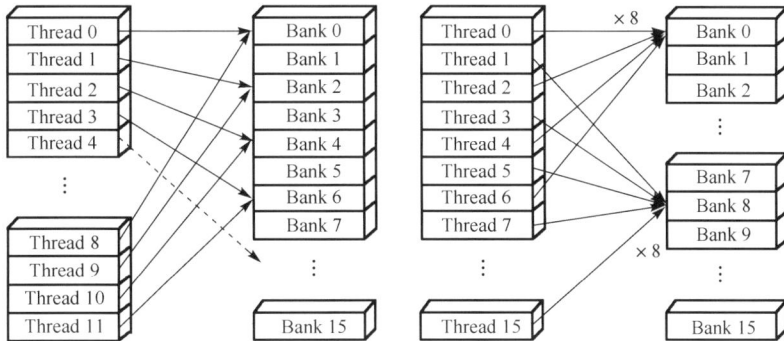

图 4.6　有 bank 冲突情况下的共享存储器访问

共享存储器的另一功能是提供线程块内的线程之间共享数据的机制。例如，当一个线程块的数据进行求和、规约等操作时，需要共享存储器来辅助完成。除了共享存储器，L1 Cache 同样可以提供 SM 内线程之间数据的隐式共享机制，当线程块同时需要的数据量不大且对每个数据的访问次数比较少时，L1 Cache 往往会获得比共享存储器更好的效果，因为基于 L1 Cache 的访问不需要显式的同步开销。

4.4　单节点多 GPU 编程

多 GPU 编程主要分为单节点多 GPU 和多节点多 GPU 两种情况。多节点多 GPU 通常在节点内采用 CUDA 编程，节点之间采用 MPI 通信。单节点多 GPU 的编程模式则相对丰富，既可以主机进行 GPU 之间的数据通信，又可以直接使用 CUDA 提供的特定通信接口，实现 GPU 之间的直接通信。本节主要讨论单节点多 GPU 的编程问题。目前，通用服务器基本上都有多个 PCI-E 插槽，单节点内配置多块 GPU 的场景十分常见。通常而言，有以下几种情况会使用多 GPU。第一，单块 GPU 的加速效果无法满足需求，通过多 GPU 模式使程序获得进一步加速；第二，单 GPU 的内存容量无法满足应用的需求，通过多 GPU 的方式扩展整个解决方法中设备端的存储空间；第三，为了获得更加高效的能效性能，通过多 GPU 的方式均摊 CPU 服务器端的开销，同时避免了单节点单 GPU 带来的性价比不高的问题。

单节点多 GPU 编程主要分为单线程多 GPU 编程和多线程多 GPU 编程两种模式。顾名思义，单线程多 GPU 编程是指主机只派生一个线程控制所有的 GPU 进行计算，而多线程多 GPU 模式则派生多个线程分别控制不同的 GPU 进行计算。每一种模式又包含同步和异步方式。同步方式是指通过循环的方式分别安排不同的 GPU 进行计算，只有当前 GPU 计算结束之后才启动其他 GPU 计算。异步方式则可以同时启动多个 GPU 进行相应的操作。很显然，为了获得较好的性能，通常选择异步方式。因此本书主要介绍单节点多 GPU 异步编程方法。

4.4.1　单线程多 GPU 编程

在单线程多 GPU 计算模式下，通常通过循环遍历的方式对不同的 GPU 进行控制。需要注意的是，CUDA 调用只能在当前 GPU 模式下进行。所谓当前 GPU，是指主机端线程通过 cudaSetDevice(gpu_id)方式指定的编号为 gpu_id 的 GPU 设备。在改变该编号之前，所有 cuda 相关的函数调用都只能作用于该 GPU 上。代码 4.2 给出了单线程多 GPU 的示例程序。该代码段给出了使用两个 GPU 对 heat 3D stencil 计算进行求解的过程。可以看出，在每一个 for 循环内部，都有 cudaSetDevice(i)语句。该语句设置当前 GPU，在此语句之后的函数调用均作用在第 i 个 GPU 上。因为 kernel 的启动是异步的，即主机端线程启动 kernel 之后就会立刻返回，所以在第一个 for 循环内的 kernel 函数可以同时在多个 GPU 上执行。在 kernel 执行结束之后，主机端通过循环的方式将需要交互的边界数据送回 CPU 端，通过 swap 对不同的边界数据在 CPU 端进行交换，这部分由第二个 for 循环内部的语句完成。最后，主机端线程通过循环变量的方式将交换后的数据复制到 GPU 端，至此，一次完整的多 GPU stencil 计算迭代完成。在该实现方式中，由于采用的是同步复制 cudaMemcpy，第二和第三个 for 循环中的数据复制过程是以同步方式执行的，只有当一个 GPU 与 CPU 的数据交互结束之后，才会启动另一个 GPU 进行数据交互。为了进一步提高性能，我们往往使用异步复制方式，如代码 4.3 所示。为了使用异步传输的方式，需要采用 stream 的机制，为每一次 cuda 相关的操作指定一个 stream，如 halo_stream[i]。关于流的详细使用说明可以参考文献[13]。在这种实现方式下，不同的 GPU 在 PCI-E 不冲突的情况下，可以与 CPU 同时进行通信。

代码 4.2　单线程多 GPU stencil 实现代码段

```
for (int i=0; i< NUM_GPUS; i++)
{
    cudaSetDevice(i);
    heat_7pt<<<gridDim, blockDim>>>(d_Unews[i], d_Uolds[i], Nx,
    Ny, _Nz, pitch);
}
// Copy halos
for(int i=0; i< NUM_GPUS; i++)
{
    cudaSetDevice(i);
    copy_halo_to_gc<<< gridDim, blockDim>>>(d_Unews[i], boundary_D[i],
    Nx, Ny, _Nz, pitch, gc_pitch, i);
    cudaMemcpy2D(boundary_H[i], dt_size*(Nx+2), boundary_D[i],
    pitch_boundary _bytes, dt_size*(Nx+2), (Ny+2)*(_GC_DEPTH),
    cudaMemcpyDeviceToHost);
}
swap(_DOUBLE_*, boundary_H[0], boundary_H[1]);
// Exchange halos
for(int i=0; i< NUM_GPUS; i++)
{
    cudaSetDevice(i);
    cudaMemcpy2D(boundary_D[i], pitch_boundary_bytes, boundary_H[i],
    dt_size*(Nx+2), dt_size*(Nx+2), ((Ny+2)*(_GC_DEPTH)),
    cudaMemcpyHostToDevice);
    copy_gc_to_halo<<< gridDim, blockDim>>>(d_Unews[i], boundary_D[i],
    Nx, Ny, _Nz, pitch, gc_pitch, i);
}
```

代码 4.3　多 GPU 环境下异步复制方式

```
for(int i=0; i< NUM_GPUS; i++)
{
    cudaSetDevice(i);
    copy_halo_to_gc<<< gridDim, blockDim, 0, halo_stream[i]>>>
    (d_Unews[i], boundary_D[i], Nx, Ny, _Nz, pitch, gc_pitch, i);
    cudaMemcpy2DAsync(boundary_H[i], dt_size*(Nx+2), boundary_D[i],
    pitch_gc_bytes, dt_size*(Nx+2), (Ny+2)*(_GC_DEPTH),
    cudaMemcpyDeviceToHost, halo_stream[i]);
    cudaStreamSynchronize(halo_stream[i]);
}
```

4.4.2　多线程多 GPU 编程

　　在单线程模式下，需要主线程循环遍历多个 GPU，存在多 GPU 同步等待的情况。现在的 CPU 都是多核的，可以采用多线程的方式控制节点内多 GPU 的运行。对于多线程多 GPU 编程模式，可以采用 OpenMP，也可以采用 Pthread。代码 4.4 给出了代码 4.2 中单线程多 GPU 模式对应的基于 OpenMP 的多线程多 GPU 编程模式。可以看出，每一个 GPU 由一个 OpenMP 线程控制，采用这种实现方式，不同的 GPU 可以同时执行当前的 kernel。首先，不同的 OpenMP 线程启动 GPU 进行计算，计算结束之后将需要交互的数据复制到 CPU 端。为了保证将所有需要交互的数据均准备好，对节点内所有的 OpenMP 线程进行一次同步操作。然后，不同的 OpenMP 线程将交互之后的数据复制到 GPU 端。至此，一次迭代结束，开始下一次迭代计算。异步数据复制模式与代码 4.3 中代码段类似。

代码 4.4　基于 OpenMP 的多线程多 GPU 编程

```
#pragma omp parallel
{
    unsigned int cpu_thread_id=omp_get_thread_num();
    for(int iterations=0; iterations < max_iters; iterations++)
    {
        cudaSetDevice(cpu_thread_id);
        heat_7pt<<<gridDim,blockDim>>>(d_Unews[cpu_thread_id],
d_Uolds[cpu_thread_id], Nx, Ny, _Nz, pitch);
        copy_halo_to_gc<<< gridDim,blockDim>>>(d_Unews[cpu_thread_id],
boundary_D[cpu_thread_id], Nx, Ny, _Nz, pitch, gc_pitch, cpu_thread_id);
        cudaMemcpy2D(boundary_H[cpu_thread_id], dt_size*(Nx+2),
boundary_D [cpu_thread_id], pitch_boundaryc_bytes, dt_size*(Nx+2),
(Ny+2)* (_GC_DEPTH), cudaMemcpyDeviceToHost);
        // Swap halo pointers
        #pragma omp barrier
        {
            #pragma omp single
            swap(_DOUBLE_*, boundary_H[0], boundary_H[1]);
        }
        #pragma omp barrier
        // Exchange halos
        cudaSetDevice(cpu_thread_id);
        cudaMemcpy2D(d_Unews[cpu_thread_id], pitch_boundary_bytes,
boundary_H[cpu_thread_id],dt_size*(Nx+2),dt_size*(Nx+2),((Ny+2)*(_GC_DEPTH)),
cudaMemcpyHostToDevice);
        copy_gc_to_halo<<<gridDim,blockDim>>>(d_Unews[cpu_thread_id],
```

```
boundary_D[cpu_thread_id], Nx, Ny, _Nz, pitch, gc_pitch, cpu_thread_id);
        // Swap pointers
        cudaSetDevice(cpu_thread_id);
        cudaDeviceSynchronize();
        swap(_DOUBLE_ *,d_Unews[cpu_thread_id],d_Uolds[cpu_thread_id]);
    }
}
```

4.4.3　多 GPU P2P 直接通信模式

前面介绍的多 GPU 编程中，GPU 之间的数据交互都要通过主机端才能完成，即 GPU 先将数据复制到 CPU 端，然后 CPU 端进行相关数据交换，最后 CPU 将交换后的数据复制到 GPU。这种执行模式增加了对 CPU 端的读写操作，而且带宽利用率很低。当前，CUDA 提供单节点环境下多 GPU 之间直接进行数据交换的功能，即 Direct P2P 数据传输模式，该模式使用 cudaMemcpyPeer() 完成，这种模式减少了数据通过 CPU 中转的开销，大大提高了数据传输的效率。图 4.7 给出了基于 P2P Direct 的多 GPU 之间数据传输的过程。基于 P2P 传输的数据交互模式，涉及数据交互的 GPU 之间可以直接通过 PCI-E 总线进行数据传输，一个 GPU 可以直接访问在另一个 GPU 上申明的存储空间，也可以使用类似 cudaMemcpy() 的模式将一个 GPU 上的数据复制到另一个 GPU 上。代码 4.5 给出了基于 P2P 直接数据交互的多 GPU stencil 计算的实现方式。需要注意的是，代码 4.5 给出的 P2P 数据交互方式是同步交互的。如果要采用异步的方式，则需要使用带 Async 的 CUDA API，如 cudaMemcpyPeerAsync()。

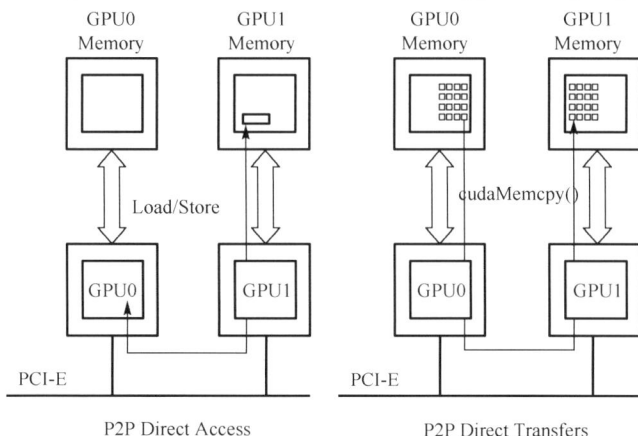

图 4.7　基于 P2P Direct 模式的多 GPU 数据传输方式

代码 4.5　基于 P2P 直接数据交互的多 GPU stencil 计算

```
for(int iterations=0; iterations<max_iters; iterations++)
{
```

```
        // 计算内部区域
        for(int i=0; i<NUM_GPUS; i++)
        {
                cudaSetDevice(i);
                heat_7pt<<<gridDim,blockDim>>>(d_Unews[cpu_thread_id],
d_Uolds[cpu_thread_id], Nx, Ny, _Nz, pitch);
        }
        // P2P 数据复制和边界交换
        for(int i=0; i<NUM_GPUS-1; i++)
        {
                cudaSetDevice(i);
                copy_halo_to_gc<<< gridDim,blockDim >>>(d_Unews[i],
boundary_D[i], Nx, Ny, _Nz, pitch, gc_pitch, i);

                cudaSetDevice(i+1);
                cudaMemcpyPeer(boundary_D[i+1], i+1, boundary_D[i], i,
gc_pitch*dt_size*(Nx+2));
                copy_gc_to_halo<<< gridDim,blockDim >>>( boundary_D[i+1],
boundary_D[i+1], Nx, Ny, _Nz, pitch, gc_pitch, i+1);
                copy_halo_to_gc<<< gridDim,blockDim >>>(d_Unews[i+1],
boundary_D[i+1], Nx, Ny, _Nz, pitch, gc_pitch, i+1);

                cudaSetDevice(i);
                cudaMemcpyPeer(boundary_D[i], i, boundary_D[i+1], i+1,
gc_pitch*dt_size*(Nx+2));
                copy_gc_to_halo<<< gridDim,blockDim >>>(d_Unews[i],
boundary_D[i], Nx, Ny, _Nz, pitch, gc_pitch, i);
        }
        // Swap pointers
        for(int i=0; i<NUM_GPUS; i++)
        {
                cudaSetDevice(i);
                cudaDeviceSynchronize();
                swap(_DOUBLE_*, d_Unews[i], d_Uolds[i]);
        }
    }
```

通过上面的分析可知，在单节点多 GPU 计算环境下，要获得较好的性能，需要使用异步执行模式，同时要使用基于 P2P 直接交互的数据传输模式。基本的编程模式如代码 4.6 所示[14]。首先，启动 kernel 对边界数据进行计算（这部分数据涉及不同 GPU 之间的交互，因此优先计算），然后启动 kernel 对内部数据进行计算。由于不同的 kernel 启动过程绑定不同的 stream，所以可以同时执行，并且立刻返回到 CPU 端。当边界数据执行完之后，启动异步 P2P 数据交互模块，通过 PCI-E 直接进行 GPU 之间的数据交互，这部分数据交互过程可与 GPU 端内部数据的计算过程重叠，达到通信与计算重叠的效果。最后是设备同步，然后进行下一次迭代的处理。

代码4.6　多 GPU 编程典型程序设计模式

```
for(int istep=0; istep<nsteps; istep++)
{
    for(int i=0; i<num_gpus; i++)
    {
        cudaSetDevice(gpu[i]);
        kernel<<<..., stream_halo[i]>>>(...); //计算边界区域数据
        kernel<<<..., stream_halo[i]>>>(...);
        cudaStreamQuery(stream_halo[i]);
        kernel<<<..., stream_internal[i]>>>(...); //计算内部数据
    }

    for(int i=0; i<num_gpus-1; i++)
        cudaMemcpyPeerAsync(..., stream_halo[i]); //P2P异步数据交互
    for(int i=0; i<num_gpus; i++)
        cudaStreamSynchronize(stream_halo[i]);
    for(int i=1; i<num_gpus; i++)
        cudaMemcpyPeerAsync(..., stream_halo[i]); //边界数据交互

    for(int i=0; i<num_gpus; i++)
    {
        cudaSetDevice(gpu[i]);
        cudaDeviceSynchronize(); //设备同步与指针交换，准备下一次迭代
        // swap input/output pointers
    }
}
```

4.5　大规模 CPU-GPU 异构计算

CPU-GPU 异构计算主要是指由多个 CPU-GPU 计算节点组成的计算阵列参与计算的模式。这里的 CPU-GPU 计算节点既可以是指包含一个 GPU 的计算节点，又可以是内包含多个 GPU 的计算节点。节点内单 GPU 的编程使用 CUDA 即可，而单节点内多 GPU 编程则采用 4.4 节所述的方法。当前，MPI 消息传递机制已经成为节点间通信的标准，因此大规模异构系统编程通常采用 MPI 混合其他并行编程模型的方式。

当前，基于 CPU-GPU 架构的异构系统已经在高性能科学计算领域广泛使用[15-19]。为了充分利用 CPU-GPU 的计算能力，需要分别对 CPU 和 GPU 进行编程。目前，主

流的编程方式是采用 MPI+CUDA 的混合编程模型，节点内使用 CUDA 对分配给节点的任务进行并行化，节点之间使用 MPI 进行通信。在当今 GPU 增强型计算集群中，CPU 的计算能力不容小觑。在这样的系统中，CPU 的计算能力以及相对高的利用率使得它可以获得与 GPU 相同量级的计算性能。在天河-1A 超级计算机中[20, 21]，每个节点的 CPU 数量和 GPU 数量的比为 12∶1，CPU 的双精度浮点计算性能为 140Gflops，相当于一个 M2050 GPU 峰值计算性能的 27.2%。为了充分利用 CPU 的计算能力，我们通常采用 OpenMP 编程模型使用多核 CPU 的计算能力对程序进行加速。基于 MPI+OpenMP+CUDA 的混合编程模型，基本结构如图 4.8 所示。混合编程模型的主要思想是一个层次化的并行编程过程，既要发挥 GPU 的强大计算能力，又要利用 CPU 的计算能力，同时，更重要的是实现计算与节点之间数据通信的重叠。典型过程如下。

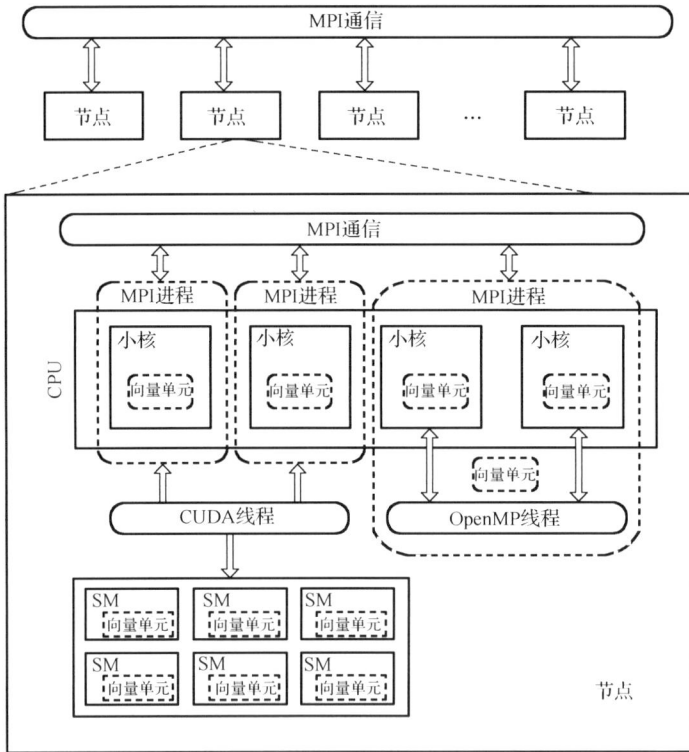

图 4.8　基于 MPI+OpenMP+CUDA 的混合编程模型

将计算任务划分为多份，通过 MPI 将相应的数据发送到对应的计算节点，并通过 MPI 实现节点之间的数据交换。

计算节点根据划分的任务进行求解，通常在节点内需要进行负载均衡，内部数据交由 GPU 进行并行处理，而节点间交互的数据则在 CPU 端通过 OpenMP 使用多核 CPU 进行并行处理。

　　CPU 端计算结束之后进行节点之间的数据交互，在 CPU 端从相邻节点得到最新的边界数据之后对 GPU 端的数据进行更新，同时 GPU 将计算好的部分结果返回给 CPU 端，以备 CPU 端对边界数据进行下一次迭代计算，整个过程中 GPU 端的计算可以和 CPU 端的计算以及节点之间的数据交互过程重叠。

　　在多节点计算环境下，除了考虑有效利用每个节点的计算资源之外，还需要对节点之间的通信进行优化。最理想的情况是使用异步通信的方式，使节点之间的数据通信与计算重叠进行。因此，需要对计算节点的任务进行划分，最理想的情况是使得 CPU 端的计算以及节点之间的通信开销能够和 GPU 端的计算完全重叠。为了达成这样的效果，需要将分配给每个节点的计算任务进一步细分，例如，CPU 端的计算应该包含节点之间需要交互的数据，并且 CPU-GPU 之间需要进行负载均衡。本书将在第 6 章以地址沉降模拟为例，给出基于 MPI+OpenMP+CUDA 的混合编程模型对 GPU 增强型计算系统进行编程以及相应优化的方法。

参 考 文 献

[1]　Gray K. Microsoft DirectX 9 Programmable Graphics Pipeline [M]. Redmond: Redmond Microsoft Pr, 2003.

[2]　Kessenich J, Baldwin D, Rost R. The OpenGL shading language [J]. Ati Research, 1996, 90 (2): 853-854.

[3]　Mark W R, Glanville R S, Akeley K, et al. Cg: A system for programming graphics hardware in a C-like language [C]. ACM Transactions on Graphics (TOG), 2003: 896-907.

[4]　NVIDIA. CUDA C Programming Guide [EB/OL]. Http://docs.Nvidia.com/cuda/cuda-c-programming-guide.

[5]　Seiler L, Carmean D, Sprangle E, et al. Larrabee: A many-core x86 architecture for visual computing [J]. ACM Transactions on Graphics (TOG), 2008, 27 (3): 18.

[6]　NVIDA.NVIDIA GeForce 8800 GPU architecture overview[R]. Technical Report, 2006.

[7]　Kanter D. NVIDIA's gt200: Inside a parallel processor [J]. Physical Implementation, 2008.

[8]　Wikipedia.Fermi(Microarchitecture)[EB/OL].https://en.wikipedia.org/wiki/Fermi_(microarchitecture).

[9]　NVIDIA. NVIDIA next generation CUDA compute architecture: Kepler GK110 [R]. Technical Report, 2012.

[10]　AMD R600 Technology. R600-family instruction set architecture[R]. Technical Report, 2007.

[11]　Branover A, Foley D, Steinman M. Amd fusion apu: Llano [J]. Micro, IEEE, 2012, 32 (2): 28-37.

[12]　NVIDIA. C Programming Guide [EB/OL]. http: //docs. nvidia. com/cuda/pdf.

[13]　NVIDA.NVML API Reference Manual (2012) [EB/OL]. http://developer.download.nvidia.com/assets/cuda/files/CUDADownloads/NVML/nvml.pdf,ver.3.295.45.

[14]　Micikevicius P. Multi-GPU programming[J]. GPU Computing Webinars, NVIDIA, 2011.

[15]　Vetter J S, Glassbrook R, Dongarra J, et al. Keeneland: Bringing heterogeneous GPU computing to the computational science community [J]. Computing in Science and Engineering, 2011, 13 (5): 90-95.

[16]　Bland A S, Kendall R A, Kothe D B, et al. Jaguar: The world's most powerful computer [J]. Memory (TB), 2009, 300 (62): 362.

[17]　Sun N H, Xing J, Huo Z G. Dawning nebulae: a PetaFLOPS supercomputer with a heterogeneous structure [J]. Journal of Computer Scienceand Technology, 2010, 26 (3): 352-362.

[18]　Fatica M. Accelerating linpack with CUDA on heterogenous clusters [C]. Proceedings of the 2nd Workshop on General Purpose Processingon Graphics Processing Units, 2009: 46-51.

[19]　Stone S S, Haldar J P, Tsao S C, et al. Accelerating advanced MRI reconstructions on GPU [J]. Journal of Parallel and Distributed Computing, 2008, 68 (10): 1307-1318.

[20]　Yang X J, Liao X K, Lu K, et al. The TianHe-1A supercomputer: Its hardware and software [J]. Journal of Computer Scienceand Technology, 2011, 26 (3): 344-351.

[21]　Yang X, Liao X, Xu W, et al. Th-1: China's first petaflop supercomputer [J]. Frontiers of Computer Science in China, 2010, 4 (4): 445-455.

第 5 章 MIC 并行计算

除了 GPU，当前最流行的众核加速器之一就是 Intel 公司推出的集成众核（Many Integrated Core，MIC）架构处理器。本章分别介绍 MIC 体系结构、编程模式、性能优化策略、节点内多 MIC 并行计算以及大规模 CPU-MIC 并行计算这五个方面。

5.1 MIC 体系结构

5.1.1 MIC 体系结构概述

MIC 是 Intel 公司推出的新型处理器体系结构，MIC 第一代子架构为 Knights Ferry，为测试平台，未上市。第二代子架构为 Knights Corner，其产品称为 Intel Xeon Phi 协处理器。Intel Xeon Phi 协处理器的单个芯片上具有 50 多个计算核，支持 200 多个硬件线程（每个计算核中具有多套硬件资源，如多个运算部件、多组寄存器，每个计算核支持 4 个线程同时执行，这里与硬件资源相匹配的线程就是硬件线程，后面简称线程），双精度浮点峰值性能超过 1Tflops。其产品如图 5.1 所示，被广泛应用于高性能计算领域，如天河 2 号[1]的每个节点就采用了这样的 3 个 MIC 协处理器[2]。

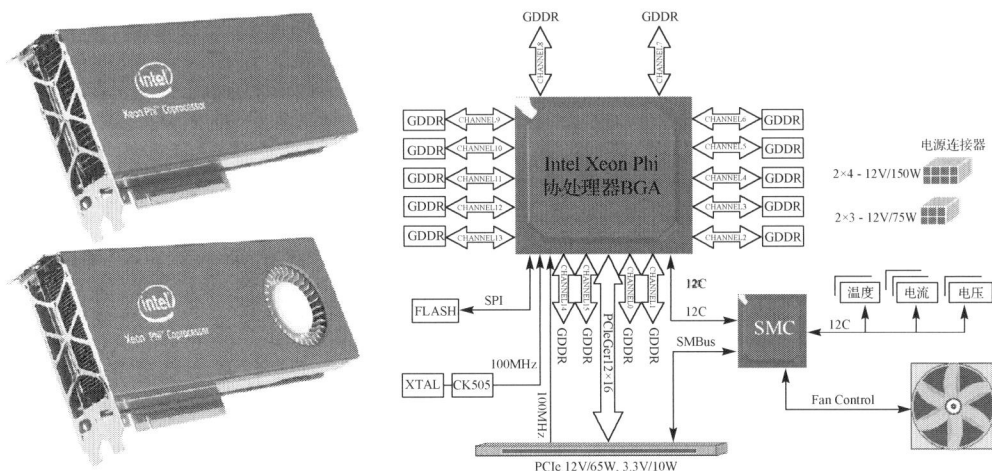

图 5.1 MIC 协处理器产品以及芯片原理图

本书以 Knights Corner 架构来介绍 MIC 加速器的体系结构[3]，如图 5.2 所示。

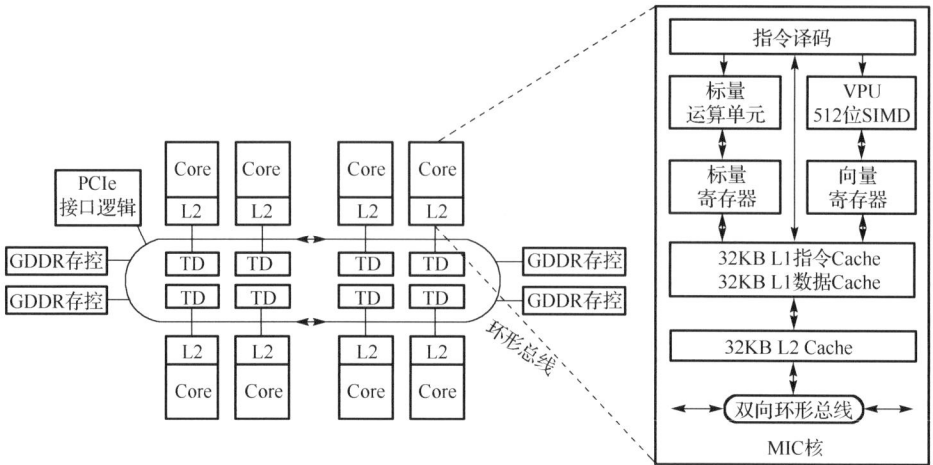

图 5.2 Knights Corner 架构的 MIC 加速器体系结构图

MIC 协处理器主要包括处理核心、高速缓存、内存控制器、PCI-E 客户端逻辑和带宽极高的双向环形互连。超过 50 个同构的 Intel 架构（IA）微处理器核，称为 MIC 核，通过双向的片上环形总线互连，支持 EM64T 扩展指令集。每个 MIC 核是一个功能齐全、彼此独立、能够按序执行 IA x86 指令的核心，支持硬件多线程，可以并发执行 4 个进程或线程的指令。每个核心配有专用的二级高速缓存，它通过全局分布的（global-distributed）标签目录保持数据的一致性。内存控制器和 PCI-E 客户端逻辑分别向协处理器上的 GDDR5 内存和 PCI-E 总线提供一种直接接口。拥有 8 个双通道的存储控制器，总共 16 个通道，每通道 32 位宽度，支持 GDDR5，高达 5.5Gbit/s 的传输速率，理论上计算核心对 GDDR5 存储的访存带宽可达 352GB/s（8×2×5.5×32/8=352）。另外通过 PCI-E 接口（x8/x16 线宽）连接到主机 CPU 或者其他 PCI-E 设备。所有这些组件都由环形互连在一起。

5.1.2 MIC 计算核

MIC 核微体系结构如图 5.3 所示。每个 MIC 核支持 4 个线程通过线程调度器以顺序轮询的方式并发执行。双指令预取和分别发射到两条执行流水线。Pipe 0 管理向量处理单元（Vector Processing Unit，VPU）以及 x86 架构的标量微处理单元，Pipe 1 只管理 x86 计算单元，x86 处理单元执行标准的 x86 指令，但不支持 SIMD 指令（如 MMX、SSE、AVX 等）[4]。向量处理单元如图 5.4 所示。其建立在 512 位寄存器组上的 SIMD 向量运算单元，拥有单/双精度浮点计算单元，以及 32 位数据混排多路复用器，每拍可执行 16 个单精度浮点或者 8 个双精度浮点运算，支持单精度浮点乘加（FMA）指令，因此每周期可执行 32 次 SP 或 16 次 DP 浮点运算。其专门面向高性能计算设计的 SIMD 指令集不支持传统的向量化架构模型，如 MMX、SSE、AVX，但与之类似。它提供整数支持，还包含扩展数学单元（EMU）用于执行单精度的超越函数，如倒数、平方根和对数，从而支持高带宽向量式执行这些运算。EMU 通过计算这些函数的多项式近似值进行运算。其每个硬件线程可拥有 32 个向量寄存器。每个 MIC 核拥有私有的 32KB 指令 Cache 和 32KB 数据 Cache，以及 512KB 的 L2 Cache，但 L2 Cache 在所有核间共享一致。通过总线接口（CRI）连接到环形总线。

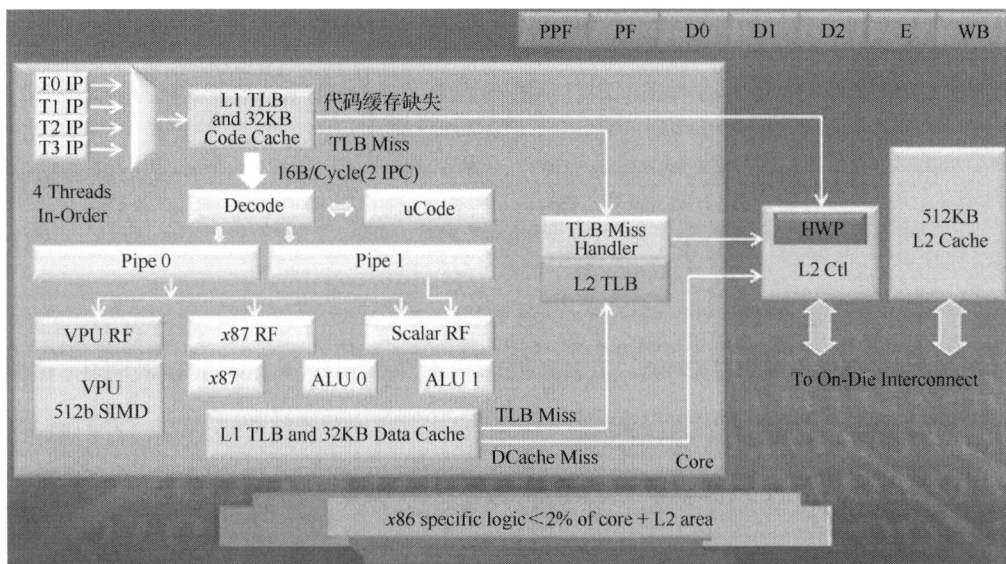

图 5.3　MIC 核微体系结构

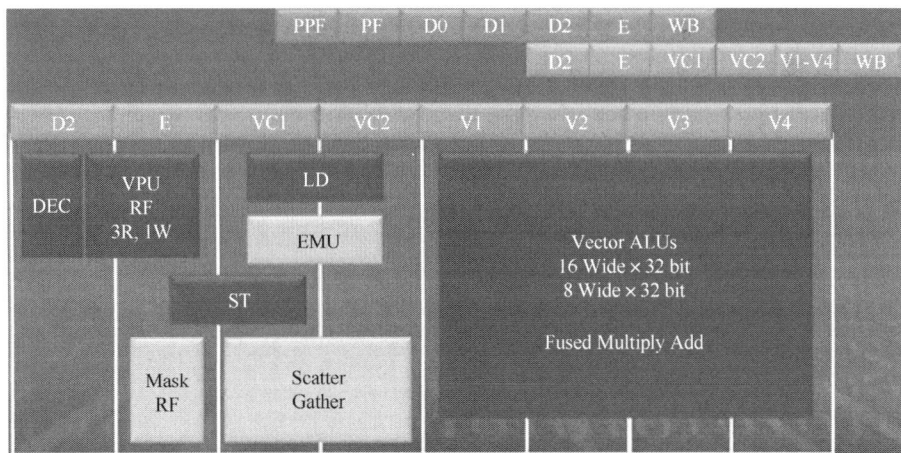

图 5.4　向量处理单元

MIC 核为硬件多线程，每个核有 4 个完全一样的硬件线程，每个硬件线程都有自己的单独一套复杂构件，如 GPR、ST0-7、分段寄存器组、CR、DR、EFLAGS 和 EIP，以及预取缓存、指令指针单元、段描述符和异常处理逻辑单元，从而减少延迟对性能的影响，并通过改进其他相应微架构等机制实现了一套轮转（round-robin）多线程机制。每个核上 4 个线程共享双指令缓冲区，每个时钟周期可以发射 2 条指令。线程块选择功能单元会在不同时钟周期查看不同线程上下文，以选择切换线程上下文，以避免连续周期发射同一线程的指令。指令译码器的延时为 2 个时钟周期，指令发射器不能在连续时钟周期内发射同一线程的指令。因此为了使 MIC 处理器发挥最大性能，通常要求每个核至少运行 2 个线程。每个时钟周期可以执行 2 条指令，分别在两条内核流水线 Pipe 0 和 Pipe 1 上执行，其中向量指令只能在 Pipe 0 上执行。64 位的按序执行流水线支持 4 个硬件上下文，在任意一个时钟周期内，每个核从单个硬件上下文发射的 2 条指令可以是 1 条向量操作指令和 1 条（特殊的）向量操作指令或者 2 条标量指令。整数、掩码指令延迟为 1 个时钟周期，向量化指令一般为 4 个时钟周期延迟，但完全流水化执行时可以达到每拍 1 条指令的吞吐量。

5.1.3　MIC 环形网络

　　每个核拥有一个内核环形总线接口，是内核与片上环形总线的链接接口。接口包含大小为 512KB 的 8 路访问的 L2 Cache；核外的事务队列，即到达该核的中断信号、数据访问请求等；数据路由逻辑单元、R 模块以及标签目录（Tag Directory，TD）组成。环形互连结构包括各组成构件的接口、环站点、环轮转控制单元、寻址单元、流量控制单元。环形总线具有 2 个环，分别对应两个方向，是一个双向结构，并且每个方向包括 3 个独立环，其中最大和最贵的首要环是数据块环。该数据块环为 64B 宽，支持大量核心对高带宽的要求。地址环要小很多，用于发送读/写命令和内存地址。最后，最小和最便宜的环是确认环，它可发送流控制和一致性消息。计算内核及其私有的 L2 Cahe 通过 CRI 链接片上环形总线，从而与片上其他功能单元实现互联。环上的端点可以是计算核心，L2 Cache 槽，GDDR 内存控制器或者 SBOX(Gen2 PCI Express) 单元，向环发出占用请求或相应环定位时，都产生一次环暂停事件。

　　当计算核访问它的二级高速缓存缺失时，地址环上的地址请求会发送至标签目录。内存地址均匀分布在环上的标签目录之间，以便在环上提供一种流畅的流量特征。如果请求的数据块位于另一个计算核的二级高速缓存中，那么转发请求会通过地址环发送至该计算核的二级高速缓存，随后在数据块环上转发该请求块。如果请求的数据并未存在于任何高速缓存中，那么从标签目录发送一内存地址到内存控制器。如图 5.5 所示，内存控制器对称地交错位于环周围。标签目录到内存控制器之间具有 all-to-all 映射模式。这些地址均匀分布在内存控制器之间，可消除热点并提供对于快速带宽响应极为重要的统一访问模式。在内存访问期间，每当核心上发生二级高速缓存缺失时，核心都会在地址环上生成一地址请求并查询标签目录。如果未在标签目录中找到数据，那么核心就会生成另一地址请求并在内存中查询所述数据。一旦内存控制器从内存中获得数据块，它就会通过数据环返回至核心。因此在这一过程中，通过相关环传送了一个数据库、两个地址请求以及两个通过协议的确认消息。由于数据块环最昂贵且旨在支持要求的数据带宽，所以我们需要将较便宜的地址与确认环的数量增加 2 倍，以满足这些环上更多请求对更高带宽的要求。

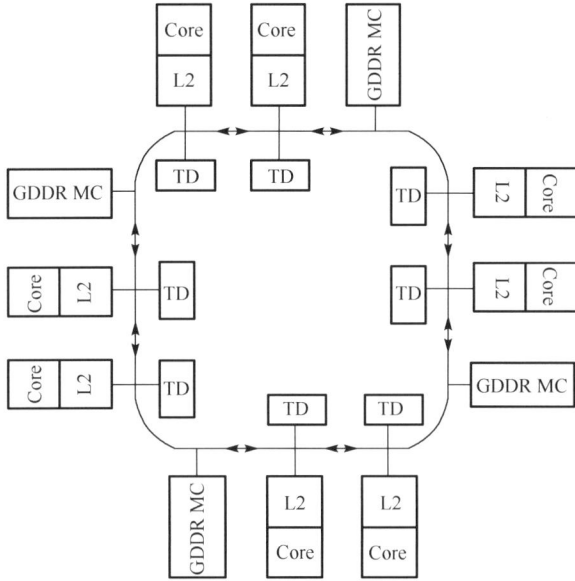

图 5.5　环形总线

5.1.4　MIC 存储层次

MIC 处理器片上存储层次由 L1 Cache、L2 Cache 以及 TD 三部分组成。其具体参数如表 5.1 所示。

表 5.1　Intel Xeon Phi 协处理器 Cache 参数

参　　数	L1	L2
大小	32KB+32KB	512KB
相联度	8 路	8 路
缓存线宽	64B	64B
bank 数目	8	8
访存延迟	1 个时钟周期	11 个时钟周期
替换算法	pseudo LRU	pseudo LRU

L1 Cache 包括 32KB 的 L1 指令 Cache 以及 32KB 的 L1 数据 Cache，8 路组相连、缓存线宽为 64B，bank 为 8B，可以乱序写回到 Cache，访问延迟 1 个时钟周期，能满足每个计算核的 4 个线程的高速访存请求。

512KB 的 L2 Cache 为每个计算核所拥有，但全局可见。其包括 8 个访问链路，每路 64B，1024 个 set，2 个 bank，32GB 可缓冲地址空间，访问延迟 11 个时钟周期，闲置访问延迟约 80 个时钟周期。L2 Cache 的流硬件预取单元能够选择性地预取代码、读 RFO Cache 块进入 L2 Cache。一共 16 个硬件预取流，能够预取 4KB 的数据页。L1/L2 Cache 的替换算法为类 LRU 算法。

　　TD 物理上分布式，负责对环上的请求进行过滤，将请求转发给目的环站点，还通过片上内存控制器初始化内核与 GDDR5 存储之间的通信。TD 为每个核的 L2 Cache 建立标识目录副本，以全局监视所有核的 L2 Cache。每次 L2 Cache 命中失败，所有计算核的 L2 Cache 都通过 TD 保持完全一致。每个 TD 标识项都包含地址、状态，对应 L2 Cache 的 ID。所有 TD 等分地址空间，即每个 TD 分配到地址空间的一个等份，负责维护与其关联的缓存线宽的完全一致性。产生缓存缺失的内核通过环形总线向相应的 TD 发生一个访存请求。

　　MIC 计算核产生 L1/L2 缓存缺失不会挂起整个内核，除非产生下载缺失。某个线程被挂起时，其他硬件线程可以不受影响继续执行。支持每核多达 38 个未完成的读/写请求以及系统模块（PCI-E 模块和 DMA 控制器模块）产生的 128 个未完成读/写请求，使得软件可以主动预取数据，从而避免数据依赖产生的挂起。L1/L2 Cache 使用 MESI 协议标准，以维护计算核间共享的 Cache 状态，并通过 TD 实现了改进的 MES 和 TD GOLS 一致性协议。每个核贡献 512KB 的 L2 Cache，片上 50+的核共同提供了高达 31MB 全局共享的二级缓存。

5.2　MIC 编程模式

　　在 MIC 平台上常用的并行编程模型包括 MPI、OpenMP，编程模式也很灵活[5]。在一个典型的带 MIC 的异构系统中，分为 host 设备和 MIC 设备两部分，设备间通过 PCIe 总线互连。典型的编程模式是以 CPU 为中心的主-从式的加速计算。编程时通用多核 CPU 负责逻辑性事务处理和串行计算，以及适量的计算任务；众核 MIC 加速器则负责执行并行化的密集计算任务，这就是所谓的 offload 模式（又称卸载模式）[6]。它包括如下 3 个步骤：①在 CPU 上运行主函数，将加速器需要的数据从 host 端存储空间通过 PCIe 总线复制到加速器端存储空间；②由 host 多核 CPU 启动 MIC 加速器执行指定的密集计算部分代码，同时多核 CPU 可以空闲等待或者执行其他计算或任务；③在加速器执行完毕后将数据结果从加速器存储空间通过 PCI-E 总线复制到 host 存储空间。

　　对于 MIC 加速器，由于内置了标量 x86 核，并且 0 号核负责运行一个板载的 Linux 微操作系统，所以除了在上述主-从模式中作为一个协处理器存在，也可以看作一个独立的计算节点，实现灵活的编程方式。当 MIC 加速器作为独立的计算节点时，还有 2 种执行模式：一种是以 MIC 为中心，即 MIC 启动主函数，所有计算在 MIC 上完成（纯 MIC 模式，又称 native 模式，原生模式）；另一种是 CPU 和 MIC 对等模式，即通过

MPI 多进程的方式启动多个进程的代码，分别在 CPU 和 MIC 执行。MIC 的 3 种执行模式如图 5.6 所示。

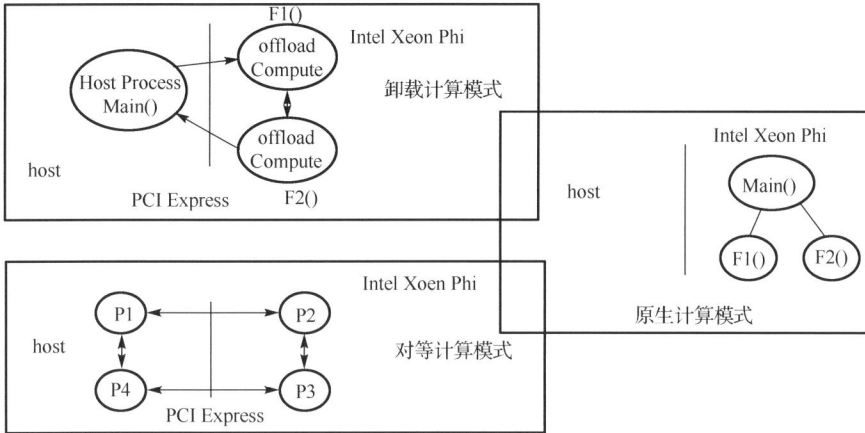

图 5.6　MIC 的 3 种执行模式（F 指函数调用，P 指进程）

5.2.1　offload 编程模式

面向 Intel MIC 加速器平台，Intel 提出了基于 OpenMP 语言进行编译制导扩展的 MIC offload 编程模型。与 CUDA 和 OpenCL 类似，需要确定欲并行的部分，将其交给 MIC 卡执行，一个 MIC offload 程序由 host 代码段和若干 MIC 代码段组成，采用主-从式的执行方式，通过 offload 编译制导进行代码段标记。通过 offload 制导语句启动一个或者多个 MIC，对 MIC 数据和指令初始化，负责 host 与 MIC 之间的数据传输，传输包括同步阻塞和异步非阻塞两种方式。由于 MIC 处理器核兼容扩展的 x86 指令集，且一个 MIC 核可以支持 4 个线程，所以 MIC 代码段的并行采用经典的 OpenMP 多线程方式来实现。因此，MIC offload 编程具有很好的可编程性和可移植性，通过修改编译命令，同一个程序可以在编译时忽略 offload 标记，生成面向通用多核 CPU 的代码；也可以编译时识别 offload 标记，生成面向通用多核 CPU+众核 MIC 的异构混合代码。而 MIC 核运算单元支持 512 位的 SIMD 向量并行。因此要想充分发挥 MIC 的计算能力，必须有效利用向量单元。其有两种方式，一种是通过编译制导标记需要向量化的数据，由编译器实现自动向量化；另一种是通过程序员调用 Intel 的 Intrinsic 指令来手工实现向量化。前者编程简单，后者复杂但更易获得高性能，对于访存比较规则以及循环中没有复杂的分支计算，由编译器自动向量化获得的性能与手动向量化的性能相差不大，甚至比手动向量化的性能还要好。offload 模式的编程相比 CUDA 和 OpenCL 对程序员隐藏了更多硬件细节，对于传统的 OpenMP 代码只需要加上少量的 offload 标记即可在 MIC 上运行，不需要重写并行代码。offload 模式用于单节点，节点内可以有一到多个 MIC 卡，不支持使用 offload 语句控制多节点。如果应用是多节点并行，则需要在外围框架采用 MPI 数据传输，使用 MPI+offload 的方式。

由于 MIC 协处理器的处理器核基于 x86 指令集，所以通用 CPU 上能够执行的并行代码，如 MPI 多进程代码和 OpenMP 多线程代码可以不加修改地运行于 MIC 协处理器之上。然而，与通用多核处理器相比，MIC 众核协处理器由于 SIMD 向量位宽拓展、片上核数增多、硬线程增加、Cache 层次和大小变化等因素，要想在 MIC 上获得较好的性能，需要针对 MIC 的体系结构特征采用相应的优化策略，具体的优化策略将在 5.3 节中详细介绍。

对基于 pragma 的编程模式[7]，CPU 主机控制代码执行的整个过程。offload 是 MIC 语言扩展中最基本的关键字，其作用标识最靠近 offload 语句下面的第一个代码段的程序代码，是要在 MIC 卡上运行的。MIC 语言扩展基于 C/C++ 以及 Fortan，本书以 C/C++ 为例介绍，其基本语法如下：

```
#pragma offload
```

通过对每个这样的代码段使用下面的编译标记，代码段就可以被 offload 到加速器上执行：

```
#pragma offload target(mic:id)
```

其中，id 是一个整数值，作为目标加速器标识，以区别于同一节点内其他加速器。因为主机和加速器并不共享存储，被 offload 标识的代码段的变量和数组也需要在目标加速器上分配空间。这些加速器数据的初值可以从存储在主机的数据复制，也可以简单地让加速器自己完成初始化，而且如果必要，加速器中数据的值可以传回主机端。以下是使用编译制导语句完成数据在主机与 MIC 间传输的例子：

```
#pragma offload target(mic:id)
in(input_msg: length(N))
out(output_msg: length(N))
```

其中，数组 input_msg（大小为 N）使用 in 来描述，即表示 offload 代码在加速器上执行前需要将其值从主机复制到加速器。类似地，数组 output_msg 使用 out 来描述，即表示 offload 代码在加速器上执行结束后需要将其值从加速器复制回主机。第 3 种可能的数据类型描述是 inout，表示一个变量或者数组既是输入又是输出。第 4 种可能的数据类型描述是 nocopy，标记只在目标加速器上使用，但不需要在主机-加速器之间传输数据的变量（假定这些变量驻留在加速器上）。

对一个需要在每次迭代时不断 offload 的代码段，为了节省对同一数据反复的存储空间分配与释放，alloc_if(arg) 和 free_if(arg) 标记可以附加使用。例如，in(a: alloc_if(1) free_if(0)) 表示输入变量 a 在 offload 代码段执行前分配存储空间，但并不在 offload 代码段执行结束后释放空间，而是驻留在加速器上，可以被以后的 offload 代码段直接使用。

联合使用 signal 子句和 offload pragma 或者另一个 pragma，称为 offload_transfer，可以实现主机-加速器之间的异步数据传输，即计算可以在传输时进行，不用阻塞等待传输结束。示例如下：

```
#pragma offload_transfer target(mic:id)
out(output_msg: length(N))
signal(output_msg)
```

注意以上编译标记并不 offload 任何计算到目标加速器，只初始化一个关于数组 output_msg 从加速器到主机的数据传输。为了完成以上的异步数据传输，作为匹配的 offload_wait pragma 要如下使用：

```
#pragma offload_wait target(mic:id)
wait(output_msg)
```

虽然异步数据传输可完成单节点内 MIC 加速器间的数据传输，但一个主要的不足是数据传输在两个加速器之间总是要通过主机中转，即需要先从源加速器存储空间复制数据到主机存储空间，然后从主机存储空间复制到目标加速器的存储空间；另一个不足是 offload 的启动开销，特别是对于需要在每次迭代时 offload 计算的代码段。

下面来看一个完整的简单例子，如代码 5.1 所示。

代码 5.1　offload 编程模式下的数组计算示例

```
//hello.c
#include<stdlib.h>
#include<stdio.h>
#define SIZE 10000
int main(int argc, char* argv[])
{
    int i;
    float a=5.0f;
    float *array=(fload*)malloc(SIZE*sizeof(float));
    #pragma offload target(mic) out(array:length(SIZE))
    #pragma omp parallel for
    for(i=0;i<SIZE;i++)
    {
        array[i]=i*a;
    }
    if(fabsf(array[3]-3*5.0f)<1e-6)
        printf("Result of MIC is correct!\n");
    else
        printf("Result of MIC is wrong!\n");
    return 0;
}
```

　　其中，首先声明了一个数组 array 用于计算，for 循环所包含的代码部分被#pragma offload target(mic)语句标识为卸载到 MIC 上来计算，并且通过 out(array:length(SIZE)) 语句指示 array 需要在计算完成后传输回 host 端。变量 *a* 作为非数组变量，可以以 inout 的方式被隐式地传输到 MIC 端。同时可以看到，通过在 for 前添加 OMP 语句#pragma omp parallel for 实现了将计算通过 OpenMP 多线程的方式并行在 MIC 的众核上执行。对于计算完成后传输回的数组 array 在 host 端进行简单的正确性验证。编译时不需要特殊编译选项即可编译出能够在 host 和 MIC 上以主-从协同方式执行的代码：

```
icc hello.c-openmp -o hello
```

　　如果想编译出只在 CPU 上运行的程序，那么需要添加编译选项：-no-offload。offload 用法如表 5.2 和表 5.3 所示。

表 5.2　#pragma offload specifier[,specifier…]，Specifier 可以替代的选项与用法

选项	用法
target	例：target(mic:0)
if	例：if(N>1000)
in	例：in(p:length(LEN)alloc_if(1))
out	例：out(p:length(LEN))
inout	例：inout(p:length(LEN)align(8))
nocopy	例：nocopy(p)
signal	例：signal(tag)
wait	例：wait(tag1,tag2)
mandatory	例：mandatory

表 5.3　其中 in/out/inout/nocopy 可用的属性和用法

属性	用法
length	例：length(LEN)
alloc_if	例：alloc_if(1)
free_if	例：free_if(N>0)
align	例：align(8)
alloc	例：alloc(p[10:100])// 不能与 inout/nocopy 一起使用
into	例：into(p[10:100])// 不能与 inout/nocopy 一起使用

5.2.2　native 编程模式

　　在 offload 模式中，系统自动在运行时将程序和数据传输到 MIC 卡上执行。由于 MIC 卡有 Linux 操作系统以及 IP 地址，所以可以手工将程序和数据传输到 MIC 卡上直接运行，无须 host 来协同，这就是 native 模式。native 又分为单 MIC 方式和多 MIC 多节点的对等模式（symmetric mode）[2]。卡上直接运行的好处是节省了传输数据的时间，适合多次处理同一块数据，另外通过结合 MPI 和 SCIF（MIC 的底层通信接口）[8]，

可以实现多设备和多节点的对等编程。卡上原生运行的方式适合程序整体算法并行，或者传输开销过大的情况，也只有这样才能充分发挥 MIC 卡多达 200 的并发硬件线程能力。

对于 MPI/OpenMP 程序，不用加任何标记和代码改动，即可编译后直接在 MIC 卡上 native 执行，这一点大大方便了传统程序的移植。编译只在 MIC 上运行，不在 CPU 端运行的程序需要加上编译选项-mmic。然后通过 scp 命令将编译后的程序和数据传输到 MIC 卡上。在多 MIC 或多节点对等模式时，需要通过 MPI 来并行启动多份代码执行，这时候除了编译 MIC 端代码，还要编译一份 CPU 端代码，以保证正确运行。

通过 MPI 对等模式可以实现灵活的通信，可以实现节点内 MIC 卡与 host CPU 通信、节点内多 MIC 卡之间通信、节点间 MIC 卡/host CPU 之间通信。

5.2.3　底层编程接口

为了在 offlaod 编程时实现直接的加速器-加速器数据传输，同时避免重复的 offload 启动开销，可以使用 Intel MPSS 软件栈提供的 2 种底层的 API：协处理器卸载设施（Coprocessor Offload Infrastructure，COI）[9]和对称通信接口（Symmetric Communications Interface，SCIF）[8]。本书的 COI+SCIF 模式指通过 COI 接口调用来启动 MIC 协处理器，通过 SCIF 接口调用来实现设备间的高速数据传输。其通过提供接口给程序员，可以实现对代码 offload 和数据传输更精细的控制。

COI 是 Intel 公司推出的为协处理器搭建的 MPSS 中间件服务，与 SCIF 配合使用可以支持主机端或者 MIC 端的设备调用功能。COI 可以使得主机处理器通过其接口函数调用启动协处理器，并将代码加载到协处理器上，同时也可以控制和管理相关的加载代码段以及数据参数。SCIF 提供了一个统一的、对等的底层接口，可以通过 PCI-E 总线实现协处理器之间的数据传输，为 SCIF 不同的客户端之间提供低延迟数据传输通道。SCIF 允许协处理器采用 DMA 的方式传输大数据，或者是 CPU 与协处理器之间的数据传输。总的来说，基于 pragma 制导语句的代码段是通过 CPU 的内核程序来调用的，所以这种基于 pragma 的调用需要一定的启动开销。多个协处理器加速设备已经成为一种新的发展趋势，当协处理器之间需要传输数据时，基于 pragma 的卸载模式必须由主机 CPU 控制传输的过程，这也会给协处理器之间传输的效能带来瓶颈。而基于中间层接口（COI 和 SCIF）的卸载模式与基于 pragma 的卸载模式相比，其编程更为复杂，需要用户自己去管理其注册的共享空间和传输方式，但是当存在多个协处理器需要互相通信的时候，系统级接口的卸载模式可以不需要主机控制进行数据直传，从而获得更高的带宽性能、更灵活的数据传输与计算的重叠等优势。

在 COI+SCIF 模式中，两个 COI 的关键抽象非常重要，称为 COIEngine 和 COIProcess。第 1 个抽象表示具有 COI 能力的设备，即主机或者加速器，第 2 个封装了 COI 在远程引擎（remote engine）上创造的进程。这两种抽象可一起用于 offload 计算到同一个计算节点上的多个加速器。

SCIF 是一种底层的 API，在 clients 间提供了低延迟的通信通道，可以是主机或者加速器。SCIF 的高效来自于直接在两个加速器之间（或者在主机和加速器之间）使用 PCI-E 来实现双向直接数据传输。下面是 SCIF 常用的抽象对象。

（1）节点（node）：在 SCIF 网络中的物理节点。CPU 主机和 MIC 卡都可以看作一个节点。

（2）端口（port）：节点的 SCIF 端口表示为 16 位整数，是一个在 SCIF 节点上的逻辑终端，相似于 IP 端口。

（3）端点（endpoint）：已经建立连接的端口定义为一个端点，相似于 socket。

（4）注册存储空间（registered memory）：已建立连接的端点注册的存储空间，由 SCIF 驱动管理，用于 SCIF 传输。

一个多协处理器计算节点支持 SCIF 的软件架构如图 5.7 所示。对少量的数据传输（<4KB）或者信号同步，可以在 SCIF 连接的两端分别调用 scif_send 和 scif_recv 函数来实现。SCIF 也提供了远程的直接存储访问（Remote Directmemory Access，RDMA）。首先调用 scif_register 函数在设备上注册一段本地存储空间，供其他设备远程访问；然后使用 scif_readfrom 或者 scif_writeto 函数来启动两个设备间异步数据传输、zero-copy 的数据传输（≥4KB）；最后使用 scif_fence_signal 函数来保证基于 RDMA 的异步数据传输的完成。

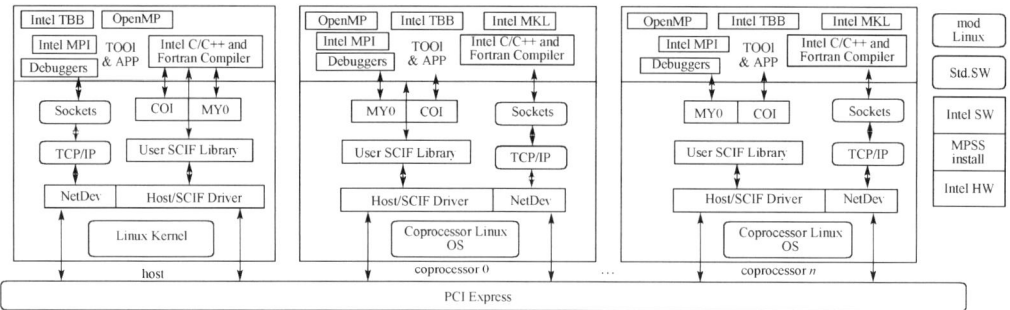

图 5.7　多加速器系统中支持 SCIF 的软件架构

然而，MIC 毕竟不是通用多核 CPU 的简单核数扩展，编程简单并不意味着获得高性能容易，要想在 MIC 上获得高性能，需要采取不同的优化策略，针对应用特点合理利用 MIC 的存储层次，充分发挥硬件多线程和宽向量单元的计算能力。对于异构系统，一个好的编程模型要具有与平台无关的特性，即相同的程序可以在不同的体系结构平台或它们的组合下高效运行。然而，异构系统中不同的处理器往往有着不同的性能优化模型，因此很难找到一种通用的策略高效地利用各种处理器。offload 模式是指从主机 CPU 的角度写一个程序，并且通过 CPU 将代码段加载到一个或多个处理器上[10]。

offload 模式最适合于那些不能高度并行，但是其中的一个代码段可以并行的程序。当我们将数据传输和计算并行的时候，可以获得很好的性能，特别是可以使多个设备的计算和数据传输时间重叠。

5.3　性能优化策略

要想在高度并行的众核 MIC 处理器上获得理想性能，最大限度发挥出其提供的计算能力，就必须在保证程序功能正确性的前提下采取各种性能优化手段对程序进行改进。程序优化是一个实验性的反复过程，需要不断地采取优化手段，对代码进行相应的修改，分析性能数据、找出性能瓶颈、测试各种程序调整的性能收益并综合权衡，以确定具体的改进措施。MIC 程序优化的方向主要包括 MIC 内核计算、访存优化，以及 CPU 与 MIC 端的通信优化三大方面。

性能优化中常见的是测试程序的执行时间。MIC 中可以通过时间函数获取内核计算时间以及数据传输时间，也可以用 VTune 等工具获取 MIC 内核中每个线程时间等。对于并行程序，重点关注计算密集的代码部分，即热点和关键路径的优化，充分考虑制约 MIC 性能的关键因素，并且考虑性能是否已经逼近硬件利用的极限。

MIC 程序的性能优化主要包括系统级和内核级：系统级优化包括节点之间、CPU 与 MIC 之间的负载均衡优化，MIC 内存空间优化，计算与 I/O 并行优化，I/O 与 I/O 并行优化，数据传输优化，网络性能优化，访存性能优化等；内核级优化包括并行度优化，计算核之间负载均衡优化，进程/线程的同步优化，线程扩展性优化，向量化优化，Cache 局域性优化，数据对齐访问优化，库函数的选择等。需要优化 MIC 上的各个方面才能达到性能的最优。

作为众核协处理器的 MIC，具有单片 50+的核，200+的硬件线程，只有程序高度并行，才能充分发挥出 MIC 的性能。并行又分为数据并行和任务并行。数据并行以数据为并行划分的单位，扩展性良好，是天然的并行方式。MIC 是共享内存并行系统众核处理器，因此，数据并行是 MIC 上并行优化的很好选择。但要注意的是，分割不均匀会导致严重的负载不均衡。任务并行是指以多任务为基础，多个任务并行操作，不同任务处理的方式可能不一样，处理的数据本身没有太多的依赖关系。因此，在 CPU 与 MIC 协同计算时，可以采用任务并行的方式，让 CPU 和 MIC 执行不同的任务，以充分发挥各自的优势。

5.3.1　并行优化

1）并行性

并行程序中并行度就是在多核/众核处理器上能同时执行的线程数/进程数。对于同一个程序，并行度设计方法的不同将会严重影响到程序的性能。MIC 上的并行度优化主要涉及并行线程/进程的数目、并行层级、并行粒度等方面。

　　MIC 卡包含众多的物理核，同时每个核上可以开启 4 个线程，因此，程序员只有设计足够多的线程/进程才可以把所有的核利用起来。例如，一块 60 个核的 MIC 卡上，我们最多可以开启 240 个线程，最佳线程数一般是每个核设置 3 个或 4 个线程。然而也不是在 MIC 卡上设置的线程数越多越好，线程数太多，线程开销比较大，需要通过多次试验调整，找到最优线程数，让设置的线程数可以保证程序并发度和 MIC 核的高利用率。

　　对于多重循环的并行化，并行程序是否选择合适的层级实现并行，是性能优化中需要关心的重要问题。根据并行程序尽可能使用粗粒度的并行原则，尽可能在最上层并行化代码。在外层上并行除了带来易编程的好处之外，还可以带来好的性能：增加粒度，减少线程调度和销毁的次数，也就是减少线程本身的开销所占的比例，尤其对于 MIC 平台要开启上百个线程，减少线程的开启对性能影响更为重要；同时隐藏了底层的线程交互，减少了不必要的同步带来的损耗。

　　当然，并不是所有的应用程序都是在外层循环并行效果最佳，外层循环的并行可能会导致线程之间访问的数据跨度比较大，可能会引起 Cache 失效，这种情况下采取内层循环的并行效果更佳，同时为了减少线程的开销，我们可以在外层 for 循环之前开启多线程，在内层 for 循环进行任务分发。在实际的应用程序中也可能出现某一层循环无法达到 MIC 的并行度要求，针对这种情况，我们可以采取多层循环合并的方式，也可以采用嵌套并行的方式满足 MIC 的并行度要求。

　　2）向量化

　　向量化是使用向量处理单元进行细粒度的 SIMD 计算的方法。Intel 的编译器支持向量化，可以把循环计算部分使用 SIMD 的扩展指令集进行向量化，从而大大提高计算速度。由于 MIC 处理器支持 512 位宽的 Knights Corner 指令，支持 16×32bit 或 8×64bit 处理模式，即向量化宽度为 8 或 16，所以必须充分进行向量化优化，以发挥处理器的有效性能。

　　MIC 实现向量化有两种方式：依靠编译器的自动向量化和人工编写 SIMD 指令。前者可以依靠插入引语（预编译指令）以及适当调整循环结构，指导编译器来自动向量化循环计算，向量化只能作用在最内层的循环，有时需要调整嵌套循环的顺序。后者需要人工编写 SIMD 类似汇编指令。

　　对于 MIC 程序，默认向量化编译选项为-vec，即默认情况下向量化是打开的，若关闭向量化，则可以在编译选项中添加-no-vec。为了向量化一个包含或可能包含依赖关系的循环，加上#pragma ivdep（ivdep，ig nore vector dependencies）。使用"#pragma vector always"编译指导语句，指定循环向量化的方式可以避免一些没有内存对齐的操作没有被向量化，甚至可以使用"#pragma simd"语句，同时在编译选项中加入-simd，强制向量化最内层循环。在 MIC 平台上，可以采用"#pragma vector aligned"进行向量化对齐，但必须保证内存分配以 64B 对齐，即以 align(64)声明变量。调整嵌套循环的顺序以及拆分循环可以实现更好的向量化。但由于向量化在最内层循环，而多线程/多进程并行化一般是在最外层循环，所以还要注意并行化和向量化的权衡。

SIMD 指令可以在程序执行中将多个操作数直接打包在向量寄存器中，并在同一时间内对打包的多个数据执行同一条指令。通过使用 MIC 的 SIMD 指令，可以细粒度地控制向量化运算。SIMD 指令与汇编指令类似，可读性较差，并且严重依赖于硬件，可移植性较差。SIMD 指令可以选择性使用，如代码量较少，计算却十分密集的地方。

3）负载均衡

负载均衡是指在并行计算中将任务平均分配到并行执行系统中的各个计算资源上，使之充分发挥计算能力，没有空闲或等待，也不存在负载过度。负载不均衡将会导致计算效率的下降以及扩展性差。针对 MIC，其核数众多，负载均衡对其性能的影响更为明显。

通常情况下，实现负载均衡有两种方案：静态负载均衡和动态负载均衡。静态负载均衡需要人工将工作区域分割成多个可并行的部分，并保证分割成的各个部分（工作量）能够均衡地分布到各个处理器上运行，也就是说工作量在多个任务之间均衡地进行分配，使并行程序的加速性能最高；动态负载均衡是在程序运行过程中进行任务的动态分配以达到负载平衡的目的。实际情况中存在每次循环的计算量均不同，且不能事先预知，此时动态负载均衡的系统总体性能比静态负载均衡要好，但代码实现上更复杂。

CPU/MIC 协同计算应用程序中包含 3 个层次的负载均衡：计算设备（CPU 或 MIC）内部各线程/进程之间的负载均衡；CPU/MIC 协同计算时，一个节点内 CPU 设备与 MIC 设备之间的负载均衡；集群计算时，节点之间的负载均衡。

设备内的负载均衡可以采用 OpenMP 中的三种负载均衡策略：①schedule(static [,chunk])，静态调度，线程每次获得 chunk 个迭代次数，并以轮询的方式进行；②schedule (dynamic [,chunk])，动态调度，动态地将迭代分配到各个线程；③schedule(guided [,chunk])，导引调度，是一种采用指导性的启发式自调度方法。开始时每个线程分配到较大的迭代块，之后分配到的迭代块会逐渐递减。迭代块的大小会按指数下降到指定的 chunk 大小。

考虑 CPU/MIC 设备间的负载均衡时，由于 CPU 与 MIC 的计算能力不等，所以 CPU 与 MIC 之间的负载均衡最好的方式是采用动态负载均衡的方法。动态负载均衡的方法是每个设备先获取一个任务进行计算，计算之后立即获取下一个任务，不需要等待其他设备，在数据划分时，可以采用学习型的数据划分方法，例如，让 CPU 和 MIC 分别进行一次迭代相同计算量的计算，然后通过各自的运行时间计算出 CPU 与 MIC 的计算能力比例，最后再对数据进行划分。

节点间的负载均衡与传统 CPU 集群上的负载均衡一致，即可以采用静态负载均衡和动态负载均衡的方法。

　　通过线程相连度（AFFINITY）设计，可以优化线程间负载均衡，使得每个线程的运行时间尽量相等。线程会根据相连性设置的不同，被分配到不同的逻辑核心上。

　　如果线程间有数据相关，当逻辑计算线程处于同一物理计算核时，线程间可以利用同一物理核心的 Cache，提高运行速度。线程相连性可以设置 scatter、compact 和 balanced（MIC 专属）3 种方式。scatter 模式将线程优先分配到负载较轻的物理核心上，这种方式可以较好地达到负载均衡，但由于相邻线程不处于同一物理核心中，所以如果相邻线程间有数据共享，则不能利用 Cache 进行加速。而在 MIC 中，虽然可以读取其他核心的 L2 Cache，但会导致可用 Cache 容量减少，而且从其他核心读取的速度也慢于从本地 Cache 中读取数据。compact 模式将线程按顺序分配至逻辑核心上，这种方式可以使相邻线程尽量处于同一物理核心当中，如果相邻线程间有数据共享，则这种方式可以尽可能地利用 Cache。如果相邻线程间计算量差距较大，则很有可能造成严重的负载不均衡。但是，如果是一种比较特殊的任务分配方式，例如，奇数线程负载较轻，偶数线程负载较重，则这种方式反而可以达到较好的负载均衡。balanced 模式是 MIC 上特有的模式，虽然与 scatter 模式类似，也是尽量将线程分配到负载较轻的物理核心，但与之不同的是，balanced 模式在兼顾均衡性的同时，也会尽量将相邻线程分配在同一物理核心中。这种方式在负载均衡和 Cache 利用上做到了一定的平衡。这三种方式都是静态划分的方式，因此需要根据程序运行的实际负载情况，有针对性地进行设置，才能达到比较好的效果。

　　4）扩展性

　　单 MIC 上一般考虑线程扩展性，是指在计算硬件资源充足的情况下，同样的程序，当线程数扩展到更多时，程序性能提高的程度。性能提高倍数的上限，是线程数增加的倍数，即线性增长。在线程数不断增多的情况下，通常受其他条件制约，很难达到理想情况，可能出现性能停止增长并下降，MIC 上优化程序应将拐点尽量延后让程序在 200 个线程以内的性能接近线性增长。偶尔也会出现超线性增长的情况，即性能增长倍数超过线程增长倍数。这种情况一般出现在算法有更改的时候，但也有可能是 Cache 引起的。

　　正如前面所述，我们的目的是希望程序能够达到，或接近线性加速比。而制约我们达成这一目的的主要有三方面因素：算法、并行度、硬件瓶颈。

　　提高线程扩展性是一门综合过程，也是 MIC 程序优化的终极目标之一。因此，对提高线程扩展性来说，应该综合利用其他章节介绍的各种方法，借以达成目的。改变算法提高线程扩展性，尽量减少线程间依赖，使用并行性尽可能高的算法，当热点被并行化以后，其运行时间缩短，热点所占比例也会缩短。虽然可能热点本身的扩展性仍然很好，但对整个程序来说，扩展性仍会变得很差。在一个节点运行一个或多个 MPI 进程，并在一个 MPI 进程内部使用 OpenMP 并行子循环，即采用 MPI+OpenMP 方式代替纯 MPI 程序以提高并行度，可以大幅提升线程扩展性。硬件瓶颈通常是指内存带宽、内存容量等瓶颈。内存容量限制导致程序无法扩展到更多核心。

5.3.2　访存优化

1）内存管理

MIC 卡上的内存空间相比主机端十分有限，且不可扩展，因此需要充分利用有限的内存空间。用尽量少的内存，完成尽量多的计算，成为 MIC 优化的重点。另外在 MIC 上，由于并发线程达到了 200 个甚至更多，所需内存空间急剧增加。因此对内存空间占用的优化成为一个不得不面对的挑战。

MIC 内存空间的优化分为内存使用容量和申请次数两个方面。内存使用容量是指程序对卡上内存空间的使用量，即占用内存的大小，通常关注的是最大情况下的大小。申请次数是指程序运行过程中，静态或动态开辟卡上内存空间的次数。优化关注使用量时，有时会与其他注重性能的优化方法产生冲突。但是，优化空间占用通常事关移植的可行性，因此通常会重视对空间占用的优化并因此牺牲一定的性能。

卡上内存占用量出现瓶颈，通常有两种情况：一是任务本身需要占用大量内存，由于 MIC 端内存容量较小，所以移植中出现困难；二是每线程占用临时空间较大，当移植到 MIC 上时，线程数较多，导致内存不足。减少内存占用的方法包括：①任务分块。如果任务本身需要占用大量内存，则通常需要将任务本身分块，一次只处理任务的一个子集。如果每个线程需要较多的临时空间，则通常可以选择降低并发度，减少线程数，自然可以降低总体内存占用。由于 MIC 卡上可以并发的线程较多，降低一定的并发度，仍然有可能保持性能在可以接受的范围内。但是任务分块会增加传输次数，并且很有可能减少并发度会降低程序的性能。但是如果不进行分块，则程序很有可能无法在 MIC 上运行，因此牺牲一定性能，使程序具有可行性，也是可以接受的。②临时空间复用。有些程序中用到的一些临时空间，是可以合并或者节省的，将不用的数组空间释放，以节省内存占用。③改变算法。通常粗粒度并行，即并行层次较高的循环，会占用相对较多的内存资源，而细粒度并行占用的内存资源较少。与任务分块法不同的是，这里需要改变并行的算法和粒度，而任务分块法通常只需要改变任务大小和传输的方式。

把开辟 MIC 空间的操作放到循环外面，减少申请次数，可以改进性能。由于 MIC 的时钟频率等，开辟空间的操作比主机端要慢。因此，如果在循环内开辟较大的内存空间，则每次开辟时都会耽误一些时间，而循环次数一多，会造成很大的性能损失。将内存空间全部移到外面一次开辟，程序运行时间会大幅缩短。在转移内存开辟的过程中，我们使用在主机端声明指针，在 offload 时使用 nocopy 开辟空间的方式，进一步节省了不必要的传输时间。当需要多次调用 offload 函数，进行一系列操作时，如果不同 offload 函数中有公用的数组，则可以使用 nocopy 等方式一次申请，多次使用。这样一方面减少了数据传输时间，另一方面也避免了多次申请空间的开销。

2）存储器访问

存储墙问题一直是计算机系统发展的瓶颈，在 MIC 平台上提高存储器访问性能主要通过两种方法。

（1）隐藏存储器访问延迟。如果出现访问存储器时发生延迟，则可以通过预先的存储器操作或者另外的计算将这些延迟和处理器的计算重叠起来，使处理器不至于因为等待存储器操作的结果而停顿。下面给出 MIC 中两种常用的隐藏访存延迟的方法：一种是同时多线程技术。就是在一个线程的指令发生访存延迟的时候，从另一个线程中选择适当的指令执行，这样不至于让处理器发生停顿。MIC 卡每个核支持最多 4 个线程，采用了硬件多线程技术，该技术就是通过多线程隐藏访存延迟。因此，在 MIC 程序设计时要尽量提高并行度，使每个核上运行 3～4 个线程比较理想。另一种是预取技术。指在处理器需要数据或者指令之前将其从存储器中取出，以备需要时使用。目前的预取技术可以分为硬件预取（扩展存储器管理子系统的体系结构）、软件预取（利用现代处理器的非阻塞预取指令）和混合预取三种。MIC 支持硬件预取，由 MIC 硬件自动完成。

（2）利用 Cache 优化。通常情况下，程序访存时具有局部性原理。MIC 包含 L1 和 L2 两级 Cache，充分利用程序的局部性原理，可以提高 Cache 命中率，也就可以提高访存效率。代码级别的 Cache 优化主要有两种方法：一种是代码变换。指针对程序指令进行的程序变换，绝大部分的编译优化技术都属于这种。通过代码变换，不仅能够改变指令之间的关系、优化指令自身的局部性、提高指令 Cache 的性能，还能够通过改变指令的执行顺序来优化程序数据的局部性、提高数据 Cache 的性能。代码变换的主要方法是循环的变换，包括循环融合、循环分割、循环分块、循环交换。通过代码变换来提高 Cache 性能的基本思想是改变指令执行的顺序，从而改变 Cache 命中率。基于循环的代码变换能否有效地提高 Cache 性能取决于循环访问数据的局部性特性。在进行代码变换的时候，不仅需要确保变换后程序的正确性，还需要确保变换前后程序可执行语义的等价性。另一种是数据变换。相对于代码变换改变程序指令的执行顺序，数据变换主要是改变程序中数据的布局，依据空间局部性原理提高数据 Cache 性能。数据变换的基本思想是：当程序访问数据时，将经常一起访问的数据组织在一起，使其在内存中的位置邻近。这样当发生 Cache 失效时，每次调入相应的 Cache 块，接着访问的数据也就由于在同一 Cache 块而被一起调入，在一定程度上减少了 Cache 失效次数。下面给出两种常见的数据变换方法：数据放置与数组重组。将经常一起访问的变量通过重新放置使其位于同一 Cache 块上，则能有效提高数据的空间局部性。在实际的数据放置实现中，需要先判断数据之间的关系来选择放置在一起的数据，常见的方法有 Clustering 和 Coloring 等，这种方法对一些基于指针的数据结构效果特别明显。对多个数组进行重组能够有效地提高 Cache 性能。将这些数组重组成以结构体为元素的数组，则循环的每次迭代用到的数据都在一个结构体中，读取这些数据时就只需访问内存中一个连续的区域，提高了数据的空间局部性，相应的 Cache 失效次数就会减少。

5.3.3　通信优化

host 与 MIC 端通过 PCI-E 总线进行数据传输，由于受限于带宽，对并行计算的性能有很大的影响。对于单机节点，频繁进行的发送/接收操作将大大降低并行程序的执行性能。对集群而言，巨大的通信开销对并行效率的影响是致命的。处理器之间的通信是并行程序执行时重要的时间开销来源。作为并行计算额外开销的主要组成部分，降低通信成本可以有效地缩短并行程序的执行时间。所以在做并行编程的时候要尽可能降低 I/O 传输操作的开销。一般对数据传输会用到的优化方法有：nocopy、offload 异步、SCIF 模型等。

通过 nocopy 技术可以有效地减少 CPU 与 MIC 之间的通信次数。offload 中的 in、out 语句默认为每次 offload 开始时申请空间，结束时释放空间。在需要迭代计算的应用程序中，nocopy 应用在多次调用 offload 语句时，重复利用相同的数据或空间。

在 MIC 的 offload 模式下可以通过异步并行实现通信时间的隐藏，包括其数据传输与计算的异步，即 MIC 卡与主机端的数据传输与 MIC 卡上计算的异步，以及计算与计算的异步，即 MIC 卡与 CPU 计算的异步。

数据传输的异步，通常用于需要多次调用 MIC 函数，且相邻调用之间没有依赖关系的情况，使得以流水线方式执行传输和计算，可以将绝大部分数据传输时间隐藏，如图 5.8 所示。数据传输优化主要使用两个 offload 语句的变种：offload_transfer 和 offload_wait。offload_transfer 的作用是传输数据，并在数据传输完成时发送信号。其参数是与传统的 offload 语句完全一致的，区别在于 offload_transfer 语句后面没有代码段，仅有 offload 一条语句。offload_wait 的作用是暂停程序的执行，直到接收到 offload_transfer 发送的信号。

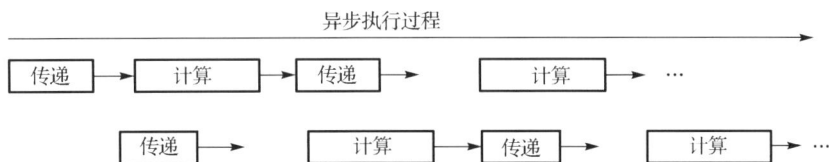

图 5.8　异步执行示意图

异步执行让 CPU 与 MIC 各分担一部分任务，以充分利用节点内的计算资源，达到加速程序运行的目的。在 offload 模式下，二者处于同一线程，启动函数是串行的，但函数的执行是并行的。异步时，调用 offload 语句后，代码段在 MIC 卡上启动以后，驱动即刻将控制权交还给 CPU 线程，CPU 线程继续下面的工作，当 MIC 函数执行完毕返回时，会给 CPU 线程发送一个信号。可以很显然地发现，异步模式下，CPU 线程和 MIC 函数在一部分时间内是并行执行的，这样自然节省了运行时间。计算异步方式用到的除了传统的 offload 语句以外，还会使用数据传输异步中介绍的 offload_wait 语句等待计算完成的信号。

另外，host 与 MIC 之间进行频繁的小数据通信时可以考虑 SCIF 这种底层数据传输方式，这种数据传输方式可以有效地提高在频繁进行小数据通信的情况下数据传输的性能。当数据量为 1K、2K、3K 时，SCIF 的性能是 offload 性能的 80 倍。

5.4 节点内多 MIC 并行计算

5.4.1 基于 stencil 计算的任务划分

stencil 计算在绝大部分的大规模科学和工程计算领域被广泛应用，如参考文献[11]～[18]。对于单节点内多协处理器间的通信，我们通过一个 7 点 3D stencil 计算[11]实例来加以说明。Stencil 计算指对于 3D 网格中的每一个点的每一次更新需要邻域点参与计算，因此一旦进行任务划分就需要通信，在科学模拟中广泛应用。

我们可以将整个 3D 计算网格划分为多个子域，并行地分配到多个 MIC 协处理器上进行计算，每个子域分配到一个协处理器。当协处理器数量不多的时候，例如，目前大多数计算机只有两个或者三个协处理器的情况，可以选择仅在一个方向划分该 3D 网格，这样传输的边界面更为简单。例如，在 y 方向划分的情况，每个分配了子任务的协处理器，最多有两个邻居子域，也就是每个时间步内，最多需要与其相邻的两个子域交换其边界面的值。另外，通常为了便于计算，我们会给每个分配的子域额外加一个面，其值与相邻子域的倒数第二层面的值相同，将这个面叫做"幽灵层"。关于一个 1D 面的分解如图 5.9 所示。深色部分就是整个网格的有效网格点，而外层浅色面就是该模型的"幽灵层"边界面。

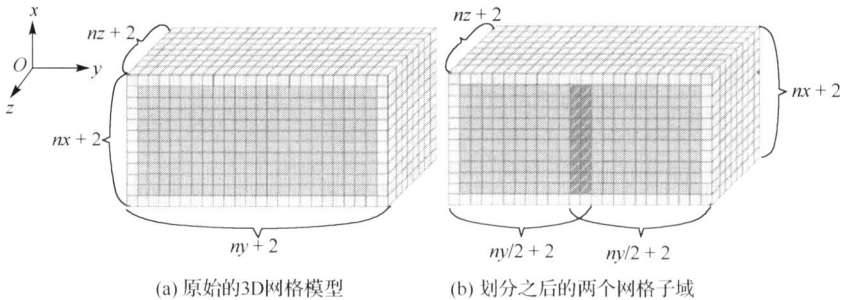

(a) 原始的3D网格模型　　　　　(b) 划分之后的两个网格子域

图 5.9　3D 网格模型在多个协处理器上的 1D 面的划分

基于图 5.9 示意的 y 方向划分方法，以 2 个协处理器为例，网格的分解导致额外的数据传输。因此，每个子网格域在单时间步内需要最少以下四个步骤，其计算流程见图 5.10。

（1）对其每个邻居，都打包一个"outgoing"缓冲（1D 数组），将其 3D 子域中的 C0 数组中相对应的邻居面（次外层的有效点）值复制到该 1D 数组缓冲中。

（2）对于每个邻居，都解包一个"incoming"缓冲（1D 数组），将其值复制到该 3D 子域中的 C0 数组中相对应的 3D 数组（最外层的幽灵点）中。

（3）计算整个子域中的所有 3D 点值，应用上述的 3D 七点 stencil 计算 C0 数组，并保存到 C1 数组中。

（4）在下一迭代开始之前，交换 C0 和 C1 数组的值。

图 5.10 3D 7 点 stencil 计算在每个协处理器上的计算流程

在图 5.10 中，compute 代表计算部分，pack_data 代表在数据传输前，需要将子任务的次外层 2D 边界面（有效面）打包成为一个 1D 数组，数据传输交换边界通过 exchange boundary 表示，这部分数据传输可以选取本章重点讨论的两种卸载模式完成，最后的 unpack_data 部分代表将传输得到的数据从 1D 数组中解包，放回到子任务的最外层 2D 边界面（"幽灵面"）的相应位置。其中，数据传输交换边界可以采用的两种卸载模式分别是基于 pragma 的卸载模式和基于系统级接口的卸载模式。它们的不同之处在于将计算任务加载到协处理器上的方式，以及协处理器之间的数据传输流。

5.4.2 基于 pragma 卸载模式的优化

协处理器之间的数据传输可能需要主机的控制，也可以选择由协处理器本身来发起异步传输，这取决于采取的卸载编程模式。接下来，本节将针对上面所介绍的现实模型，讨论基于 pragma 编译制导语句的卸载模式。

1. 基于多协处理器平台的并行

为了简化对多个协处理器之间通信问题的描述，我们将考虑当有两个协处理器的情况，就是每个协处理器只有一个邻居子域。在两个协处理器实现之初，在主机端需要分配 4 个 3D 数组 C00，C10，C01，C11，其中前两个数组需要在第 0 号协处理器上复制一份，而后两个数组的值则需要在第 1 号协处理器上复制一份。数组的命名 C00 和 C01 合起来代表的是整个全局 3D 数组 C0，而 C10 和 C11 合起来就是全局数组 C1。仅当所有的计算都结束，时间步循环迭代也结束的时候，才将 C00，C10，C01，C11 的值从协处理器上传回到主机端。卸载 pragma 制导语句实现时，主机端需要分配 4 个 1D 数组：in_buffer0，out_buffer0，in_buffer1 和 out_buffer1。前两个缓冲数组主要是为第 0 号协处理器分配的，后两个缓冲数组是为第 1 号协处理器分配的。在每个时间步循环内，需要加载到协处理器上执行的程序段如代码 5.2 所示。

代码 5.2 加载到协处理器上执行的程序段

```
#pragma omp parallel num_threads(2){
    int id=omp_get_thread_num();
```

```
    if(id==0){
        #pragma offload target(mic:0) nocopy(C00,C01)  in(in_buffer0)
out(out_buffer0)
        {
            // work offloaded to coprocessor0
            ...
        }
    }
    else if(id==1){
        #pragma offload target(mic:1) nocopy(C10,C11) in(in_buffer1)
out(out_buffer1)
        {
            // work offloaded to coprocessor1
            ...
        }
    }
} // end of OpenMP parallel region
swap_pointers(out_buffer0,in_buffer1);
swap_pointers(out_buffer1,in_buffer0);
```

需要注意的是，在上述的代码段中，4 个数组需要通过编译制导语句 alloc_if(0) 和 free_if(0)来标明。关于卸载模式加载程序的工作细节在这里的描述中将省略掉，其步骤和在前面描述的 4 个任务相同。除了需要注意变量名和其边界点的位置有不同外，对第 0 号协处理器和第 1 号协处理器的编程其实基本相同。可以看出，上面的两个代码段可以通过两个 OpenMP 线程并行地在两个协处理器上执行。所有的数据传输都需要通过主机 CPU 的控制完成。尤其需要注意，在循环迭代的最后，需要交换数据缓冲的指针，以保证协处理器之间需要数据交换的正确性。

我们注意到，虽然采用多线程可以将在两个协处理器上的计算并行执行，但是每个协处理器上的数据传输与数值计算仍是串行执行的。为了实现异步传输，即能使主从模式中数据传输部分与计算部分的执行时间重叠起来（从体系结构的角度，计算部件与 PCI-E 传输部件是互不影响的），需要注意的问题主要有两个方面：一是需要确保计算与传输并行的正确性，二是需要选择合适的编译制导语句。

2. 模型的任务分块

为了实现数据传输与计算的执行时间能够重叠，且保证计算与传输并行后结果的正确性，我们需要将计算部分分为计算内层点和计算边界点两个部分，这样才能保证在计算内层点的时候不需要用到传输边界的点，从而与边界的数据传输互不干涉。在协处理器完成对边界点打包后，CPU 端就可以采用下面的编译制导语句，在 CPU 端启动一个传输（协处理器边界点传输到主机端）后返回，并调用协处理器端的计算，如代码 5.3 所示。

代码 5.3　offload 模式下通信与计算重叠代码

```
#pragma offload_transfer target(mic:id) nocopy(C) out(msg) signal(msg)
#pragma offload target(mic:id)
{
    compute_inner();
}
#pragma wait signal(msg);
```

通过上述代码，在计算内层点结束后，主机端等待边界数据写回到内存，然后，就可以利用 unpack_data 解包写回的边界面，根据更新的边界面对边界部分进行计算，具体的时序流程如图 5.11 所示。将任务分为边界层和内部层分别计算，是保证正确实现异步传输的基础。

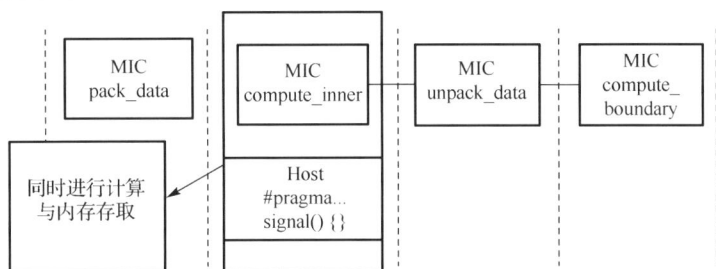

图 5.11　异步传输:数据分块与数据传输

3. 多协处理之间的异步传输

通过合适的异步传输编译制导语句，可以实现协处理器内计算与数据传输的并行。基于 pragma 的卸载模式提供了一对声明：#pragma offload_transfer signal(msg)与 #pragma wait signal(msg)，通过 signal(msg)声明的数组 msg 是一个信号，#pragma 代码段启动以后不用等待其执行完成再进行其他的计算，而是直接返回，当调用#pragma wait signal(msg)语句时，才将传输完成的 msg 数组写回，这种方式就可以使得数据 msg 的传输与#pragma 代码段的执行在时间上重叠。在编译制导语句 offload_transfer 的基础上，配合使用 signal 语句，具体的例子如下：

```
#pragma offload_transfer target(mic:id) out(output_msg:length(N))
signal(output_msg)
```

需要注意的是，上面这种编译制导语句不会将计算加载到 MIC 协处理器上，只是将需要传输的 output_msg 数组从协处理器传输到主机的过程异步化。当这种异步传输启动以后，需要在后面配合使用一个 offload_wait 的 pragma 指导语句来完成整个异步传输的过程，具体的例子如下：

```
#pragma offload_wait target(mic:id) wait(output_msg)
```

采用上述的编译制导语句模式，以两个协处理器为例，其具体的执行伪代码如图 5.12 所示。

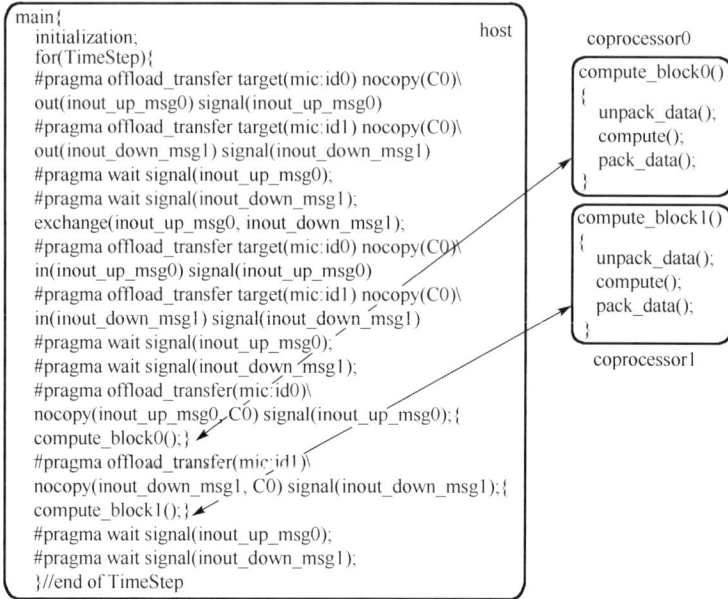

```
main{                                                    host
    initialization;
    for(TimeStep){
    #pragma offload_transfer target(mic:id0) nocopy(C0)\
    out(inout_up_msg0) signal(inout_up_msg0)
    #pragma offload_transfer target(mic:id1) nocopy(C0)\
    out(inout_down_msg1) signal(inout_down_msg1)
    #pragma wait signal(inout_up_msg0);
    #pragma wait signal(inout_down_msg1);
    exchange(inout_up_msg0, inout_down_msg1);
    #pragma offload_transfer target(mic:id0) nocopy(C0)\
    in(inout_up_msg0) signal(inout_up_msg0)
    #pragma offload_transfer target(mic:id1) nocopy(C0)\
    in(inout_down_msg1) signal(inout_down_msg1)
    #pragma wait signal(inout_up_msg0);
    #pragma wait signal(inout_down_msg1);
    #pragma offload_transfer(mic:id0)\
    nocopy(inout_up_msg0, C0) signal(inout_up_msg0);{
    compute_block0();}
    #pragma offload_transfer(mic:id1)\
    nocopy(inout_down_msg1, C0) signal(inout_down_msg1);{
    compute_block1();}
    #pragma wait signal(inout_up_msg0);
    #pragma wait signal(inout_down_msg1);
    }//end of TimeStep
```

```
coprocessor0
compute_block0()
{
    unpack_data();
    compute();
    pack_data();
}
```

```
compute_block1()
{
    unpack_data();
    compute();
    pack_data();
}
coprocessor1
```

图 5.12　多协处理器 stencil 计算与通信重叠计算的 offload 模式实现

通过上述讨论可以看出，基于 pragma 的卸载模式中，编译制导语句 offload，offload_trasnfer 和 offload_wait 的编程属于较高层次接口。对于一个有 MIC 协处理器的编译器，只需要将编译制导语句翻译成为实际的数据传输操作就可以完成整个数据传输的要求。另外需要注意的是，虽然数据传输和计算工作可以通过异步传输的方式实现，但是我们还是需要衡量是否需要采用这种隐藏数据传输的方式。因为异步传输就意味着需要将计算部分分成多个代码段，并且通过 offload 或者 offload_transfer 以及 signal 语句来实现异步传输。另外，可能还需要更多更复杂的制导语句。

总之，基于 pragma 的卸载方式也可以实现异步传输，但是一个很大的缺点就是两个 MIC 协处理器之间的传输必须经过主机 CPU 的控制。另一个缺点就是 offload 代码段存在启动开销，采用异步传输会导致在单个时间步内需要启动更多的 offload 代码段，这种由内核程序启动 offload 代码段的开销将会呈线性增长，不容忽视。

5.4.3　基于系统级接口的卸载模式

本节将探讨基于这种系统级接口同时启动多个 MIC 协处理器的并行计算。在图 5.13 中，我们可以看到，采用基于中间层次接口的实现过程中，首先由主机端通过 COI 启动三个协处理器设备，接着协处理器各自运行，并建立 SCIF 链接。在计算任务执行的同时，我们也可同时通过 SCIF 提供的传输接口进行数据传输。正是由于这种方式也是通过主机端启动设备, 我们可以将其看成卸载模式的一种。不同于 pragma 卸载模式, 这种模式需要我们独立地设计实现三个协处理器上的运行代码, 而不再是通过主机端控制代码的执行, 且数据传输可以通过 SCIF 提供的接口直接完成, 而不再需要主机端的特别控制。

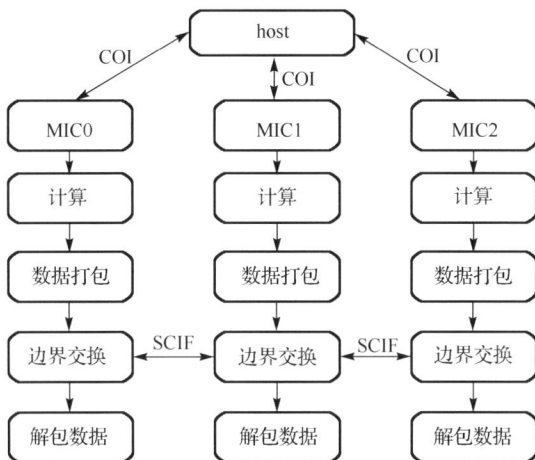

图 5.13　基于系统层次接口(COI 与 SCIF)的协同计算示意图

事实上, 这种基于系统级接口的数据传输, 除了使用 SCIF 接口函数以外, 还可以使用 COI 提供的 COIPipeline 和 COIBuffer 来实现数据传输, 如图 5.14 所示。

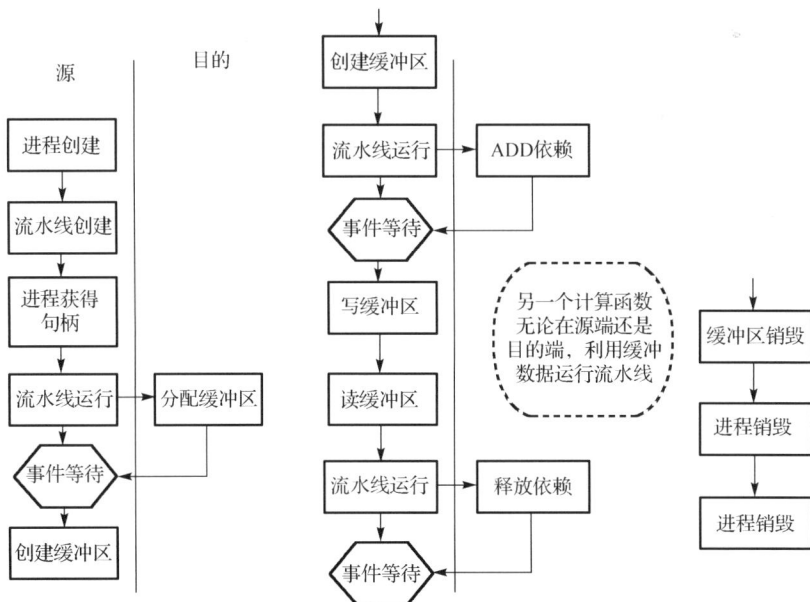

图 5.14　基于 COI 的数据传输实现

　　但是这种方式是存在主从关系的，即必须有一方作为主机方，启动函数实现数据传输。考虑到本章所基于的实验中，多个协处理器上的任务量和地位都是对等的，因此针对协处理器之间的数据传输，采取 SCIF 提供的数据传输接口更为合适。

　　1. SCIF 的双向传输模式

　　前面已经提到，SCIF 可以使协处理器之间的数据传输不再必须通过主机来控制，并且同样支持主机与协处理器，或者协处理器之间数据的双向传输。图 5.15 表示采用双向数据传输时，通过 SCIF 的 DMA 请求函数接口提供的四种不同双向传输模式。

　　（1）MIC-Host：主机 CPU 端和协处理器端分别启动一个 scif_writeto 进行数据传输。

　　（2）MIC-MIC：两个不同的协处理器同时启动一个 scif_writeto 进行双向数据传输。

　　（3）Host-initiated：在主机 CPU 和协处理器传输数据的时候，由主机端发起 scif_readfrom 和 scif_writeto 的请求。

　　（4）MIC-initiated：在两个不同的协处理器之间，由其中的一个协处理器启动所有的 scif_readfrom 和 scif_writeto 数据传输请求。

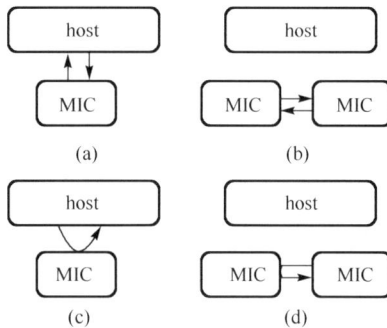

图 5.15　四种不同的双向数据传输情形

　　前面的应用实例中已经说明，由于计算任务需要根据协处理器数量在 3D 网格的 y 方向上划分为等份的任务，分别由每个协处理器计算。因此，需要使用 SCIF 双向传输中的 MIC-MIC 双向传输模式（图 5.15(b)）或者 MIC-initiated 的双向传输模式（图 5.15(d)）。两个处理器的 MIC-MIC 模式双向传输的具体数据流如图 5.16 所示。对于主机 CPU，需要传递给两个协处理器的相邻边界，通过打包其次外层边界的有效点，并分别存储在 1D 数组 mic0_ep 和 mic1_ep 中。而从两个协处理器得到的有效边界，则分别存放到 1D 数组 host0_ep 和 host1_ep 中，并解包到相应的最外边界层。两个处理邻居子域的协处理器也有一层需要交换的边界值，通过数据打包操作将其次外层的有效点分别存储在 mic0_out_ep 和 mic1_out_ep 中，分别初始化一个 scif_writeto 的 DMA 请求，从而实现双向传输。然后，再将对方写入的数组分别存储到 mic0_in_ep 和 mic1_in_ep 中，各自通过数据解包操作将接收到的有效点放到最外层对应的位置上。

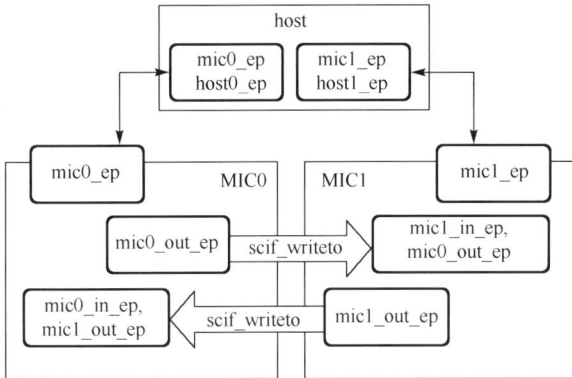

图 5.16　双向数据传输 MIC-MIC:两个协处理器情况的数据流

2. 延迟隐藏技术

将内层数据块的计算与边界数据点的传输并行执行，从而隐藏数据传输的部分开销，我们称这种技术为延迟隐藏技术。为了实现延迟隐藏，与基于 pragma 的卸载模式一样，我们也需要将计算任务分块，分别计算内层数据点和边界数据点。图 5.17 表示当存在三个协处理器时，采用数据分块的时序图。

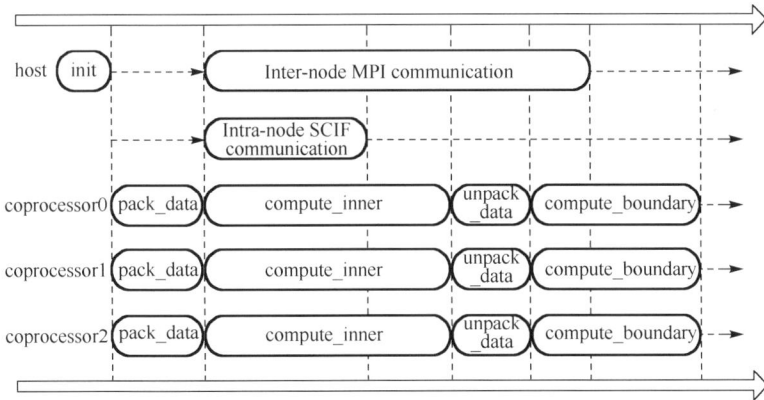

图 5.17　重叠协处理器与协处理器间数据传输和计算

基于上述采用 COI 与 SCIF 的实现与优化策略，图 5.18 展示了基于 OpenMP 多线程，并行启动两个协处理进行运算，且实现传输隐藏的具体执行过程。图 5.19 表示三个协处理器在这种双向传输模式中的执行流程。可以看到，采用 SCIF 的方式注册一片固定物理地址的空间，就可以直接根据其地址实现通信，而不用额外考虑该存储空间实际是在协处理器上还是主机端，这种方式可以很好地简化数据传输的存储管理。

```
main{
  COIEngineGetHandle(COI_ISA_KNC,0,&coprocessor0);
  COIProcessCreateFromFile(coprocessor0,…,…,…,&proc0);
  SCIF initialization for coprocessor0(dst0);
  COIEngineGetHandle(COI_ISA_KNC,1,&coprocessor1);
  COIProcessCreateFromFile(coprocessor1,…,…,…,&proc1);
  SCIF initialization for coprocessor1(dst1);
  for(Timestep){
    …
  }//end of TimeStep
}//end of main                                    host
```

```
main{
  source = scif_open();
  scif_bind(source, portNum)
  scif_listen(source,5);
  scif_accept(source,&dstID,&mic1,SCIF_ACCEPT_SYNC)
  scif_register(source,mic0_out_ep,size,address0);
  scif_register(source,mic0_in_ep,size,address1);
  for(TimeStep){
    pack_data();
    scif_send/recv();//for barrier thedata transfer to MIC1;
    scif_writeto();
    compute_inner();      SCIF connection
    fence_signal(source,…);
    unpack_data();
    compute_boundary();
  }//end of TimeStep
}//end of main                              coprosessor0
```

```
main{
  source = scif_open();
  scif_connent(source,&dstID);//dstID.port = portNum
  scif_register(source,mic1_out_ep,size,address1);
  scif_register(source,mic1_in_ep,size,address0);
  for(TimeStep){
    pack_data();
    scif_send/recv();//for barrier thedata transfer to MIC0;
    scif_writeto();
    compute_inner();
    fence_signal(source,…);
    unpack_data();
    compute_boundary();
  }//end of TimeStep
}//end of main                            coprosessor1
```

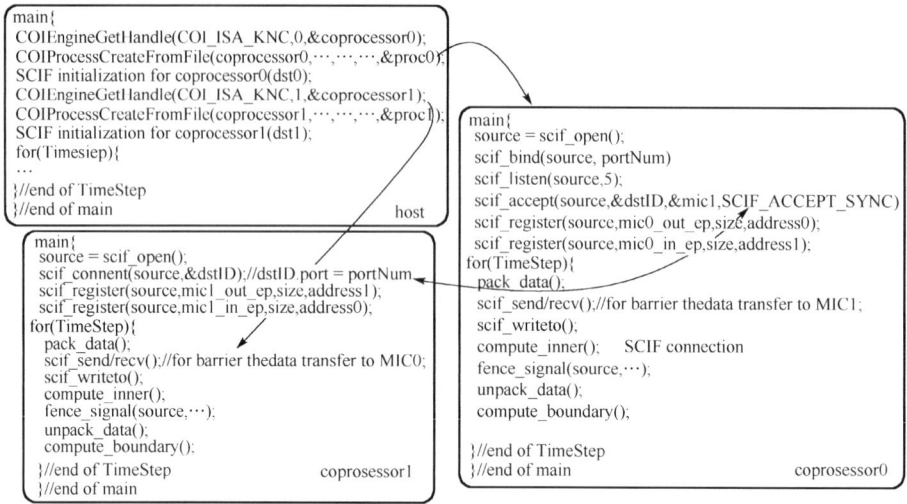

图 5.18　基于系统中间层接口(COI+SCIF)的伪代码示意图

```
main{
  COIEngineGetHandle(COI_ISA_KNC,0,&coprocessor0);
  COIProcessCreateFromFile(coprocessor0,…,…,…,&proc0);
  COIEngineGetHandle(COI_ISA_KNC,1,&coprocessor1);
  COIProcessCreateFromFile(coprocessor1,…,…,…,&proc1);
  COIEngineGetHandle(COI_ISA_KNC,2,&coprocessor2);
  COIProcessCreateFromFile(coprocessor2,…,…,…,&proc2);
  for(TimeStep){
    …
  }//end of TimeStep
}//end of main                                    host
```

```
main{
  source = scif_open();
  scif_bind(source, portNum0);
  scif_listen(source,5);
  scif_accept(source,&dstID,&mic1,SCIF_ACCEPT_SYNC)
  scif_register(source,mic0_out_ep,size,address0);
  scif_register(source,mic0_in_ep,size,address1);
  for(TimeStep){
    pack_data();
    scif_send/recv();//for barrier thedata transfer to host;
    scif_writeto();
    compute_inner();
    fence_signal(source,…);
    unpack_data();
    compute_boundary();
  }//end of TimeStep
}//end of main                              coprosessor0
```

```
main{
  source0 = scif_open();
  scif_connent(source0,&dstID0);//dstID0.port = portNum0
  scif_register(source0,mic01_out_ep,size,address1);
  scif_register(source0,mic01_in_ep,size,address0);
  source2 = scif_open();
  scif_connent(source2,&dstID2);//dstID2.port = portNum2
  scif_register(source2,mic21_out_ep,size,address3);
  scif_register(source2,mic21_in_ep,size,address2);
  for(TimeStep){
#pragma imp parallel num_threads(threads_num){
    if(thread0){
      pack_data(),
      scit_send/recv();//for barrier the data transfer to MIC0
      scif_writeto();
    }
    if(thread1){
      pack_data();
      scit_send/recv();//for barrier the data transfer to MIC2
      scif_writeto();
    }
    comput_inner();
    fence_signal(source0,…);
    fence_signal(source0,…);
    unpack_data();
    compute_boundary();
  }//end of TimeStep
}//end of main                            coprosessor1
```

```
main{
  source = scif_open();
  scif_bind(source, portNum2);
  scif_listen(source,5);
  scif_accept(source,&dstID,&mic1,SCIF_ACCEPT_SYNC)
  scif_register(source,mic2_out_ep,size,address2);
  scif_register(source,mic2_in_ep,size,address2);
  for(TimeStep){
    pack_data();
    scif_send/recv();//for barrier the data transfer to host;
    scif_writeto();
    compute_inner();
    fence_signal(source,…);
    unpack_data();
    compute_boundary();
  }//end of TimeStep
}//end of main                              coprosessor2
```

图 5.19　三个协处理器采用 COI+SCIF 模式计算示意图

5.4.4　基于 MPI-OpenMP 的对称模式

在对等模式中，协处理器被看成一个单独的小型超级计算机。例如，MPI 通信进程可以在多个协处理器上同步启动，甚至也可以在 CPU 上同时启动。这种基于 MPI 通信的对等模式最为简单，具有很高的代码可移植性。然而，该方法的主要缺点在于大量的 MPI 通信进程大大增加了程序运行的存储和通信时间开销。而一种优化的方法是只使用一个 MPI 进程负责 MIC 处理器与其他 MIC 处理器或 CPU 处理器的通信，而在 MIC 处理器内部采用 OpenMP 进行通信。

严格来说，对称模式是 MIC 协处理器和主机 CPU 端的协同运行，实现对等。这里，我们将对称的概念更加宽松化，仅意味着多个同样的协处理器之间的对等。在这样的运行中不包括 CPU 的运算，已有的 MPI 代码可以高效稳定地运行于多个 MIC 之上，避免了复杂的负载均衡问题。若处理器之间和内部的通信都由 MPI 进程负责，则在单个节点内进程的数目过大，会造成过大的通信开销。因此，通过采用 MPI 和 OpenMP 的混合编程模式，在单个计算节点内，协处理器之间的通信由 MPI 进程负责，而协处理器内部的并行特性开发由 OpenMP 负责。基于 MPI-OpenMP 的实现方式与传统的 CPU 同构集群上的实现方式十分类似。为了降低过多的 MPI 进程所引发的通信开销，协处理器上的并行仍然考虑通过 OpenMP 多线程进行，协处理器之间的通信由 MPI 非阻塞机制完成。在本书所研究的对等模式下，CPU 不参与计算与通信，单节点内每个 MIC 协处理器都被看成一台计算节点，多个协处理器就组成了一个小型的同构集群。每个 MIC 各自运行同一段代码，通过 OpenMP 开发协处理器内部的并行性，通过 MPI 进行协处理器之间的通信。需要注意的是，如果有需要，则主机端也可以看成是与各个协处理器对等的节点，通过在主机端运行同样的 MPI-OpenMP 版本程序参与协同计算。MPI-OpenMP 编程模型图如图 5.20 所示。通过 MPI 非阻塞传输，在该种模式的实现下能够支持协处理器之间数据的直接传输，同时计算与通信也能够实现一定程度的重叠。

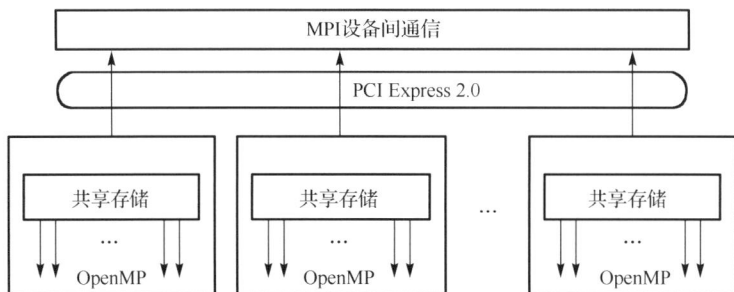

图 5.20　MPI 与 OpenMP 混合编程

MPI-OpenMP 对等模式的编程方式较为简单，一般同构集群的并行代码不需要很多的修改，就能够直接在多个协处理器上，甚至多个协处理器和主机端 CPU 协同运行计算。但是，程序的编译和运行与同构集群有一定的差别，需要进行正确的环境配置。

除此之外，协处理器端的运行代码需经由特定编译选项在主机端编译后生成可执行程序，然后把能够在 MIC 上运行的可执行程序从主机端复制到协处理器上，以支持本地运行。当主机端也参与计算时，主机端运行的程序与协处理器端运行的程序也需要分别编译，生成能够针对特定设备运行的可执行文件。最后，通过"mpirun"等执行命令，共同启动各个设备的协同运行。

5.4.5 不同卸载模式的比较

前面讨论了两种不同的卸载模式和一种对称模式，本节主要讨论总结两种不同的卸载编程模式在代码的结构上、数据流上的区别。

1. 协处理器之间的数据传输流不同

基于 pragma 的卸载模式，协处理器之间的数据传输需要通过与主机端控制进行传输和数据交换实现，而采用系统级接口 COI+SCIF 的方式，两个协处理器之间可以直接通过 SCIF 提供的对等接口函数来传递数据，不需要主机的额外控制开销。图 5.21 更为清晰地展现了两种不同的卸载模式在数据流传输的差异。图 5.21(a) 是采用基于 pragma 的卸载模式，协处理器之间不能直接传输，需要由主机端控制数据传输；图 5.21(b) 是采用 COI+SCIF 的方式，协处理器之间可以对等的直接传输数据，减少了主机端的控制开销。

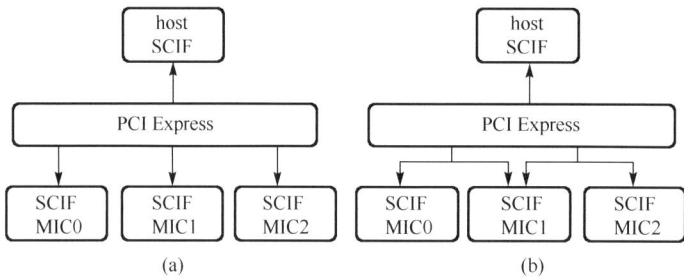

图 5.21   两种卸载模式的传输数据流比较

2. 执行模式不同

从执行模式上看，采用 COI+SCIF 的模式，需要更为复杂的计算任务设计，将每个协处理器都看成一个独立的执行设备。图 5.22 展示了这两种不同的卸载模式在执行模式上的差异。基于 pragma 的卸载模式，主要是通过编译制导语句来标明需要加载到协处理器上执行的代码，对存储空间的分配与释放不够灵活。而对于采用系统级接口的模式，需要在协处理器端执行独立的代码，且对存储缓冲的管理更为细粒度。

通过这些方面的比较，除了在编写协处理器子程序上需要额外注意外，采用 COI+SCIF 方法有几个明显的优点。首先，重复的 offload 代码段启动开销被避免了，采用 COI 和 SCIF 的接口可以将初始化加载程序更为有效。其次，采用 COI 和 SCIF

接口可以实现协处理器之间的双向异步传输,这种传输方式可以获得比主机更高的数据传输带宽和性能。最后,采用 COI 和 SCIF 的方式可以实现不需要主机控制的协处理器之间数据直接传输,这点在基于 pragma 的卸载模式中是无法实现的。

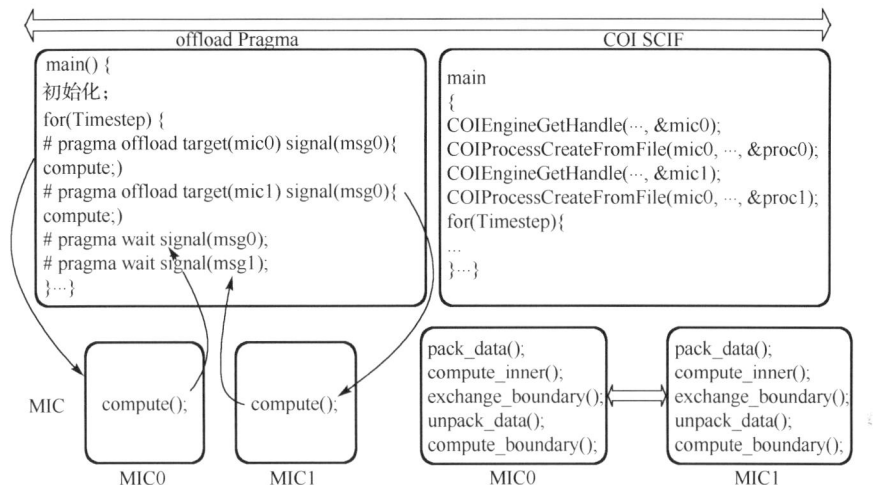

图 5.22　不同卸载模式的实现结构

5.5　大规模 CPU-MIC 并行计算

5.5.1　大规模 CPU-MIC 异构系统

基于 MIC 加速器的大规模异构系统结构基本一致,如图 5.23 所示。都是由同构

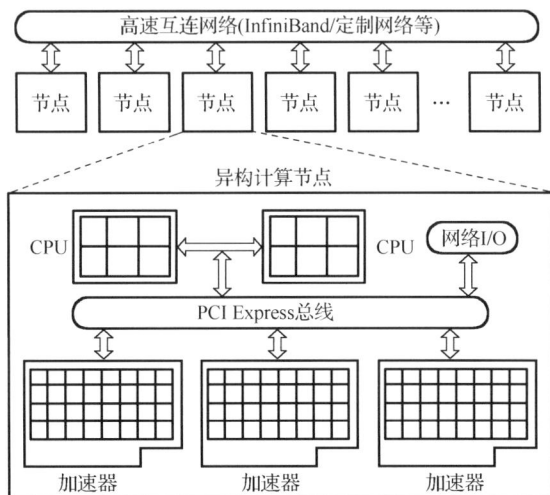

图 5.23　基于 MIC 加速器的大规模异构系统结构图

的计算节点通过高速互联网络组成，而计算节点内部异构，由一个或多个多核 CPU 与一个或多个众核加速器通过 PCI-E 总线互连。2013 年 6 月，由国防科学技术大学研制的天河 2 号是全世界第一个基于 CPU-MIC 异构节点搭建获得 TOP500 排行榜第一名的超级计算机系统[19]，并且连续 4 次在 TOP500 排行榜蝉联第一，相关内容请参考本书第 1 章。

5.5.2　基于 MIC 加速器的大规模异构系统的编程模型

　　并行编程模型是并行计算机系统结构的抽象[20]。大规模异构系统涉及节点间并行、节点内设备间并行、设备内核间并行等多种并行层次，因此很难用单一编程模型来简单描述。与异构系统相关的编程模型有很多，本节只介绍基于 MIC 加速器的大规模异构系统所涉及的几种典型并行编程模型。在高性能并行计算领域，消息传递的MPI 编程以及共享存储的 OpenMP 编程已经成为事实标准，占据统治地位[21,22]。

　　消息传递编程模型基于分布式存储并行机器模型上的粗粒度进程级并行，通过消息传递来显式地实现并行进程之间的数据通信。在大规模 CPU-MIC 并行计算中，MPI被广泛地用于节点间的进程通信。

　　共享存储编程模型基于共享存储并行机器模型上的细粒度线程级并行，通过全局统一地址空间的共享变量读/写操作来隐式地实现并行线程之间的数据通信。共享存储编程模型最著名的标准是 OpenMP 和 Pthreads。所以在大规模 CPU-MIC 并行计算中，OpenMP 被广泛地用于节点内的线程通信。对于当前的 CPU-MIC 高性能计算系统，由于节点间基本采用了分布式存储，所以只有在节点内 CPU 多核或者 MIC 众核是共享存储，OpenMP 通常和 MPI 组成编程混合模型，节点间使用 MPI 实现进程并行，节点内使用 OpenMP 在进程内派生出多线程并行。

　　面向节点内的 MIC 加速器平台，Intel 提出了基于 OpenMP 语言进行编译制导扩展的 MIC offload 编程模型。一个 MIC offload 程序由 host 代码段和若干 MIC 代码段组成，采用主-从式的执行方式，通过 offload 编译制导进行标记。通过 offload 制导语句启动若干 MIC，对 MIC 数据初始化，负责 host 与 MIC 之间的数据传输，传输包括同步阻塞和异步非阻塞两种方式。由于 MIC 处理器核兼容扩展的 x86 指令集，且一个 MIC 核可以支持 4 个硬线程，所以 MIC 代码段的并行采用经典的 OpenMP 多线程方式来实现并行。MIC offload 编程具有很好的可编程性和可移植性，通过修改编译命令，同一个程序可以编译时忽略 offload 标记，生成面向通用多核 CPU 的代码，也可以编译时识别 offload 标记，生成面向通用多核 CPU+众核 MIC 的异构混合代码。而 MIC 核运算单元支持 512 位的 SIMD 向量并行，因此要想充分发挥 MIC 的计算能力，必须有效利用向量单元。其有 2 种方式，一种是通过编译制导标记需要向量化的数据，由编译器实现自动向量化；另一种是通过程序员调用 Intel 提供的低级 Intrinsic 来手工实现向量化。前者编程简单，后者复杂但更易获得高性能。

　　除了 MIC offload 编程模型的主-从模式，MIC 还支持一种称为对称模式的编程模型。实际上 symmetric 编程并不是一种新的编程模型，而是完全基于传统的 MPI+OpenMP 编程，即将 MIC 众核和 CPU 多核看成对等的计算节点，将一个 MPI 多进程代码的不同进程分别映射到 MIC 和 CPU 上实现并行，而在 MIC 或者 CPU 内部，通过 OpenMP 多线程来利用多核。这种模式使得高性能计算领域积累的大量 MPI+OpenMP 应用代码可以几乎不用修改而直接在 MIC 上运行。

　　由于大规模 CPU-MIC 异构系统具有多节点间并行、节点内设备间并行、设备内多核/众核并行的特点，而且 MIC 众核加速处理器又与通用多核 CPU 具有不同的体系结构特征，所以很难用一个单独的并行编程模型在大规模异构系统上来开发应用。当前，MPI 消息传递机制已经成为节点间通信的事实标准，因此大规模异构系统编程通常采用 MPI 混合其他并行编程模型的方式，如 MPI+OpenMP、MPI+OpenCL、MPI+OpenMP+向量化等。

　　混合编程模型的主要思想是一个层次化的并行编程过程，如图 5.24 所示。典型过程为：①通过 MPI 编程实现分布式存储的同构节点间的多进程并行；②在共享存储的节点内部，通过 MPI 多进程或者进程派生出 OpenMP 多线程实现节点主机端的多核并行；③主机端的进程或者线程再混合某种异构编程语言（如 OpenCL/MIC offload）来协作多个设备端（MIC），实现多设备端的众核并行。高效的混合编程需要程序员针对应用的并行性特征，同时合理混合运行多种并行编程语言来充分开发大规模异构系统的各种并行计算能力，因此对程序员是一个极大的挑战。

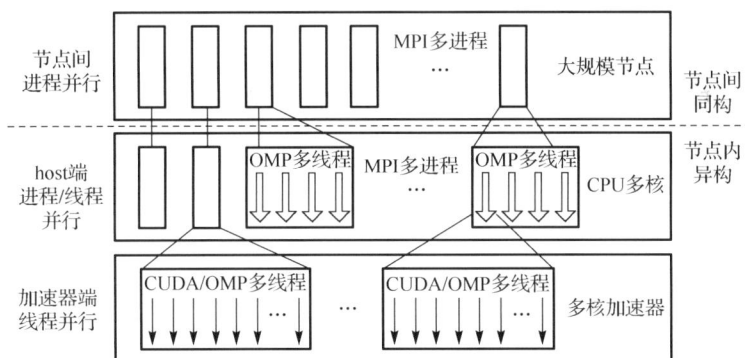

图 5.24　大规模异构系统混合编程模型层次化视图（MPI+OpenMP+offload）

5.5.3　基于 MIC 加速器的大规模异构系统的并行优化

　　对基于 Intel MIC 的超级计算机，当每个计算节点拥有多个 Intel Xeon Phi 协处理器时，与每个节点只有 1 个协处理器相比，对如何高效利用系统的计算能力提出了一种新的挑战，特别是如何高效协同使用多核 CPU 以及多个协处理器，以及如何高效处理好节点内多个协处理器之间和节点间的数据传输。针对上述问题，本书提出了一种基于单节点多 MIC 阵列、面向 stencil 结构化网格计算类应用的并行编程框架，其基于

Intel MIC 软件栈中的两种底层 API：COI 和 SCIF[23]，以 host 多核 CPU 为通信中心，以多 MIC 协处理器为计算中心，混合使用 MPI+OpenMP+COI+SCIF 多种编程技术，权衡 host 和多 MIC 的负载划分，优化节点内和节点间层次流水线式通信，实现高效混合多层次并行计算。框架能很好地解决单节点多 MIC 阵列的多层次并行、通信隐藏以及 CPU-MIC 协同计算问题，可以指导其他类似 HPC 应用的多 MIC 编程，也可以被其他单节点多加速器结构的阵列编程所借鉴（如单节点多 GPU 阵列）。

　　为了有效利用多 MIC 加速器增强型的计算节点，传统上有两种编程模式：offload 和 symmetric[24]。对于 offload 模式，只需要在 CPU 主机端启动代码，然后将计算密集代码段 offload 到加速器上去执行。在 symmetric 模式下（只有单 MIC 时也称 native 模式），对于小型计算机阵列，各个加速器也与 CPU 主机一样被当成独立的计算节点，使用 MPI 在多个协处理器上同时启动代码，也可能同时有进程执行在 CPU 主机上。symmetric 模式下的 MPI 方式编程简单，代码移植性较好。例如，一个 MPI 进程能够被分配给每个 CPU 核或者加速器核。这种方式可以认为是对多核 CPU 和众核 MIC 的对称使用。然而，由于单个 CPU 核与单个加速器核在计算能力方面的不同，也因为 MPI 通信性能基于不同结构之间的性质（主机内多核之间、加速器内众核之间、主机与加速器之间、加速器与加速器之间），MPI 进程间的负载均衡是一个极其严重的问题。MPI 方式的另一个缺点是导致单个计算节点的 MPI 进程数目很大，意味着当使用大量多加速器计算节点时，与每个节点只有 1 个 MPI 进程相比，更可能导致互连带宽饱和。由于基于 MPI 方式的 symmetric 模式有以上所述不足，本书重点是研究使用 OpenMP 多线程来实现并行的 offload 模式。CPU 卸载等量的计算到各个加速器，在加速器上用 OpenMP 多线程的方式实现并行。offload 模式下，传统的编程方式是使用 offload pragma 标记在需要 offload 的代码段前。加速器-加速器之间需要数据传输就要实际上通过 CPU 主机来中转，即实现为一对加速器-主机和主机-加速器数据传输。

1. MOCS 编程框架

　　本书提出了一种 offload 模式下的新的编程方式。这个新方式允许每个加速器运行一个独立的子程序，通过直接调用 Intel 的底层 API：COI[9]和 SCIF[25]，实现加速器-加速器之间的直接双向和异步数据传输。

　　多节点并行编程时，除了节点内多设备之间的数据传输问题，节点内多核 CPU 和多 MIC 如何高效协同也是一个重大挑战。通用 CPU 是多核结构，MIC 协处理器是众核结构，两者在单核计算能力和特点、整体性能等体系结构特征存在很大区别，如何合理划分任务和负载、如何实现负载均衡，使得应用能够实现高效的多节点多设备并行计算是复杂的问题。

　　基于 COI+SCIF 这种新的 MIC 编程模式，本书提出了一种混合使用 MPI+OpenMP+COI+SCIF 多种编程技术，面向 stencil 结构化网格计算类应用的并行编程框架，以在单节点带多 MIC 的阵列上实现高效混合多层次并行计算。我们为此命名编程框架为 MOCS（即高效联合多种编程技术：MPI+OpenMP+COI+SCIF）。

MOCS 编程框架的目标体系结构是基于 MIC 增强型的计算机阵列，每个计算节点同构，由多核 CPU 加上 1 个或者多个 Intel Xeon Phi 协处理器（即 MIC 加速器）组成。MOCS 编程框架通过混合使用 MPI+OpenMP+COI+SCIF 编程来开发应用的多级并行性，如图 5.25 所示。

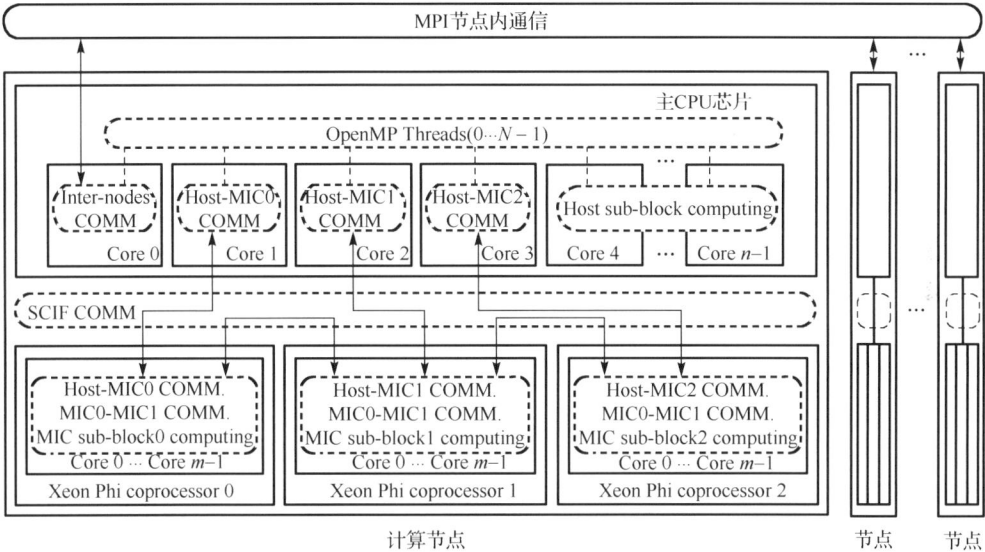

图 5.25　基于多 MIC 的层次化异构并行编程框架 MOCS 的原理图

对于 stencil 计算类的规则网格应用，具有潜在的巨大并行性，非常适合并行计算。通常将网格划分成若干子域，分布到各计算资源实现并行计算。对于多次迭代的计算，相邻子域在边界处通常会有冗余层，需要在迭代间相邻子域互换边界冗余层的数据，以保证计算的正确性。在顶层并行设计时，对于完整的 3D 空间网格，将其平均切分成立方体型的子网格空间，每个子空间分配到一个计算节点。为了充分利用多个 MIC 协处理器和 host 多核 CPU 的计算能力，在一个计算节点内部，子空间数据块被划分为多个 MIC 子块和 host 子块。

若干相邻子块需要通信实现边界冗余层的数据交换。在计算节点之间通信时使用传统的 MPI 编程来传递数据。在计算节点内部包括两类计算资源，host 多核 CPU 与 MIC 协处理器。为两种不同特点的设备，设备间通信时使用 Intel MIC 体系结构专门用于设备间通信的 SCIF 编程 API。SCIF 基于 PCI-E 总线通道，可以实现 PCI-E 总线上点对点的设备直接通信，包括 host-MIC 通信和 MIC-MIC 直接通信。

新型的 MIC 协处理器拥有 50+的计算核，200+的硬件线程，而且拥有 512 位的向量计算单元实现 SIMD 并行，多个 MIC 的理论峰值计算性能远超多核 CPU。例如，在天河 2 号中，单节点内 3 个 MIC 协处理器的峰值性能为 3009.6Gflops，而 2 片多核 CPU 的峰值性能为 422.4Gflops，前者是后者的 7 倍。因此，在 MOCS 编程框架中，节点内部拥有强大并行计算能力的多个 MIC 协处理器作为计算中心，在 host-slave 模式下作为加速设备，采用 OpenMP 共享存储多线程并行编程，主要负责对分配到其上的密集计算任务进行并行计算。

多核 CPU 虽然总的计算性能不如 MIC 协处理器，但其拥有更强大的单核性能，对于程序中的串行操作，如通信、数据复制等有更强的处理能力，在 MOCS 编程框架中，多核 CPU 作为通信中枢，主要负责复杂的节点间和节点内通信调度，另外为了不使有些核被闲置，也让非通信核担负一定量的计算任务。

MPI 非阻塞通信相比阻塞通信的好处是可以在 MPI 通信的同时不必阻塞等待，而是进行其他计算，这样就可以减少整体执行时间。而要实现 MPI 非阻塞通信，必须要使得计算和通信分布到不同的线程。而对于 SCIF 通信，虽然可以在同一个线程中实现异步非阻塞通信方式，然而在同一线程实现与多个 MIC 设备的非阻塞通信，由于 SCIF 通信需要先在通信双方同步握手，然后启动大数据块的 DMA 传输，对多设备的串行同步与传输启动会导致更大的时间开销，并且多 MIC 通信与计算的重叠使得编程更加复杂。因此，为了在 host 端可以方便地编程实现任务级并行，以及计算和通信的延迟隐藏，使用 OpenMP 多线程来并行分类管理通信和计算。

这些 host 多线程根据任务不同，被分为三类：第一类是 MPI 通信线程，负责节点间 MPI 非阻塞通信的启动和同步等；第二类是 SCIF 通信线程，为每个 MIC 协处理器单独分配 1 个线程，负责相应 MIC 协处理器的 SCIF 异步通信的启动和同步等；第三类是 OpenMP 计算线程，负责 MPI 以及 SCIF 传输数据的打包解包（即将数组索引不连续的边界数据复制合并到连续的发送缓冲，以及将连续的接收缓冲中的边界数据拆分复制到不连续的数组位置），以及对 host 子块数据的计算。

多线程不使用超线程技术，每个线程独占 1 个处理器核，并采用线程与核绑定以避免线程迁移的损失。具体分配方式为：1 个线程为 MPI 通信线程；3 个线程为 SCIF 通信线程，各自负责与相应 MIC 协处理器的通信；1 个线程为计算线程，计算时通过嵌套展开多个 OpenMP 子线程来占用剩余的若干处理器核，实现并行计算。

虽然 MPI 多进程也能实现任务级并行，但本书采用 OpenMP 多线程而不是 MPI 进程的原因有两点：首先，OpenMP 基于共享存储机制，因此使用 OpenMP 可以方便地在多线程间对待交换的共享边界数据进行操作，由计算线程来计算和数据组织；然后由通信线程启动数据传输。MPI 进程是消息传递机制，无法直接对计算进程处理后的边界数据启动数据传输，因此必须通过显式的数据传输将数据先传递到通信进程，再由通信进程启动节点内和节点间的通信。显然，这种方式增加了额外的数据传输开销以及存储空间开销。其次，如果采用 MPI 多进程，则会产生非对等的 MPI 进程，即有的进程负责计算，有的进程负责通信，因此需要对进程区别对待，导致更复杂的进程间负载划分设计以及进程间通信设计。而 OpenMP 并行时，单节点只有 1 个 MPI 进程，节点间都是对等进程，更利于编程设计和实现轻松的负载分配。

MOCS 的混合编程总结为由以下 3 种模式组成。

（1）使用 COI 的多设备使用模式，节点内的 host 端主程序创建并启动多个 COI 子进程运行于多 MIC 协处理器上来使得节点内的多设备共同执行。

（2）使用 MPI+OpenMP 的并行计算模式，节点间使用 MPI 多进程实现并行，节点内，在 host 多核 CPU 和 MIC 众核协处理器上，通过 OpenMP 多线程配合 SIMD 的向量化来实现高效的并行计算。

（3）使用 MPI+SCIF 的通信模式，节点间通信使用 MPI 的消息传递，节点内多设备间使用基于 PCI-E 的 SCIF 实现高效双向 RDMA 通信。MOCS 为保证应用实现的高效，除了使用以上描述的 3 种模式的混合编程技术，还必须考虑两个关键点的设计和优化：一是通信开销隐藏；二是 CPU-MIC 协同计算及其负载均衡。

因此，MOCS 编程框架通过合理地混合使用 MPI+OpenMP+COI+SCIF 编程技术，能够开发节点间/节点内多层次的 6 种并行性，总结如下。

（1）节点间数据级并行，将不同数据子域通过 MPI 多进程分布到大量的计算节点实现数据级并行计算。

（2）节点内设备间数据级并行，将同一节点内的子域划分为不同数据子块，分布到多个 MIC 协处理器以及 host CPU 多核上实现数据级并行计算。

（3）核间数据级并行，在 MIC 协处理器众核或者 CPU 多核上通过 OpenMP 多线程实现数据级并行计算。

（4）核内的数据级并行，在 Intel MIC 协处理器以及 CPU 上，每个计算核都有向量单元，特别是 MIC 拥有的 512 位宽的向量，通过手工向量化或者编译器自动向量化来实现 SIMD 并行计算。

（5）host CPU 多核间的任务级并行，在 host 多核 CPU 上通过 OpenMP 多线程实现 MPI 节点间通信，SCIF 节点内通信和 host 子数据块计算的任务级并行。

（6）单 MIC 上众核间的任务级并行，在单个 MIC 协处理器众核上通过 OpenMP 多线程实现节点内基于 SCIF 的 host-MIC 通信、MIC-MIC 通信和 MIC 子数据块计算的任务级并行。

按照 MOCS 编程框架来指导应用在单节点多 MIC 体系结构阵列上的并行编程，其设计流程如图 5.26 所示。

第一步，采用节点内 COI+SCIF 模式来使用 MIC，采用 OpenMP 多线程编程，将应用的原始代码移植为单 MIC 上的并行计算代码。为提高单 MIC 性能，需针对 MIC 特性进行一系列的性能优化，具体可见文献[26]。第二步，设计节点内 host-MIC 以及 MIC-MIC 之间的 SCIF 通信，做到计算与通信的延迟隐藏优化。第三步，设计节点内的 host 协同计算，host 与多 MIC 之间的负载均衡设计。第四步，设计节点间的 MPI 通信，做到 host 计算与 MPI 通信的延迟隐藏优化。

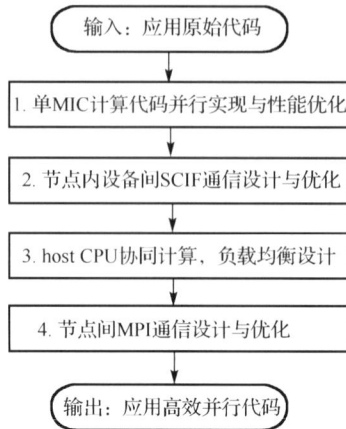

图 5.26　应用基于 MOCS 编程框架的程序设计流程图

2. 负载划分策略

并行计算中需要重点考虑的一个方面就是负载划分。由于每个计算节点是对等结构，所以简单地将整体网格划分为均等大小的网格子域分配给每个节点即可满足要求。然而，由于节点内 host 与 MIC 的不同计算特性，重点是做好节点内的负载划分。在 5.4.1 节中介绍了在 MOCS 编程框架中，多个 MIC 协处理器负责密集计算，host 多核 CPU 除了负责节点间和节点内通信，还负责一定量的计算。因此，为了同时充分利用多个 MIC 以及 host CPU 的计算资源实现高效混合计算，并考虑如何减少节点间和节点内的通信开销，必须对分配给节点的网格子域在多个设备上做好合理的负载划分。

负载划分主要包括两个方面的工作。

（1）确定合理的划分子网格的方式。划分到各个设备上的子网格是处于怎样的相对位置关系，每个子网格的邻居子网格位于哪个设备上。因为通信只发生于相邻子空间，所以这决定了设备间通信的方向。而不同的通信方向由于涉及不同设备以及是否节点内还是节点间，通信带宽的差距会导致不同的通信性能。

（2）确定最优的各个子网格的大小。host 与单个 MIC 的计算特点和能力有差异，而且所负担的任务有区别，需要权衡分配给各设备的子网格大小，以实现负载均衡，并充分开发各设备的计算能力，从而最大化计算效率。

3. 通信优化设计

对于大规模并行计算，网格在节点间和节点内被划分成大量更小的子域，导致每次迭代时大量的节点间和节点内的通信开销。因此本书的 MOCS 框架实现高效层次化混合并行编程的关键就是要优化通信，尽可能地减少节点内和节点间的通信开销。

MOCS 编程框架中的通信优化采用如下基本策略：在节点间 MPI 通信时，使用单独线程的 MPI 调用 MPI_Isend 和 MPI_Irecv 实现非阻塞的异步数据传输，并且使用多线程来进行传输前后的数据从原始数组中不连续位置到发送接收缓冲的复制（打包/解包）；在节点内 SCIF 通信时，使用基于 RDMA 大数据块传输的 SCIF 调用 scif_readfrom 和 scif_writeto 来实现非阻塞异步传输，并将需要传向同一目的地的不同边界面打包发送，以增加数据块的大小，从而提高对带宽的利用率，而且 MIC 间数据传输采用双向启动直接传输的方式。

除了以上基本优化手段，MOCS 编程框架中通信优化最重要的方式就是通过非阻塞异步传输，实现层次化流水线式计算和通信，使得计算和通信重叠，以隐藏通信开销。具体做法是：在 MIC 上以及 host 上将待计算的子数据块进一步划分为需要通信的边界区域（boundary region）和剩下的内部区域（inner regoin），并改变对数据块的计算顺序。每次迭代时，打包组织好边界数据后，启动对边界数据的异步非阻塞传输，并同时开始计算内部区域，这样就实现了通信与计算的时间重叠，用计算的时间来隐藏通信时间。在内部区域计算结束后同步等待通信完成，然后将接收到的边界数据解包，最后利用最新的边界数据计算边界区域，为下一次迭代的传输做好准备。

图 5.27 清晰显示了延迟隐藏过程的一个示例。边界面 Left 和 Right 在 MIC 端，Front 和 Back 在 host 端。从图中可以看到无论节点内的 host-MIC 通信，还是 MIC-MIC 通信，都与 MIC 端的内部域计算和 host 计算实现了时间线上的较好重叠，而且节点间的 MPI 通信也与 host 的内边界交换以及计算实现了一定程度的重叠。

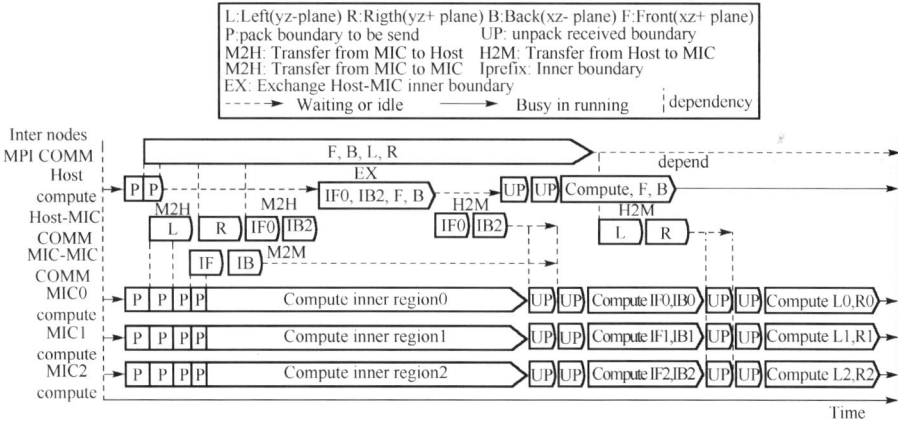

图 5.27　使用流水线式延迟隐藏的层次化通信优化示例

通信延迟隐藏后的时间公式为

$$T_{\text{whole}} = \max\{T'_{\text{Host}}, T'_{\text{MIC}}\}$$

$$T'_{\text{Host}} = \max\{T'_{\text{Hcpt}}, T_{\text{HHcom}} + T_{\text{HMcom}} + T_{\text{Hwait}}\}$$

$$T'_{\text{Hcpt}} = T_{\text{Hcpt\_i}} + T_{\text{Hcpt\_b}} \qquad (5.1)$$

$$T'_{\text{MIC}} = \max\{T'_{\text{Mcpt}}, T_{\text{HMcom}} + T_{\text{MMcom}} + T_{\text{Mwait}}\}$$

$$T'_{\text{Mcpt}} = T_{\text{Mcpt\_i}} + T_{\text{Mcpt\_b}}$$

　　并不是任何情况都适合延迟隐藏。新的计算时间 T'_{Hcpt} 由于把 1 个整体数据块分成 2 个数据块计算，破坏了一定程度的数据局域性，所以 $T_{Hcpt\_i} + T_{Hcpt\_b}$ 通常会稍大于原来的计算时间 T_{Hcpt}。通信隐藏的收益是否超过计算时间的损失，这也是性能优化时需要权衡的因素，例如，图 5.27 中 host 并没有计算拆成 2 段，就是因为考虑负载均衡时，host 分得的边界面不厚时，对小数据量不拆分计算，利用时间局域性和空间局域性，总性能要比拆分好。

　　对于带加速器结构的节点，通信分为节点间和节点内两个层次，这两种通信具有不同的特点。在 MIC 端，当 MIC 分得的子网格大小不变时，边界面大小不变，因此节点内 SCIF 通信时间 T_{MMcom} 保持不变，使得 T'_{MIC} 不变。然而在 host 端，节点间 MPI 通信时间 T_{HHcom} 不仅与节点的子网格大小有关，还与使用的节点数目有关。强扩展时，保持总网格大小不变，节点增多，单节点的网格子域减少，边界面变小，因此节点间 MPI 通信时间 T_{HHcom} 和节点内 SCIF 通信时间 T_{MMcom} 会相应减少。超级计算机的互连网络通常采用的是层次化树形结构而非全互联结构，因此整体的 3D 网格在节点 MPI 进程间的数据划分不可能和互联网络形成完全的 1 对 1 映射，即 MPI 进程逻辑上的网格邻居在阵列的互联网络上并不一定是物理上的邻居。这就导致了节点间即使 MPI 传输同样大小的数据，当整体使用节点数目增多时，由于跳数的增加，平均的 MPI 传输时间 T_{HHcom} 会大幅度增加。在 T'_{MIC} 不变的情况下，要使得 T_{whole} 保持不变，就必须使得留给 MPI 通信的空当足够大，这也就是在 5.4.2 节中子网格划分时通过 host 端和 MIC 端同时并行计算不同边界面，以尽早完成边界面计算，然后尽早启动 MPI 传输的原因。

　　本书的 MOCS 给出了一种可以借鉴的方案。实际上，负载划分和通信优化是非常复杂的，与应用计算特点有关，也与机器硬件性能有关。通常需要在进行正式的长时间模拟计算前通过多次的预运行和分析性能结果来获得精确最优的性能设置。

5.6　本　章　小　结

　　本章首先介绍 MIC 体系结构，然后介绍 MIC 的编程模式，并列举一些 MIC 相关的性能优化策略，最后讨论分析节点内多 MIC 并行计算以及大规模 CPU-MIC 并行计算的实现以及性能优化。

参 考 文 献

[1]　Lu Y T. Overview of Tianhe-2 (MilkyWay-2) Supercomputer [EB/OL]. http://www.asc-events.org/13en/To%20web/!!!TH2-ISC13-Inspur-LYT.pdf.

[2]　Dongarra J. Visit to the National University for Defense Technology Changsha, China [EB/OL]. http://www.netlib.org/utk/people/JackDongarra/PAPERS/tianhe-2-dongarra-report.pdf.

[3]　Intel Intel Xeon Phi Coprocessor-the Architecture [EB/OL]. http://software.intel.com/en-us/articles/
　　　intel-xeon-phi-coprocessor-codename-knights-corner.

[4]　Intel Xeon Phi Coprocessor Instruction Set. Architecture Reference Manual [M]. Reference Number
　　　32364-001, 2012.

[5]　Intel. Intel Xeon Phi Coprocessor System Software Developers Guide [EB/OL]. https://software.
　　　intel.com/sites/default/files/managed/09/07/xeon-phi-coprocessor-system-software-developers-guide.
　　　pdf.

[6]　Jeffers J, Reinders J. Intel Xeon Phi Coprocessor High-performance Programming[M]. San Francisco:
　　　Morgan Kaufmann, 2013.

[7]　Intel. The Heterogeneous Offload Model for Intel Many Integrated Core Architecture [EB/OL].
　　　http://software.intel.com/sites/default/files/article/326701\/heterogeneous-programming-model.pdf.

[8]　Intel. MIC SCIF API Reference Manual 0.65 for User Mode Linux [M]. 2012.

[9]　Intel. MIC COI API Reference Manual 0.65 [M]. 2012.

[10]　TACC.Stampedes [EB/OL]. https://www.tacc.utexas.edu/news/press-releases/2013/stampedes-intel-
　　　xeon-phi-coprocessesors-in-full.

[11]　Chai J, Hake J, Wu N, et al. Towards simulation of subcellular calcium dynamics at nanometre
　　　resolution[J]. International Journal of High Performance Computing Applications, 2015: 51-63.

[12]　Berger M J, Oliger J. Adaptive mesh refinement for hyperbolic partial differential equations [J].
　　　Journal of Computational Physics, 1984, 53 (3): 484-512.

[13]　Bleck R, Rooth C, Hu D, et al. Salinity-driven thermocline transients in a wind-and thermohaline-forced
　　　isopycnic coordinate model of the North Atlantic [J]. Journal of Physical Oceanography, 1992, 22
　　　(12): 1486-1505.

[14]　Dursun H, Nomura K I, Peng L, et al. A Multilevel Parallelization Framework for High-order Stencil
　　　Computations [M]. Berlin Heidelberg: Springer, 2009.

[15]　Nakano A, Kalia R K, Vashishta P. Multiresolution molecular dynamics algorithm for realistic
　　　materials modeling on parallel computers [J]. Computer Physics Communications, 1994, 83 (2):
　　　197-214.

[16]　Renganarayana L, Harthikote-Matha M, Dewri R, et al. Towards optimal multi-level tiling for stencil
　　　computations [C]. Parallel and Distributed Processing Symposium, 2007: 1-10.

[17]　Shimojo F, Kalia R K, Nakano A, et al. Divide-and-conquer density functional theory on hierarchical
　　　real-space grids: parallel implementation and applications [J].Physical Review B, 2008, 77 (8):
　　　85103.

[18]　Jun C, Mei W, Nan W, et al. Simulating cardiac electrophysiology in the era of GPU-cluster
　　　computing [J]. IEICE Transactions on Information and Systems, 2013, 96 (12): 2587-2595.

[19]　TOP500. TOP500 List on June 2013 [EB/OL]. http://www.top500.org/list/2013/06/.

[20]　Kirk D B, Hwu W M W. Programming Massively Parallel Processors: A Hands-on Approach [M].

New York: Elsevier Science & Technology, 2010.

[21] Mattson T G, Sanders B A, Massingill B L. Patterns for Parallel Programming [M]. New York: Addison-Wesley Professional, 2004: 230-240.

[22] 陈国良. 并行算法实践[M]. 北京: 高等教育出版社, 2004.

[23] Intel. Intel Manycore Platform Software Stack (MPSS) [EB/OL]. https://software.intel.com/en-us/ articles/intel-manycore-platform-software-stack-mpss.

[24] Steinmacher-Burow B. Some Challenges on Road from Petascale to Exascale [EB/OL]. http://www. physik.uni-regensburg.de/forschung/wettig/workshops/APQ_April2010/talks/20100414%20lQCD% 20RegensburgSteinmacher-Burowv07.pdf.

[25] Tokyo Tech. TSUBAME2 System Architecture [EB/OL]. http://tsubame.gsic.titech.ac.jp/en/tsubame2-system-architecture.

[26] Yang J, Chai J, Wen M, et al. Solving the cardiac model using multi-core CPU and many integrated cores (MIC)[C]. High Performance Computing and Communications & 2013 IEEE International Conference on Embedded and Ubiquitous Computing (HPCC_EUC), 2013:1009-1015.

第6章　面向贝叶斯进化分析的大规模异构混合计算

　　贝叶斯分析是生物信息学领域用来利用基因序列构建生物进化树的典型方法之一。由于潜在需要巨大的计算能力，贝叶斯分析的若干并行算法被实现并运行于基于CPU 的计算机阵列、多核 CPU，或者 CPU 和 GPU 混合的小型阵列。据我们所知，当前的实现方法都不能同时完全利用异构超级计算机中的 CPU 和 GPU，使得 CPU 部分或者 GPU 部分被闲置。异构计算对未来的生物信息学应用非常有前景，为了最优化使用异构硬件体系结构，我们提出了对贝叶斯进化分析的一种新的混合并行算法和实现，联合使用 MPI、OpenMP 和 CUDA 编程。我们的算法（表示为 oMC^3）的创新性在于能够同时利用 CPU 多核和 GPU 来计算，同时在两种类型硬件组件之间保证一个公平的负载划分。oMC^3 的实现基于 MrByes，后者是在贝叶斯进化分析中使用最广泛的软件包之一。在一个由 2 个 GPU 和 16 个 CPU 核组成的单服务器上的实验结果显示：oMC^3 比 nMC^3 取得了 2.5 倍的加速，后者是 MrBayes 最先进的 GPU 实现，而且当使用 128 个 GPU 和 1536 个 CPU 核时，oMC^3 显示了良好的扩展性。

6.1　引　　言

　　进化树被广泛地用于医药和生物学研究，例如，Bader 等从基因中构建进化树，可以对基因进行分析[1]。因此对科学和社会具有重大的价值和意义[2]。贝叶斯分析是根据排列好的分子序列数据和形态数据矩阵来推测进化树的一种标准方法。然而，使用贝叶斯分析方法来推测大型进化树时，会导致对计算能力的巨大需求。例如，在个人计算机上对数百物种，数千字符长的序列来构建一个可靠的进化树，可能需要数天甚至数月的时间[3]。因此，贝叶斯进化分析必须采用并行计算。MrBayes 是一个用于贝叶斯进化分析的流行的具有代表性的软件包，它使用 Metropolis 算法耦合的马尔可夫链蒙特卡罗（Metropolis Coupled Markov Chain Monte Carlo，$MCMC^3$）。MrBayes 针对不同的硬件体系结构，包括基于 CPU 的阵列、多核 CPU、Cell/BE 和 GPU 开发了若干种并行版本。非常早的 MC^3 并行算法，称为 pMC^3[4]，使用 MPI 编程，将多链均分到多个 CPU 核的 MPI 进程。pMC^3 的主要缺陷是 CPU 核的书面受限于给定的马尔可夫链的数量，链数默认等于 8。在文献[3]、[5]、[6]中，一种快速的并行贝叶斯进化分析（Parallel Bayesian Phylogenetic Inference，PBPI）算法被提出来。PBPI 的并行实现能够使用 Tera 级（万亿次量级）的系统（BlueGene/L 和 System X），突破了 pMC^3 的并行性限制。然而，PBPI 只实现了简单的 Jukes-Cantor 进化模型，van der Wath 等[7]使用实现了网格计算版的 MrBayes。Pfeiffer 等[8]和 Zhou 等[9]为 MrBayes 开发了链和细粒度的两种并行性，使用混合 MPI 和 OpenMP 编程模型来并行实现（称为 hMC^3），能够有效运行在 CPU 阵列上。

GPU 具有大规模并行计算能力，在计算机系统中作为 CPU 的协处理器。近年来，随着通用 GPU 的发展，在高性能科学计算领域扮演着越来越重要的角色。因此，MrBayes 也被移植到基于 GPU 的体系结构。Pratas 等[10]对 MrBayes 的进化似然度函数（Phylogenetic Likelihood Function，PLF）开发了细粒度并行性。他们编程实现了大量不同的体系结构版本，包括多核 CPU、Cell/BE、GPU。我们称这个 GPU 版本为 gMC^3。虽然 GPU 和 Cell/BE 对于代码的并行部分获得了非常好的性能，但是数据传输的开销和代码的串行部分导致了较差的整体性能[10]。基于 gMC^3，Zhou 等[11]提出了一个 MrBayes 针对 DNA 序列数据的改进 GPU 版本，称为 nMC^3。通过极大减少 gMC^3 在 CPU 和 GPU 之间的数据传输开销，同时并行化串行部分，nMC^3 使用 MPI+CUDA 编程模型，在基于 CPU/GPU 的异构计算机上获得了惊人的加速（相对串行版的 MrBayes）。Suchard 等提出了 BEAGLE[12]，它是一个包括一套高效实现的软件库，执行进化似然度计算，当前，BEAGLE 能够使用 CUDA 编程开发 GPU，使用 SSE（Streaming SIMD Extensions）开发 CPU 的单核，使用 OpenMP 编程开发多核 CPU[13]。当前的 MrBayes 版本通过使用 SSE 可以支持更快的似然度计算，并兼容于 BEAGLE 库，允许似然度计算被加载到 GPU[14]上。

据我们所知，在上面提到的所有对 MrBaye 的并行实现中，没有一个能够同时充分利用 GPU 和多核 CPU 来共同计算 MrBayes。典型情况是，GPU 被完全使用，同时 CPU 多核除了传输数据以及一部分串行计算外，在大部分时间被闲置。这会导致在现今的 CPU/GPU 异构超级计算机上对计算资源的严重浪费，后者将可能成为未来满足生物学高计算需求的一种主要硬件结构。

天河-1A[15]超级计算机的硬件配置如表 6.1 所示。每个计算节点安装了 1 片 NVIDIA Tesla M2050 GPU 和 2 片 6 核 Intel Xeon X5670 CPU（总共 12 个 CPU 核）。如果我们考虑双精度浮点能力，则 12 个 Xeon X5670 CPU 核的理论峰值性能总和为 140.64Gflops，1 片 Tesla M2050 GPU 的理论峰值性能为 515Gflops。在实际应用中，通常存储带宽比峰值浮点性能更具重要性，2 片 CPU 芯片共同具有 64GB/s 的理论峰值存储带宽，而 GPU 有 148GB/s 的理论峰值存储带宽。换句话说，在每个天河-1A 的计算节点上，12 个 CPU 核的计算总能力相当于伴随 GPU 的 1/3～1/2。显然，只使用天河-1A 的 GPU 部分将导致对 CPU 核的浪费。本书认为，由于基于多核 CPU 和 GPU 的异构超级计算机正成为主流的结构设计，同时利用 CPU 核和 GPU 来计算将在未来更具重要性。其他著名的异构超级计算机还包括 Jaguar[17]、Nebulae[18] 和 TSUBAME[19]。部分科学计算应用通过高效利用 CPU 和 GPU 资源，已经成功开发了异构平台的计算能力[19]。

表 6.1 天河-1A 超级计算机硬件配置

全系统		计算节点			
		CPU 部分		GPU 部分	
计算节点数	7168	CPU 芯片	Intel Xeon X5670	GPU 设备	NVIDIA Tesla M2050
处理器数目	23552	CPU 核数	12（2 片×6）	GPU 核数	448（14SM×32）
总存储	262TB	频率	2.93GHz	频率	1.15GHz
峰值性能	4700Tflops	存储	32GB	全局存储	2.8GB
Linpack 性能	2566Tflops	峰值性能	140.64Gflops	峰值性能	515Gflops
互联网络	GLEX				

本书中，我们针对贝叶斯进化分析提出了一种新颖的混合并行算法和实现，称为 oMC^3（Optimized Utilization of Heterogeneous Supercomputers）。目标是允许 GPU 和多核 CPU 在异构超级计算上能够分担 MrBayes 的计算，而且对于 CPU 和 GPU 上的负载划分，我们提出了一种简单高效的策略来确保对整体计算资源的高效利用。oMC^3 的实现联合了 MPI、OpenMP 和 CUDA 编程，oMC^3 的 GPU 部分对 nMC^3 也有相当的改进。实验基于天河-1A 平台，使用了高达 1536 个 CPU 核以及 128 个 GPU，分析评估了 oMC^3 的性能以及扩展性。据我们所知，这是 MrBayes 首次移植到异构超级计算机的数千 CPU 核以及数百 GPU 上。

6.2 背 景

6.2.1 MrBayes 概述

MrBayes 使用 MC^3 数值方法来推测进化树，把树和进化模型参数表示为马尔可夫链的状态。细节参见文献[20]。

MrBayes 通常对同一数据集运行若干无关的分析，以帮助判断是否获得了树的优质采样。对于每个分析，MrBayes 运行多条相对独立的马尔可夫链在可能的树空间进行采样，每条链包含一个进化树。通过迭代计算来更新链的状态，在足够大的迭代次数后就生成了进化树采样。MrBayes 的默认设置是运行 2 个分析，每个有 4 条链。虽然默认设置足以面对大部分情况，但是每个分析使用 8 条链以上，可能对分析大规模复杂的数据集有帮助[21]。

对每条链单次迭代的串行计算过程被大致划分为 3 个顺序的阶段[4]。首先，提出一棵树和模型参数的新状态。然后，新树的似然度值（likelihood value）在称为 Loglike 的阶段被计算。最终，根据之前的似然度值来决定是否接受转换到新的状态，随后随机选择 2 条链来尝试交换信息。计算的时间复杂性和存储需求与链的数量同比增加。剖析时间发现，有 3 个主要的 PLF 存在于 Loglike 阶段：CondLikeDown、CondLikeRoot 和 CondLikeScaler，它们占总执行时间的 85%以上[10]。

6.2.2　同时利用 CPU 和 GPU 的挑战

正如文献[4]、[9]、[10]中所讨论,粗粒度和细粒度并行性同时存在于 MrBayes MC^3 中,如图 6.1 所示。链间实现任务级并行,链内的似然度向量单元实现数据级并行。通过 MPI+OpenMP 混合并行编程(如 hMC^3)或者 MPI+CUDA 混合并行编程(如 nMC^3)来开发 MrBayes 的两级并行性。然而,目前还没有 MrBayes 的并行实现能够在异构超级计算机上同时充分利用 CPU 和 GPU。

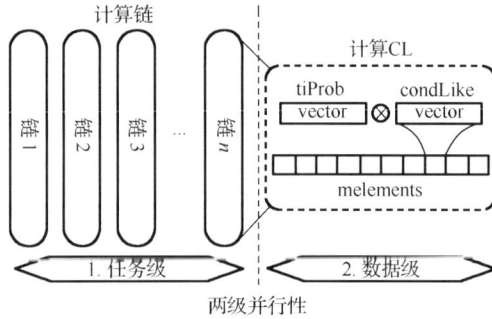

图 6.1　MrBayes 的两级并行性

因为 OpenMP 代码不能直接在 GPU 上运行,异构超级计算机的这个硬件部分不能被 hMC^3 所利用。对于 nMC^3,其所使用的 MPI+CUDA 编程模型也不适合这种情况,因为 CPU 提供的计算能力与 GPU 提供的大致相当。具体来说,nMC^3 采用了主-从模式来编程 GPU,CPU 在大部分情况下只负责和 GPU 的数据传输。在每次迭代,nMC^3 在 Loglike 阶段又分为 3 个顺序的子阶段:LoglikeStart、LoglikeHalf 和 LoglikeEnd[11]。LoglikeStart 子阶段以 MPI 多进程的方式运行在 CPU 端,它的工作主要是为所有链计算转移概率矩阵(transition probability matrix),然后传输结果到 GPU 端。LoglikeHalf 子阶段采用 CUDA 多线程在 GPU 上执行,其主要工作是计算 PLF 中的似然度向量单元,然后将结果传输回 CPU 端。MPI 进程数通常大于 GPU 的数量,由不同 MPI 进程初始化的GPU 代码不能在共享的 GPU 设备上并发执行,这是因为当前的NVIDIA GPU 设备驱动只支持同一上下文的代码(即来自同一 MPI 进程的多线程)在共享的 GPU 上同时计算,所以若干 MPI 进程不得不通过上下文切换来轮流使用同一个 GPU[22]。

通过对 nMC^3 执行的时间分析,我们发现宝贵的 CPU 计算资源在以下两个方面被浪费。一方面,作为 GPU 的主设备,CPU 多核被低效使用。按照主-从编程方式,只有少量的计算在 CPU 多核端完成,占总执行时间的 10%以下。因此,CPU 多核在大部分时间处于空闲状态。另一方面,使用所有可用的 CPU 核可能并不最优。时间剖析显示使用越多的 CPU 核,每个运行一个 MPI 进程,并不总是改进整体的性能。换句话说,在更多的 CPU 核上使用更多的 MPI 进程,性能好处和损失都在增加。在天河-1A 的单计算节点上获得的实测时间显示:让 2 个CPU 核共享 1 个 GPU 能够获得最佳性能，见表 6.2。在一个拥有 2 片 GPU 的服务器上，最佳性能来自让 2 个 CPU 核来划分 2 片 GPU。虽然 nMC^3 的 CPU 部分在使用更多 CPU 核时能够完成更好的性能，但增加的 MPI 进程导致更多的通信开销和更多的 CUDA 上下文切换开销，可能会导致总执行时间增加，而且使用更多的 CPU 核获得的好处受限于 CPU 端的有限的计算量。每次迭代时不同链间的计算总量可能很不同。因此，如果两条随机选择的交换链位于 2 个不同的 MPI 进程，较快的链需要等待较慢的链完成，导致链间的通信开销可能非常大。使用越多的 MPI 进程，两条随机选择的交换链位于不同进程的概率越大。这是通信的数据总量较少，通信开销却大致随着 MPI 进程数增加而增加的原因。因此，收益和损失间的平衡通常意味着为了完成最佳性能，并不使用所有的 CPU 核。

表 6.2　nMC^3 使用不同数量的 CPU 核来共享 1 个 GPU 时的执行时间　　（单位：秒）

数据集	物种数	长度	迭代次数	使用的 CPU 核数			
				1	2	4	8
1	111	1506	50000	233	218	222	235
2	234	1790	20000	232	195	197	206
3	288	3386	20000	393	367	373	380

注：总的链数固定为 8（2 路×4 链），3 个数据集的描述见 6.4.2 节

本书的目标是解决 hMC^3 和 nMC^3 对 CPU-GPU 异构系统的利用问题，研究在 CPU-GPU 异构超级计算机上高效执行 MrBayes 的可能性。

6.3　方　　法

6.3.1　oMC^3 算法

本节介绍一种新颖的对 MrBayes 的重大改进算法，联合了 hMC^3 和 nMC^3 的优点，本书称其为 oMC^3，目标是最优化利用 GPU 增强型异构阵列的计算资源。

oMC^3 使用一种混合 MPI+OpenMP+CUDA 的编程模型来开发 MrBayes 的两级并行性，如图 6.2 所示。目标体系结构是任何具有对等计算节点的异构阵列，每个节点由 CPU 多核和 1 个或者多个 GPU 组成。在顶级，马尔可夫链被分配到多个 MPI 进程，这些进程均等地占用了可用的计算节点。每个进程使用至少一个 CPU 核，一些进程除了使用 CPU 核，还使用 GPU。因此，每个 CPU 核或者完全参与密集计算，或者作为 GPU 的主设备。因此本书将这些 MPI 进程划分为两类，一类使用 OpenMP 多线程来管理多 CPU 核，另一类使用 CUDA 多线程来卸载计算任务到 GPU。两类分别称为 CProcs 和 GProcs，作用于似然度向量的计算，提供了在异构超级计算机上同时并且完全利用 CPU 多核和 GPU 的机会。

图 6.3 展示了 oMC^3 的流程，整体结构与其他 MrBayes 算法类似。但有两点重要的区别。首先，在运行 MCMC 分析之前，必须划分计算资源，并且考虑负载平衡来

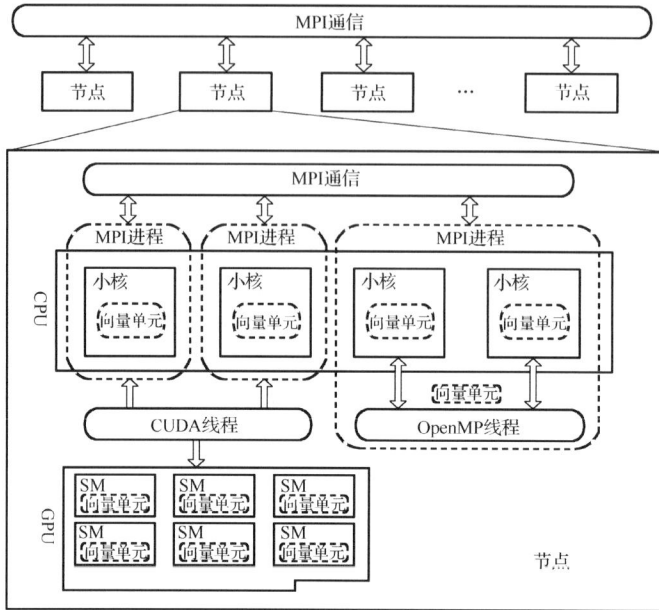

图 6.2　oMC^3 使用 MPI+OpenMP+CUDA 的混合编程模型

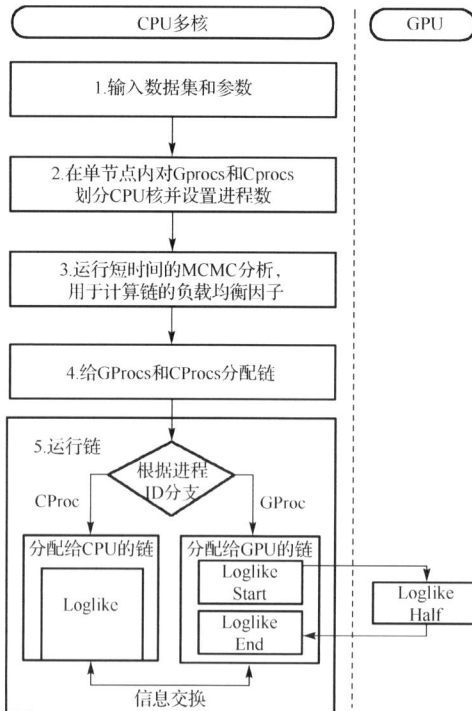

图 6.3　oMC^3 的执行流程图

合理分配链。其次，用两种不同方式来计算链，一些完全在 CPU 上计算，使用 OpenMP 多线程，其他的将计算密集部分交由 GPU 通过 CUDA 多线程来加速执行。

本书的混合编程模型的主要优点是对 GPU 和多核 CPU 的整体利用率相比 nMC^3 得到极大改进。首先，nMC^3 中部分 CPU 核完全没有利用到的情况消失了，因为任何一个 CPU 核都能被 CProcs 完全利用，并不拖慢整体的计算时间。其次，所有的 CPU 核被划分为 CProcs 端和 GProcs 端。通过在两端平衡好 CPU 核的分配，oMC^3 的整体计算时间就能减少。通过这种方式，在任何异构阵列中 CPU 和 GPU 的整体计算能力都可以被同时开发。

6.3.2　负载划分策略

oMC^3 的关键动机是同时高效利用两种不同的计算资源。因为如此，在 CPU 端和 GPU 端做好负载平衡非常重要。不平衡的划分会导致性能损失，如图 6.4 所示。

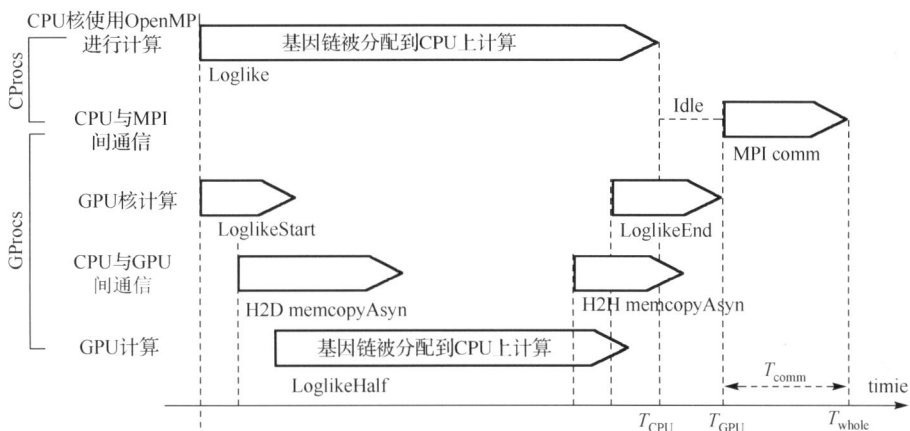

图 6.4　CProcs 和 GProcs 间负载划分不均衡的例子，时间轴上的参数含义见表 6.3

值得注意的是，在所有启动的 MPI 进程中平均分配马尔可夫链可能不会带来最优性能。这是因为 1 个 CProcs 进程的计算能力依赖于它所占用的 CPU 核数，然而 1 个 GProcs 进程的计算能力依赖于共享同一个 GPU 的 GProcs 进程数目。另一个复杂因素是 1 个 CPU 核和 GPU 之间的实际性能差异，不能根据理论峰值性能比值来简单地预先确定。对马尔可夫链不平衡的划分会使得 CProcs 空闲等待 GProcs 完成，或者相反，都会导致性能下降。

为了简单高效地解决负载划分问题，本书提出了下面的两步负载划分策略。

首先，我们决定对于给定的混合 CPU-GPU 计算节点，应该分配给 GProcs 的 CPU 核数目（余下的 CPU 核分配给 CProcs）。这通过实验方法来完成，这一步也决定了 GProcs 和 CProcs 的进程总量。注意计算节点的 GPU 端至少占用 1 个 CPU 核。增加更多的 CPU 核到 GPU 端所获得的性能可能会被 CPU 端的性能损失所抵消，因为更少的 CPU 核被用于 OpenMP 并行。在 GProcs 和 CProcs 间最理想的 CPU 核划分同样依赖于硬件配置。本书提出了单独剖析 oMC³ 的扩展性，首先只使用 CProcs，然后只使用 GProcs。图 6.5 是一个剖析的实例，使用了一个计算节点，由 12 个 CPU 核和 1 个 GPU 组成。分析细节发现 GPU 端使用 2 个 CPU 核来代替 1 个，CPU 端使用 10 个 CPU 核代替 11 个时，在 GPU 端所获得的性能增加，超过在 CPU 端的性能损失。然而，对单个节点分配超过 2 个 CPU 核到 GPU 端时却得不偿失。换句话说，在天河-1A 的单个计算节点，应该分配 2 个 CPU 核给 GPU 端，即 2 个 GProcs 进程每个节点。考虑单节点上 12 个 CPU 核物理上属于 2 个 CPU 芯片，其余的 10 个 CPU 核被分配给 2 个 CProcs 进程，每个 MPI 进程展开 5 个 OpenMP 线程。由于在 2 个 CPU 芯片间共享和传输数据时的通信开销和 Cache 作用，这相比 1 个 MPI 进程展开 10 个 OpenMP 线程要好。

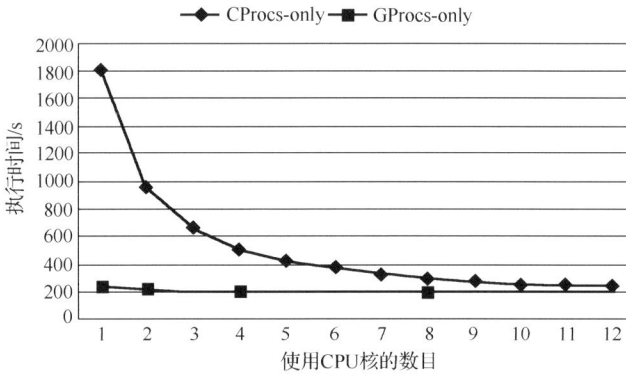

图 6.5　在天河-1A 的单个计算节点增加 CPU 核的使用时，只有 CProcs 或者只有 GProcs 执行时的时间（数据集 2，ntax = 234，nchar = 1790，1 路×8 链，迭代次数 = 20000，CProcs =1，GProcs = 1）

　　其次，划分 CPU 核并确定 GProcs 和 CProcs 各自进程数之后，需要分配马尔可夫链到 GProcs 和 CProcs 以实现负载平衡。一个特殊的限制是每个 GProcs 或 CProcs 进程至少要分配 1 条链。因此本书给出了一个量化标准，即 GProcs 对其所分配链的计算时间开销应该要近似等于 CProcs 所需计算时间。为了完全满足以上标准，需要同时知道 GPU 端和 CPU 端的计算能力。根据已知，不在计算机上实际运行一个应用，只基于计算机的理论性能参数，要想获得对应用的一个精确的性能估计非常困难和复杂。因此，采用实验方法，当已经决定了分别分配给 GPU 端和 CPU 端的准确的 CPU 核数量时，在单节点上测量具有代表性的小规模并行执行的实际时间开销。虽然每链的工作量在不同迭代时可能会改变，但链间的总体趋势是一样的。这里 α 表示分配给 GPU 端的负载均衡比例。

$$T_{\text{whole}} = \max\{T_{\text{GPU}}, T_{\text{CPU}}\} + T_{\text{comm}}$$
$$T_{\text{GPU}} = t_{\text{GPU}} \times n \times \alpha \qquad\qquad (6.1)$$
$$T_{\text{CPU}} = t_{\text{CPU}} \times n \times (1-\alpha)$$

式中，α 的值等于总链数除分配给 GProcs 的链数。其他变量和参数的含义见表 6.3。

表 6.3　负载均衡公式（式（6.1）和式（6.2））中的参数含义

参数	含义
n	总链数
α	对 GProcs 的负载分配比例，其值为分配给 GProcs 的链数除以总链数
T_{GPU}	GProcs 的纯计算时间
T_{CPU}	CProcs 的纯计算时间
T_{whole}	总执行时间
T_{comm}	MPI 进程间的纯 MPI 通信时间
t_{GPU}	单 GProcs 进程对单链的平均纯计算时间
t_{CPU}	单 CProcs 进程对单链的平均纯计算时间

当 T_{GPU} 等于 T_{CPU} 时，T_{whole} 达到其最小值，此时对 GPU 端的负载划分比例为

$$\alpha = \frac{1}{T_{GPU} / T_{CPU} + 1} \qquad (6.2)$$

即已知 T_{GPU} 和 T_{CPU}，就能计算出负载分配比例 α。

如上所述，本书针对 oMC^3 提出了一个静态策略在 CPU 端和 GPU 端来分配负载。此策略虽然简单，但能够平衡 CProcs 和 GProcs 的时间利用，获得良好性能。在当前的 oMC^3 实现中，此策略是离线的，即 oMC^3 的用户必须根据我们的划分策略手动分配负载。负载划分的开销是值得的，由于在 CProcs 和 GProcs 间更好地平衡了时间开销，能够极大地减少对大规模数据集执行 MC^3 分析的时间。离线的负载划分策略按以下步骤进行。

为了完成快速剖析，设置迭代次数和总链数在输入数据集文件中为相对较小的值。

（1）利用已确定的对 GProcs 和 CProcs 的 CPU 核划分，分配一半的链给 GProcs。

（2）按照以上设置在单个计算节点运行 oMC^3，获得 T_{GPU} 和 T_{CPU} 的值。

（3）基于已获得的 T_{GPU} 和 T_{CPU} 的值，根据式（6.2）计算出 α 的值。

更多关于如何运行 oMC^3 的细节可以参见其源代码包中的手册[23]。在未来的 oMC^3 版本中，我们将使代码可以根据我们的负载划分策略实现自动分配负载，免去用户手动划分的烦琐。

6.4　结果和讨论

6.4.1　实验设置

本书的主要实验平台是天河-1A 超级计算机[15]，其配置描述见表 6.1。另外，在 6.4.2 节中还使用了一个带 2 片 GPU 的服务器，其配置见表 6.4。文献[21]中使用来自

nMC³ 源码包的 3 个真实的生物数据集[24]。3 个数据集的细节见表 6.2，其数据类型是 DNA，使用 4×4 的核苷酸替换 GTR 模型（nucleotide substitution GTR models），nst 设置为 6，rates 设置为 gamma/invgamma。本书使用的 3 个数据集，标记为 1～3，与文献[24]中使用的 3～5 是一样的。文献[11]中的数据集 1～2 在本书实验中未使用，那是因为它们的规模较小，不适合大规模并行计算的情况。为了公平比较不同的实现，在本书所有实验中使用固定的随机种子。

表 6.4　带 2 片 GPU 的服务器配置

CPU 部分		GPU 部分	
CPU 芯片	Intel Xeon E5-2650	GPU 设备	NVIDIA Tesla C2050
CPU 核数	16（2 片×8）	GPU 核数	896（2 片×488）
频率	2.00GHz	频率	1.15GHz
存储容量	64GB	全局存储	2 片×3GB
双精度峰值性能	256Gflops	双精度峰值性能	1030 Gflops

在本节中，通过执行时间和指标来分析性能。首先，我们将 oMC³ 分别与 hMC³ 以及 nMC³ 比较性能，平台为天河-1A 的单节点以及一个 2GPU 的服务器。然后，我们验证负载分配策略。最后，使用大量计算节点来测试 oMC³ 的扩展性。

6.4.2　单计算节点上的性能

在天河-1A 的单计算节点上比较了 hMC³、nMC³ 和 oMC³ 的执行时间。同样的实验也完成在一个带 2GPU 的服务器上，其由 16 个 CPU 核和 2 个 GPU 组成。最优执行时间见表 6.5 和表 6.6。

表 6.5　hMC³、nMC³ 和 oMC³ 在单个天河-1A 节点上对 3 个数据集的性能（由 12 个 CPU 核和 1 个 GPU 组成），总链数设置为 8（2 路×4 链）

数据集	执行时间/s			性能改进	
	hMC³	nMC³	oMC³	oMC³ 与 hMC³	oMC³ 与 nMC³
1	168	218	115	32%	47%
2	189	195	125	34%	36%
3	393	367	229	42%	38%

表 6.6　hMC³、nMC³ 和 oMC³ 在 2GPU 服务器上对 3 个数据集的性能（由 16 个 CPU 核和 2 个 GPU 组成），总链数设置为 8（2 路×4 链）

数据集	执行时间/s			性能改进	
	hMC³	nMC³	oMC³	oMC³ 与 hMC³	oMC³ 与 nMC³
1	159	281	114	28%	60%
2	180	231	121	33%	48%
3	334	333	208	38%	38%

在天河-1A 的单计算节点上，基于 12 个 CPU 核和 1 个 GPU，我们对 hMC^3、nMC^3 和 oMC^3 测试了所有可能的 MPI 进程+OpenMP 线程的配置组合。hMC^3 的最佳配置是 2 个 MPI 进程，每个展开 6 个 OpenMP 线程，nMC^3 的最佳配置是 2 个 MPI 进程共享 1 个 GPU，oMC^3 的最佳配置是 2 个 CProcs 的 MPI 进程，每个展开 5 个 OpenMP 线程，还有 2 个 GProcs 的 MPI 进程共享 1 个 GPU。相似地，在 2GPU 服务器，其有 2 个 CPU 芯片×8 核加上 2 个 GPU，hMC^3 的最佳配置是 2 个 MPI 进程，每个展开 8 个 OpenMP 线程，nMC^3 的最佳配置是 2 个 MPI 进程，各使用 1 个 GPU，oMC^3 的最佳配置是 2 个 CProcs 的 MPI 进程，每个展开 7 个 OpenMP 线程，以及另外 2 个 GProcs 的 MPI 进程，各使用 1 个 GPU。

从表 6.5 和表 6.6 中可以发现在这两个平台上对所有的 3 个数据集，oMC^3 的时间开销都要小于 hMC^3 和 nMC^3。相对 hMC^3 和 nMC^3 取得的最大的性能改进分别是 42% 和 60%。基于 hMC^3 性能的加速比见图 6.6，相对于 hMC^3 的最大加速比是 1.7 倍，在天河-1A 的单节点上基于数据集 3 获得。相对 nMC^3 的最大加速比是 2.5 倍，在 2GPU 服务器上基于数据集 1 取得，在 2GPU 上的性能如图 6.7 所示。

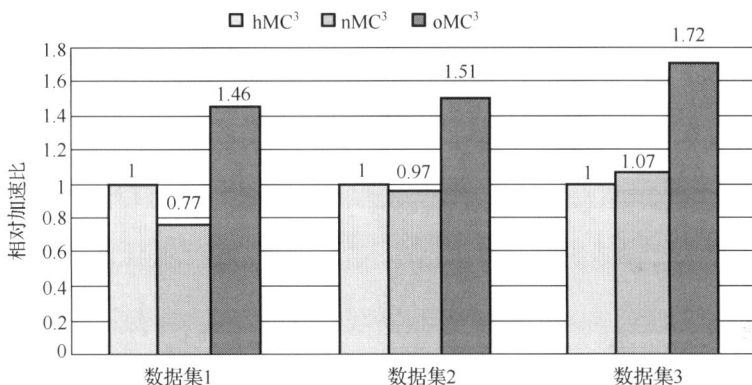

图 6.6　hMC^3、nMC^3 和 oMC^3 的相对加速比，在天河-1A 单节点，总链数设置为 8（2 路×4 链）

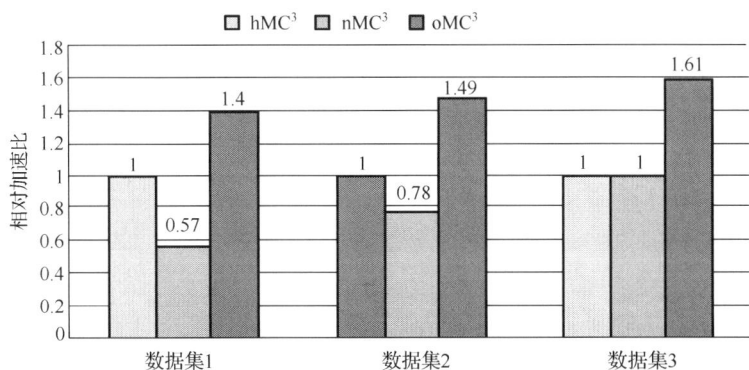

图 6.7　hMC^3，nMC^3 和 oMC^3 的相对加速比，在 2GPU 服务器，总链数设置为 8（2 路×4 链）

从表 6.1 和表 6.4 可以发现，2GPU 服务器的理论峰值性能是天河-1A 单计算节点的 2 倍。然而，比较表 6.5 和表 6.6 的时间开销可以发现，对于数据集 1 和数据集 2，hMC^3 和 oMC^3 两者的实际性能在不同平台上都几乎相同。而 nMC^3 在 2GPU 服务器上的性能甚至低于在天河-1A 单节点。但是对规模更大的数据集 3，所有的 3 种代码在服务器上都取得了比在天河-1A 单节点上更好的性能，这是因为其具有更细粒度的数据集并行。

在这两个不同的异构平台上的测试证明了无论平台的 CPU-GPU 配置如何，通过同时利用 CPU 核和 GPU 核，oMC^3 的确改进了 hMC^3 和 nMC^3 的性能。

6.4.3　验证负载划分策略

本书验证了负载划分策略，在天河-1A 的单节点上对数据集 3 使用 1 路分析。首先，为了检查当 $T_{CPU} = T_{GPU}$ 时，T_{whole} 是否确实取得其最小值，我们设置 CProcs = GProcs = 1，而且测试了不同的负载分配情况。期待的特性在图 6.8 中得到验证，发现最优的负载分配比例 α 值是 0.5 左右。

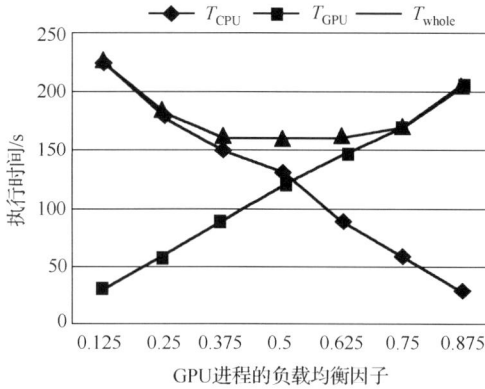

图 6.8　oMC^3 及其 CProcs 和 GProcs 随负载分配因子 α 变化的执行时间，实验平台为天河-1A 上单计算节点，使用数据集 2（1 路×8 链）

其次，为了检查 6.3.2 节中提出的负载划分策略是否能够计算出正确的 α 值，我们测试了 CProcs = 1、2 以及 GProcs = 1、2 时的所有的组合，并测试了对链在 CPU 端和 GPU 端的所有划分。特别是对于 10/2 的核分配，负载划分策略表明 α 值是 0.542，非常接近于图 6.8 中的最优交叉点。表 6.7 确认了 10/2 的核分配联合 4/4 的链分配是最佳选择，即使用 2 个 MPI 进程，每个展开 5 个 OpenMP 线程，另外 2 个 GProcs 的 MPI 进程共享 1 个 GPU。因此本书的负载划分策略得到了验证。

表 6.7　针对 oMC^3，3 种对 CPU 核和链的划分，总链数设置为 8（1 路×8 链）

CPU 核数分配 CProcs/GProcs	T_{GPU}	T_{CPU}	α	链数分配 CProcs/GProcs	T_{whole}
11/1	120s	132s	0.523	4/4	158s
10/2	85s	101s	0.542	4/4	135s
8/4	86s	118s	0.578	4/4	154s

6.4.4　多节点扩展性

本书通过与 hMC^3 和 nMC^3 对比来评估 oMC^3 的并行扩展性，使用规模中等的数据集 2。我们固定总链数为 1024，在天河-1A 上使用了从 32～128 个计算节点来分别运行这 3 个程序，每个计算节点上的 MPI 进程以及 OpenMP 线程的配置使用单节点发现的最佳配置。

多节点的结果见表 6.8 和图 6.9。从执行时间可以发现，与单节点情况相同，oMC^3 时间最短，验证了当使用多达 1536 个 CPU 核加上 128 个 GPU 时 oMC^3 最优。图 6.9 中的加速比基于 hMC^3 使用 32 个节点时的性能。值得注意的是，oMC^3 不仅取得了最高加速比，而且展现了具有竞争力的扩展性。

表 6.8　hMC^3、nMC^3 和 oMC^3 在天河-1A 上的执行时间（由 16 个 CPU 核和 2 个 GPU 组成），总链数设置为 1024（数据集 2，4 路×256 链）

节点数（CPU 核数/GPU 数）	执行时间/s			性能改进	
	hMC^3	nMC^3	oMC^3	oMC^3 与 hMC^3	oMC^3 与 nMC^3
32(384/32)	1113	959	633	43%	34%
64(768/64)	928	579	446	52%	23%
128(1536/128)	569	408	331	42%	19%

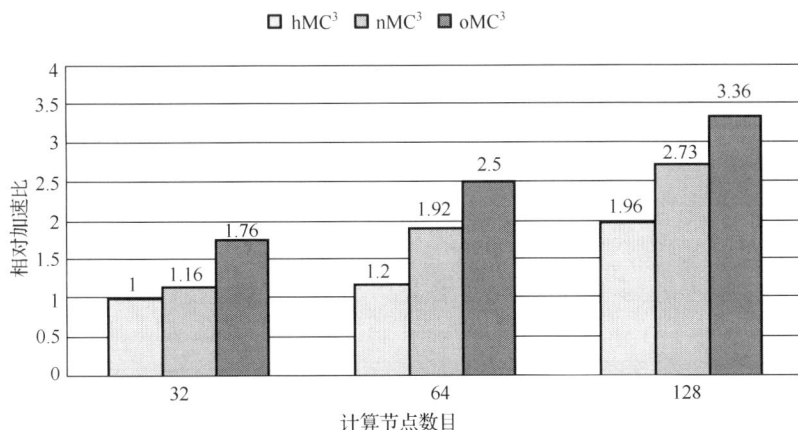

图 6.9　hMC^3、nMC^3 和 oMC^3 分别在天河-1A 的 32 个、64 个、128 个计算节点上的扩展性测试结果，总链数固定为 1024（数据集 2，4 路×256 链）

6.5　小　　结

面向 CPU/GPU 异构阵列和大规模数据集，这一章针对 MrBayes 提出了一种新颖的并行实现，称为 oMC³。新的并行实现解决了之前 MrBayes 并行实现对资源利用不充分的问题，即异构阵列的 CPU 部分和 GPU 部分没有被同时完全利用。作为比较，oMC³ 通过使用一个联合了 MPI、OpenMP 和 CUDA 的混合编程模型，能够更高效地开发 MrBayes 的两级并行性，能够同时使用 CPU 核和 GPU 来承担密集计算任务，使得可以高效地利用异构超级计算机中的计算资源。

本章也提出并分析了一个简单而高效的负载划分策略，并在天河-1A 超级计算机上研究了 oMC³ 的加速性能和扩展性。结果验证了 oMC³ 比 hMC³ 和 nMC³ 确实运行更快，提出的负载划分策略完成了目标。在天河-1A 的单计算节点上，相对 nMC³ 的最大加速比达到 1.9 倍，在 2GPU 的服务器上（由 16 个 CPU 核和 2 个 GPU 组成），加速比是 2.5 倍。在多节点运行时，对所有测试 oMC³ 的性能也超出了其他两种并行实现。据我们所知，这是首次将 MrBayes 扩展到异构系统的数千 CPU 核加上数百 GPU 上。

虽然本章的实验结果是面向贝叶斯进化分析，但此工作同时也具有通用价值，因为它讨论了混合编程技术，能够在异构系统上高效和同时地开发 CPU 多核和 GPU 的计算能力。而这种异构的硬件体系结构对用于其他生物信息学应用的大规模计算很有前景。

参 考 文 献

[1] Bader D A, Moret B M, Vawter L. Industrial applications of high-performancecomputing for phylogeny reconstruction [C]. ITCom 2001: International Symposiumon the Convergence of IT and Communications, 2001: 159-168.

[2] Foundation U N S. Assembling the tree of life (ATOL): To construct a phylogeny for the 1.7 million described species of life [C]. National Science Foundation, Program Solicitation, NSF 04-526, 2004.

[3] Feng X, Cameron K W, Buell D A. Pbpi: a high performance implementation of bayesian phylogenetic inference [C]. Proceedings of Supercomputing'2006, 2006:40.

[4] Altekar G, Dwarkadas S, Huelsenbeck J P, et al. Parallel metropolis coupled Markov chain Monte Carlo for Bayesian phylogenetic inference [J]. Bioinformatics, 2004, 20 (3): 407-415.

[5] Feng X, Buell D A, Rose J R, et al. Parallel algorithms for Bayesian phylogeneticinference [J]. Journal of Parallel and Distributed Computing, 2003, 63: 707-718.

[6] Feng X, Cameron K W, Sosa C P, et al. Building the tree of life on terascale systems [C]. Proceedings of the 21st International Parallel and Distributed Processing Symposium, 2007: 1-10.

[7] van der Wath R C, van der Wath E, Carapelli A, et al. Bayesian Phylogeny On grid [M]. Berlin

Heidelberg: Springer, 2008.

[8]　Pfeiffer W, Stamatakis A. Hybrid Parallelization of the MrBayes RAxML Phylogenetics codes [EB/OL]. http://sco.h-its.org/exelixis/Phylo100225.pdf. 2010.

[9]　Zhou J, Wang G, Liu X. A new hybrid parallel algorithm for MrBayes [C]. Proceedings of ICA3PP 2010, 2010: 102-112.

[10]　Pratas F, Trancoso P, Stamatakis A, et al. Fine-grain parallelism using multi-core,cell/BE, and GPU systems: accelerating the phylogenetic likelihood function [C]. Proceedings of ICPP 2009, 2009: 9-17.

[11]　Zhou J, Liu X, Stones D S, et al. MrBayes on a graphics processing unit [J]. Bioinformatics, 2011, 27 (9): 1255-1261.

[12]　Suchard M A, Rambaut A. Many-core algorithms for statistical phylogenetics [J]. Bioinformatics, 2009, 25 (11): 1370-1376.

[13]　Ayres D L, Darling A, Zwickl D J, et al. BEAGLE: An application programminginterface and high-performance computing library for statistical phylogenetics [J].Syst Biol, 2012, 61 (1): 170-173.

[14]　Ronquist F, Teslenko M, van der Mark P, et al. MrBayes 3.2: Efficient Bayesian phylogenetic inference and model choice across a large model space [J]. Syst Biol, 2012, 61 (3): 539-542.

[15]　Yang X J, Liao X K, Lu K, et al. The TianHe-1A supercomputer: its hardware andsoftware [J]. J Comput Sci Technol, 2011, 26 (3): 344-351.

[16]　TOP500. TOP500 List on November 2011 [EB/OL]. http://www.top500.org/lists/2010/11.

[17]　Wikipedia. Jaguar [EB/OL]. http://en.wikipedia.org/wiki/Jaguar_(supercomputer).

[18]　Sun N H, Xing J, Huo Z G, et al. Dawning nebulae: A Pflops supercomputer with a heterogeneous structure [J]. J Comput Sci Technol, 2010, 26 (3): 352-362.

[19]　Shimokawabe T, Aoki T, Takaki T, et al. Peta-scale phase-field simulation for dendritic solidification on the TSUBAME 2.0 supercomputer[C]. SC Conference ACM Press, 2011:1-11.

[20]　Huelsenbeck J P, Ronquist F. Bayesian Analysis of Molecular Evolution Using MrBayes[M]. New York: Springer, 2005.

[21]　MrBayes Version3.1.2 [EB/OL]. http://sourceforge.net/projects/mrbayes/files/mrbayes/3.1.2/.

[22]　NVIDIA. NVIDIA CUDA C Programming Guide Version 4.1 [EB/OL]. http://developer.nvidia. com/cuda-downloads.

[23]　Chai J. Optimal MrBayes (Version 1.0) User Manual [EB/OL]. https://sourceforge.net/projects/optimal-mrbayes/.

[24]　TOP500. TOP500 List on November 2010 [EB/OL]. http://www.top500.org/list/2010/11.

第 7 章　基于 CPU-GPU 异构系统的双岩沉降模拟

本章结合实际应用——地质沉降模拟，讨论在 CPU-GPU 异构集群系统上开发高效能应用的方法。首先通过开发大规模并行和优化片上存储资源的方式利用 GPU 的计算能力对应用进行加速。同时，合理利用 CPU 计算资源以及均衡调度工作负载，提出了针对大规模异构计算系统的 CPU-GPU 重叠计算技术，对多节点间计算和通信问题进行优化。我们以天河-1A 超级计算机系统为实验平台，对分辨率高达 131072×131072 的地质沉降模型进行模拟，在 1024 个 GPU 计算节点上获得了 72.8Tflops 的双精度浮点计算性能。

7.1　概　　述

石油工业是超级计算的重要应用领域之一，模拟海洋盆地的进化过程对于研究油层的形成和构造具有十分重要的意义。但是，海洋盆地的形成伴随着泥沙、页岩、淤泥等物质的侵蚀、降解及其相互作用，是一个十分复杂的物理过程。通常使用耦合的非线性偏微分方程描述这些物理现象，然而非线性偏微分方程的求解计算量大。采用计算机模拟的方法求解这些非线性偏微分方程需要很长的时间。在石油工业等需要超高时空分辨率模拟的情况下，模拟过程对计算的需求更加迫切，普通的 PC 根本无法满足需求。为了进行反向问题的求解，往往需要设置不同的参数进行重复模拟，迫切需要并行计算技术的支持。本章通过对该领域中双岩沉降（沙子和淤泥）模型的模拟，研究基于大规模集群的并行计算技术。双岩沉降模型由两个耦合的偏微分方程组成。

如今，由于 GPU 的强大计算能力，基于 GPU 计算阵列的大规模科学计算已经成为一种趋势。众所周知，GPU 已经在数值天气预报、计算流体动力学、天文学 N-Body 模拟等科学计算领域展现出其强大的能力[1-4]。同时，已经有一些关于如何利用基于 GPU 的异构大规模系统加速科学问题求解的研究[5,6]。随着高性能计算机技术的发展，高效的异构计算技术将会为未来科学研究提供强有力的支撑。

本章在 GPU 增强型超级计算机上并行优化了基于 Okeechobee 湖[7]的全显式双岩沉降模拟，目的是研究在这样一个模型上如何高效地使用 GPU 技术。同时，我们重点研究高分辨率模式模拟环境下 CPU-GPU 混合计算方法。本章的主要工作包括：开发了一个 GPU 增强型的全显式地质沉降模拟软件，面向 GPU 优化了程序实现，提出了 CPU-GPU 计算与通信重叠技术；讨论了 CPU-GPU 任务划分的问题，为通用 stencil

计算提供了性能优化指导；在天河-1A 湖南超级计算中心对不同的并行实现方式进行评测与性能分析。

实验结果表明，我们的优化实现可以获得很高的性能，满足高分辨率地质沉降模拟的需求。本书实现的基于 MPI+OpenMP+CUDA 的多节点 CPU-GPU 异构并行解决方案在 1024 个节点上获得了 72.8Tflops 的计算性能，模拟分辨率达到了 131072×131072。这是地质沉降模拟领域首次实现了 Tera 级模拟，可以模拟 0.5m 精度量级的盆地进化过程。据我们所知，目前尚未有人使用如此大规模的 GPU 阵列进行地质沉降研究。

7.2　数学模型和数值方法

扩散方程通常被用来模拟沉淀物在河流环境中的流动过程。该方程最开始被用于大陆进化模拟和沉积物形成模拟领域，而后被 Jordan 等应用到基本大陆架的形成研究中[7,8]。Rivenæs 对扩散方程进行了扩展，使其首次可以处理两种类型的沉积物[9]。本章采用 Rivenæs 提出的模型，研究盆地中沉积物的流动及盆地的演化过程。该模型可以根据不同扩散系数模拟两种沉积物的变迁过程，如沙子和淤泥。它主要由以下两个非线性偏微分方程组成的耦合系统构成。

$$\frac{\partial h}{\partial t} = \frac{1}{C_s}\nabla\cdot(\alpha s\nabla h) + \frac{1}{C_m}\nabla\cdot[\beta(1-s)\nabla h] \tag{7.1}$$

$$A\frac{\partial s}{\partial t} + s\frac{\partial h}{\partial t} = \frac{1}{C_s}\nabla\cdot(\alpha s\nabla h) \tag{7.2}$$

式中，主要的未知数是 $h(x,y,t)$ 和 $s(x,y,t)$。C_s 和 C_m 都是常量；h 是一个时间和空间上的高度函数，表示盆地的高度，而 s 和 $1-s$ 分别表示拟研究的两种沉积物的容积成分。$\alpha(x,y)$ 和 $\beta(x,y)$ 为与沙子和淤泥相关的两个扩散系数。

目前，已经有很多的数值方法可以对式（7.1）和式（7.2）进行求解。Wei 等[10]总结了 5 种不同的数值解法，并且指出在 CPU 计算平台中，这些算法的性能主要由数据访问速度决定。这意味着使用 GPU 的并行实现也有可能受限于数据访问。因此，本书采用了一种并行度相对较高的算法：全显式数值方法。该算法的具体过程可以参照文献[7]。它的优势在于不涉及非线性计算系统或者线性代数方程组。前期研究表明[10]，全显式数值方法是在 CPU 中模拟速度最快的方法，同时也是计算访存比最高的解决方案，因此可能适合于使用 GPU 进行并行加速。

$$\frac{h_{i,j}^{\ell+1}-h_{i,j}^{\ell}}{\Delta t} = \frac{\left(\dfrac{\alpha_{i+\frac{1}{2},j}s_{i+\frac{1}{2},j}^{\ell}}{C_s}+\dfrac{\beta_{i+\frac{1}{2},j}\left(1-s_{i+\frac{1}{2},j}^{\ell}\right)}{C_m}\right)\left(h_{i+1,j}^{\ell}-h_{i,j}^{\ell}\right) - \left(\dfrac{\alpha_{i-\frac{1}{2},j}s_{i-\frac{1}{2},j}^{\ell}}{C_s}+\dfrac{\beta_{i-\frac{1}{2},j}\left(1-s_{i-\frac{1}{2},j}^{\ell}\right)}{C_m}\right)\left(h_{i,j}^{\ell}-h_{i-1,j}^{\ell}\right)}{\Delta x^2}$$

$$+\frac{\left(\dfrac{\alpha_{i,j+\frac{1}{2}}s^{\ell}_{i+\frac{1}{2},j}}{C_s}+\dfrac{\beta_{i,j+\frac{1}{2}}\left(1-s^{\ell}_{i,j+\frac{1}{2}}\right)}{C_m}\right)\left(h^{\ell}_{i,j+1}-h^{\ell}_{i,j}\right)-\left(\dfrac{\alpha_{i,j-\frac{1}{2}}s^{\ell}_{i,j-\frac{1}{2}}}{C_s}+\dfrac{\beta_{i,j-\frac{1}{2}}\left(1-s^{\ell}_{i,j-\frac{1}{2}}\right)}{C_m}\right)\left(h^{\ell}_{i,j}-h^{\ell}_{i,j-1}\right)}{\Delta y^2}$$

$$\tag{7.3}$$

$$A\frac{s^{\ell+1}_{i,j}-s^{\ell}_{i,j}}{\Delta t}+s^{\ell+1}_{i,j}\frac{h^{\ell+1}_{i,j}-h^{\ell}_{i,j}}{\Delta t}=\frac{1}{2C_s\Delta x^2}\begin{cases}\left(\alpha_{i,j}s^{\ell}_{i,j}-\alpha_{i-1,j}s^{\ell}_{i-1,j}\right)\left(h^{\ell+1}_{i+1,j}-h^{\ell+1}_{i,j}\right),&h^{\ell+1}_{i-1,j}>h^{\ell+1}_{i+1,j}\\\left(\alpha_{i+1,j}s^{\ell}_{i+1,j}-\alpha_{i,j}s^{\ell}_{i,j}\right)\left(h^{\ell+1}_{i+1,j}-h^{\ell+1}_{i-1,j}\right),&\text{其他}\end{cases}$$

$$+\frac{1}{2C_s\Delta y^2}\begin{cases}\left(\alpha_{i,j}s^{\ell}_{i,j}-\alpha_{i,j-1}s^{\ell}_{i,j-1}\right)\left(h^{\ell+1}_{i,j+1}-h^{\ell+1}_{i,j}\right),&h^{\ell+1}_{i,j-1}>h^{\ell+1}_{i,j+1}\\\left(\alpha_{i,j+1}s^{\ell}_{i,j+1}-\alpha_{i,j}s^{\ell}_{i,j}\right)\left(h^{\ell+1}_{i,j+1}-h^{\ell+1}_{i,j-1}\right),&\text{其他}\end{cases}\tag{7.4}$$

在全显式数值方法中，整个模拟时间域 $0\leqslant t\leqslant T$ 被划分为一系列等长的时间步：$t_0,t_1,t_2,\cdots,T$，$t_\ell=\ell\Delta t$。每个时间步内，全显式方法首先计算式（7.1），然后根据数据依赖关系计算式（7.2）。时间域的离散过程采用前向欧拉方法，而空间域的离散过程基于中央差分或者向风差分方法。假设 $h^{\ell}_{i,j}$ 和 $s^{\ell}_{i,j}$ 分别表示在时间步 $t=t_\ell$ 和空间步 $x=x_i=(i-1)\Delta x$，$y=y_i=(i-1)\Delta y$ 对应方程的解，那么式（7.1）的完整离散化过程可以使用式（7.3）表示。对于式（7.2），其数值离散过程如式（7.4）所示。公式中半索引下标是两个空间网格点的中间点对应的值，通过对这两个离散点求均值而得，如

$$\alpha_{i+\frac{1}{2},j}s^{\ell}_{i+\frac{1}{2},j}=\frac{\alpha_{i,j}s^{\ell}_{i,j}+\alpha_{i+1,j}s^{\ell}_{i+1,j}}{2}\tag{7.5}$$

式（7.3）右边与 h^l 相关的两个扩散项可以使用中央有限差分方法离散求解，该过程主要由一个 2D 的 5 点 stencil 计算构成。为了提高数值方法的稳定性，式（7.4）右边与 s^l 相关的对流项使用基于逆风（单向）有限差分方式离散求解[7]。该离散过程由两个"if-tests"组成，一个对应 x 维度，另一个对应 y 维度。

全显式数值方法在每一个时间步的处理过程主要是对一个 2D 网格进行计算。每一个时间步对应的计算都是对式（7.3）和式（7.4）中 h 和 s 对应值的求解。本书使用 update_h 和 update_s 表示每个时间步的计算过程。每个点的处理对应一个 5 点 stencil 计算，涉及计算网格点及其周围的 4 个相邻点（上、下、左、右），如图 7.1(a)所示。计算 h 函数 update_h 对应的核心代码如图 7.1(b)所示。

很显然，全显式方法中蕴涵着丰富的数据级并行。该方法并行化的挑战在于如何划分整个网格为多个子域以及使用合适的 MPI 接口函数对不同子域之间数据交互进行处理。如果考虑使用 GPU 进行并行加速实现，还需要考虑计算任务在 CPU-GPU 之间的负载均衡问题。另外，如何隐藏 CPU-GPU 之间数据传输开销对整个应用的性能也至关重要。

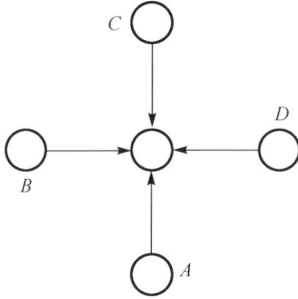

(a) 算法中使用的 5 点 stencil 计算

```
for(i=1; i<=1m; i++){
  for(j=1; j<=1n: j++){
    gsAlphaBeta=gs(S_center, alpha_center);
    gmAlphaBeta=gm(S_center, beta_center);
    h_A=h_ down- h_center;
    g1A=hm(gsAlphaBeta, gs(s_down, alpha_down));
    g2A=hm(gmAlphaBeta, gm(s_down, beta_down));
    h_C=H_up- h_center;
    g1C=hm(gsAlphaBeta, gs(s_up, alpha_up));
    g2C=hm(gmAlphaBeta, gm(s_up, beta_up));
    ...
    ht[scoord] = csx*(g1B *h_B + g1D *h_D)+csy * (g1A * h_A +g1C *h_C)+
            cmx*(g2B *h_B +g2D *h_D)+cmy *(g2A *h_A+g2C *h_C)+h_center;
  }
}
```

(b) update_h 的参考 C 代码

图 7.1　全显式数值方法的算法框架结构

7.3　并行实现设计

本节介绍基于全显式数值解法的双岩沉降模拟在 GPU 增强型集群上的几种并行实现方式。首先描述一个完全基于 CPU 计算阵列的并行模拟方案，简要介绍涉及的数值计算，称为 CPU-only 模式。然后，介绍一个完全基于 GPU 的并行实现，重点关注如何利用 GPU 的片上存储资源和开发大规模并行性，称为 GPU-only 模式。最后，重点阐述基于 GPU 和多核 CPU 的混合优化实现方式，称为 CPU-GPU 混合实现。以上实现方式均采用 MPI 进行节点间通信。我们的目标是在最短的时间内模拟高分辨率地质沉降过程。如果能够实现这一目标，那么以前基于中小规模 CPU 集群不可能实现的长期、高分辨率沉积盆地模拟将可能在基于 GPU 的大规模集群上得以实现。

7.3.1　基于 MPI 的 CPU-only 实现

假设模拟的网格在 x 和 y 方向的大小分别为 N_x 和 N_y。为了便于采用中央差分进行边界条件处理，通常会在整个计算网格的周围各添加一个额外的点。因此需要两个存储空间为 $(N_x+2)(N_y+2)$ 大小的数组保存变量 $h_{i,j}^\ell$ 和 $h_{i,j}^{\ell+1}$ 的值。类似地，对 $s_{i,j}^\ell$ 和 $s_{i,j}^{\ell+1}$ 的计算也需要两个大小分别为 $(N_x+2)(N_y+2)$ 的数组。另外，系数矩阵 $\alpha_{i,j}$ 和 $\beta_{i,j}$，也需要相同大小的数组。前面已经介绍，对于式（7.3）和式（7.4）的求解，主要由 2D 5 点 stencil 计算构成。为了计算式（7.3）的 $h_{i,j}^{\ell+1}$ 中每个点的值，需要读取数组 h^l 中对应位置及其周围 4 个点的值（如 $h_{i,j}^\ell$ 和 $h_{i\pm1,j\pm1}^\ell$ 以及数组 s^ℓ，α 和 β 中相应 5 个点的值）。为了计算 $s_{i,j}^{\ell+1}$ 中每个点的值，需要读取数值 $h^{\ell+1}$ 和 s^ℓ，另外，还需要 $h_{i,j}^\ell$ 的值以及 s^ℓ 和 α 中各 3 个相关点的值。

在 CPU-only 并行实现方式中（只有 CPU 计算资源参与计算），CPU 负责所有的数据处理以及节点间数据的交互，其并行模型如图 7.2 上部分所示。根据 MPI 的进程

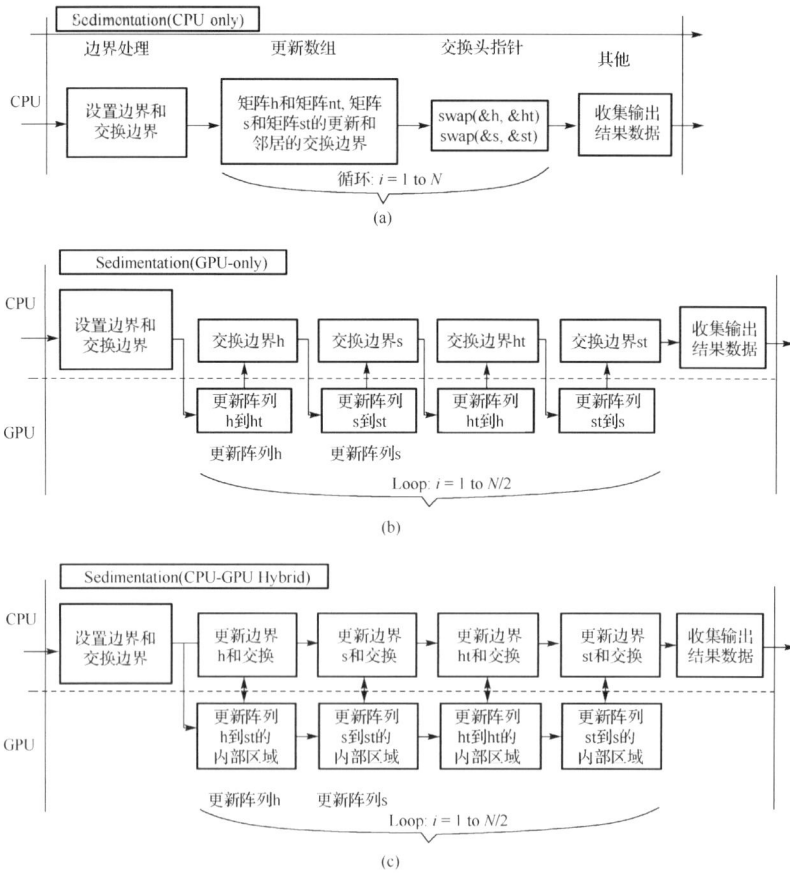

图 7.2　三种并行实现方式下任务划分示意图（CPU-only、GPU-only 和 CPU-GPUhybrid）

数量将整个解决方案进行并行划分，划分后的子域数量为 MPI 的进程数。每个 MPI 进程运行在一个 CPU 核上并且负责对应子域的计算。假设子域的大小为 $(n+2) \times (m+2)$，这意味着基于多核体系结构的共享存储多处理器会运行多个 MPI 进程。每一个 MPI 进程对数组 h 的更新过程如图 7.1(b) 所示。当每个 CPU 核更新完分配到该核的子域之后，利用 MPI 接口进行子域边界数据的交换。然后启动下一次时间步的迭代过程。

7.3.2　GPU-only 实现

1. 基本框架

与 CPU 相比，现代 GPU 具有更高的计算能力和更快的存储带宽。在本书面向的双岩沉降模拟中，95% 的模拟时间是由更新每个时间步对应的两个数组 h 和 s 所消耗的。因此，我们将这两个数组的计算任务加载到 GPU 上并行加速，CPU 只负责每次时间步迭代之后的边界数据交互过程，如图 7.2 中间部分所示。因为对数组 $h^{\ell+1}$ 和 $s^{\ell+1}$ 的更新对应的计算过程表现出不同的特点，我们分别对每个数组的计算（即式（7.3）和式（7.4）的求解）设计相应的 kernel，即 update_h 和 update_s。

具体而言，GPU 增强型计算集群中每个节点的 CPU 只派生一个 MPI 进程，该进程负责本地节点 GPU 程序的启动。当 GPU 上计算 kernel 完成后，CPU 负责交换边界数据。本章以计算核心 update_h 为例阐述 GPU 上 kernel 的组织方式，该 kernel 对应的线程和数据组织方式如图 7.3 所示。

首先，在 CUDA 并行框架的上层，将分配给每个 GPU 的子域进一步划分为大小为 $(n+2) \times (m+2)$ 的子块，该子块包含大小为 $n \times m$ 的内部数据和 4 条边界。然后，在该架构的第二层，每个线程块处理一个子块数据在每个时间步处数组 $h^{\ell+1}$ 的计算。为了简化编程，基本实现中一个线程只处理一个点的更新过程，并且不使用软件可管理的共享存储器，完全通过 L1 Cache 隐式捕捉数据的局域性。同时，本书使用 GPU 的常数存储器存储程序中使用的标量常数，整个程序只需要保存一份数据，避免了每个线程使用私有寄存器存储带来的寄存器压力。

2. GPU 优化

平衡寄存器和共享存储器的使用。我们使用 NVIDIA 提供的性能分析工具 CUDAprofiler 对 kernel 进行分析，发现过度使用寄存器导致 SM 占用率较低。为了缓解寄存器消耗带来的压力，本章采用共享存储器保存一些中间结果，既缓解寄存器压力，又提高数据的重用性。本章将程序中的变量分为两种：只读变量和中间计算结果。共享存储器只保存中间计算结果，对于只读变量，采用 L1 Cache 捕捉数据的局域性，避免使用共享存储带来的显示同步开销，优化后数据存储方式如图 7.4 所示。从上面

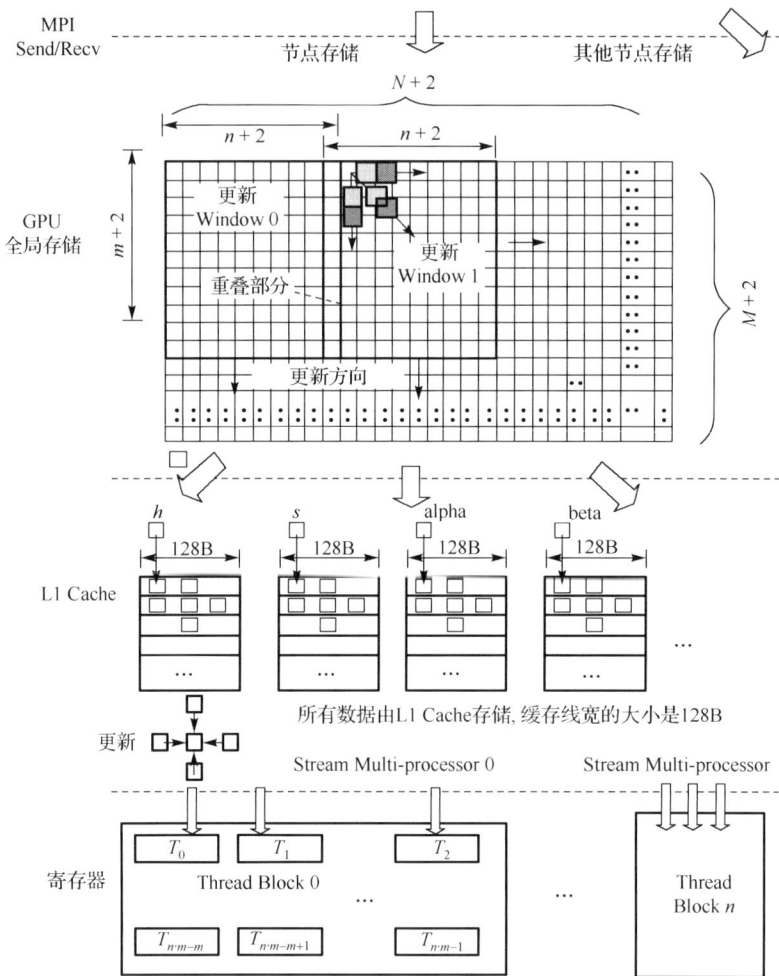

图 7.3　基于 L1 Cache 的 update_h 计算核心的 CUDA 实现

可知，假设线程块的大小为 $n \times m$，如果将这 5 个只读数组的值都读取到共享存储器中，则每个线程块需要至少 5 个大小为$(n+2) \times (m+2)$的共享存储器空间。如果线程块的配置模式为$(32, 4, 1)$，即线程块的大小为 128，对于双精度浮点数据而言，在 C2050 GPU 上每个 SM 最多能够激活 5 个线程块，硬件占用率低于 0.5。因此，我们考虑使用 L1 Cache 来捕捉只读数据的局域性，这样既可以提高占用率，又减少同步开销。而对于中间结果，则采用共享存储器存储的方式，在线程块内共享中间计算结果。kernelupdate_h 中每个网格点的计算量可以减少 12。注意到对于 kernelupdate_s 而言，使用共享存储只能减少 2 个浮点计算，但是同样需要引入昂贵的同步操作。另外，使用共享存储器时，处理边界数据会带来不可避免的存储体冲突。因此，最终在 update_s 中，此处并没有使用共享存储器，而是将 L1 Cache 配置到最大可使用程度。

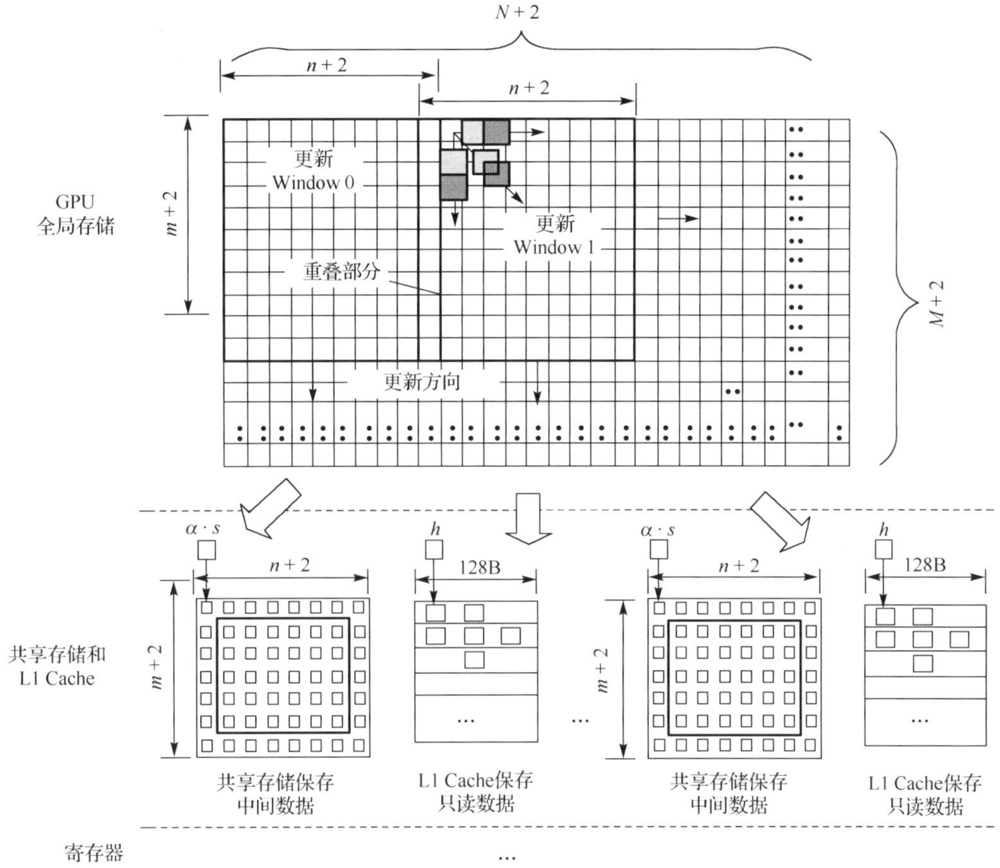

图 7.4　基于共享存储器的 update_h 实现方式

使用 HaloThreads 的线程块配置方式。在 CUDA 实现中，每个线程块对应的子块在四个方向上都包含一条边界。对于大小为$(n+2)\times(m+2)$的子块，如果线程块大小为$n\times m$，那么将数据读取到共享存储器，需要三组读取操作：读取 $n\times m$ 大小的内部数据，读取上下边界数据以及读取左右边界数据。显然，对于后面两组读取操作，有效的线程数量远小于 $n\times m$，大多数的线程因为同步等待而处于空闲状态。为了提高线程块的效率，我们扩大线程块的大小，设置为该线程块处理的子块大小，即$(n+2)\times(m+2)$，如图 7.5 所示。当处理该子块内部数据时，仅是内部的 $n\times m$ 线程有效。引入的边界线程保证使得只需要一组操作读取整个线程块需要的数据和计算出中间结果，而不是 3 组。当然，在实际计算内部数据时，线程块的有效利用率并不是很高。

7.3.3　CPU-GPU 混合实现

在当今 GPU 增强型计算集群中，CPU 的计算能力不容小觑。在这样的系统中，CPU 的计算能力以及相对高的利用率使得它可以获得与 GPU 相同量级的计算性能。

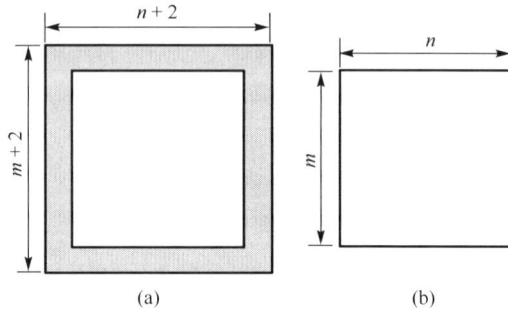

图 7.5　使用 HaloThreads 的线程块

(a) 写数据到共享存储器的有效线程块大小（$n+2, m+2, 1$），深灰部分代表子块需要的边界数据区域；
(b)计算子块对应更新区域的有效线程块大小（$n, m, 1$）

在天河-1A 超级计算机中，每个节点的 CPU 数量和 GPU 数量的比为 12∶1，CPU 的双精度浮点计算性能为 140Gflops，相当于一个 M2050GPU 峰值计算性能的 27.2%。这给我们提出了一个问题：如何在 CPU-GPU 之间划分计算任务以获得更好的性能？

图 7.2(c)给出了 CPU-GPU 混合并行计算模式的示意图。在混合计算中，每个节点的任务在 CPU 和 GPU 之间进一步划分。与 GPU-only 模式不同的是，混合实现中，CPU 除了负责节点间数据传输、CPU-GPU 之间数据传输之外，还要负责给定比例的计算任务。为了使节点间数据交互能够和 GPU 计算同步进行，分配给 CPU 的计算任务必须要包含边界数据。每个节点中的 GPU 只负责分配给该节点的子任务的中间数据部分的计算。与 GPU 相比，CPU 更擅长于对边界的处理，因为这部分计算涉及分支控制过程。节点内 CPU-GPU 之间的任务划分与目标硬件设备和应用的特性相关。在 CPU-GPU 混合实现中，我们采用 MPI+OpenMP+CUDA 的编程模式实现，这种混合的编程模式可以有效地利用各种硬件资源。

为了更加明了地说明这三种模式的不同，图 7.6 和图 7.7 分别给出了 CPU-only、GPU-only 和 CPU-GPU 混合并行三种模式下 kernelupdate_h 的不同处理过程。如图 7.6(a)所示，在 CPU-only 模式下，每个 CPU 核派生一个 MPI 进程处理一个相同尺寸的数据块，并且负责该数据块边界在节点内或者节点间数据交换。图 7.6(b)给出的 GPU-only 方法与 CPU-only 方法类似，不同的是当 CPU 接收到本节点需要的边界数据之后，将数据传输给 GPU 并启动 GPU 对数据块处理，计算任务全部由 GPU 完成。

在 CPU-GPU 混合实现中，CPU 和 GPU 都参与到计算过程中。如图 7.7(a)所示，为了充分利用多核处理器的计算能力，我们采用 MPI+OpenMP+CUDA 的计算模式。每一个节点创建一个 MPI 进程，该 MPI 进程又派生多个 OpenMP 线程。MPI 进程负责将任务加载到 GPU 上，并且负责 CPU-GPU 之间的数据传输和节点间数据交换，OpenMP 线程使用多核 CPU 对分配的数据进行并行加速，CUDA 则利用 GPU 对内部数据进行处理。CPU-GPU 混合并行计算具有以下两个优势：CPU 端边界数据的计算和 GPU 端内部区域的计算同时进行；节点间数据通信过程和 GPU 计算重叠。图 7.7(b)

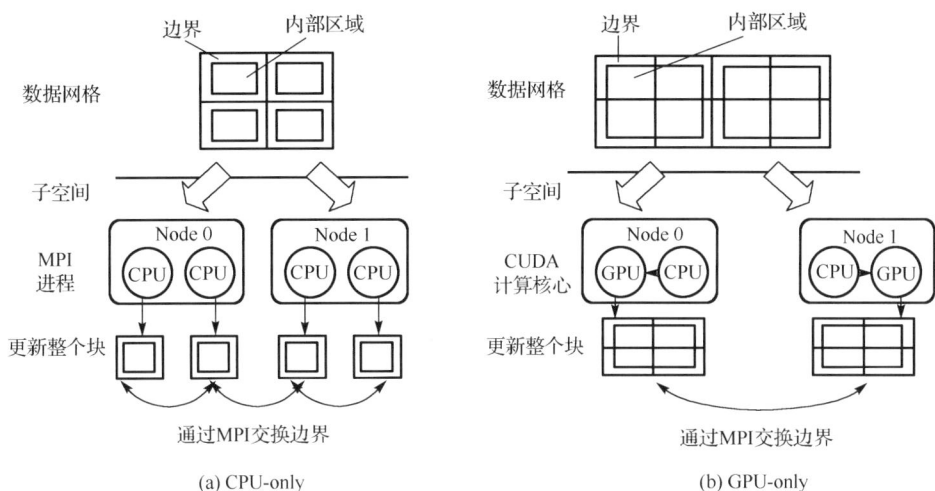

(a) CPU-only

(b) GPU-only

图 7.6　CPU-only 和 GPU-only 计算模式的计算过程

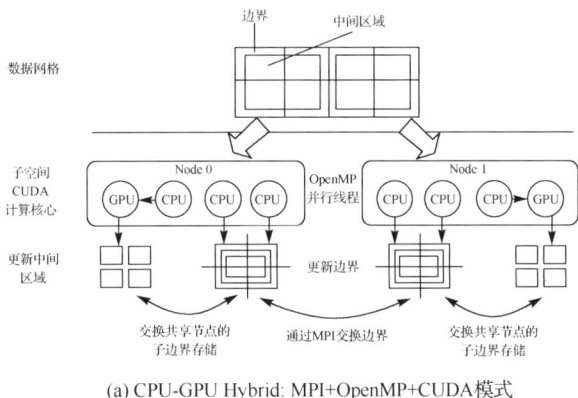

(a) CPU-GPU Hybrid: MPI+OpenMP+CUDA模式

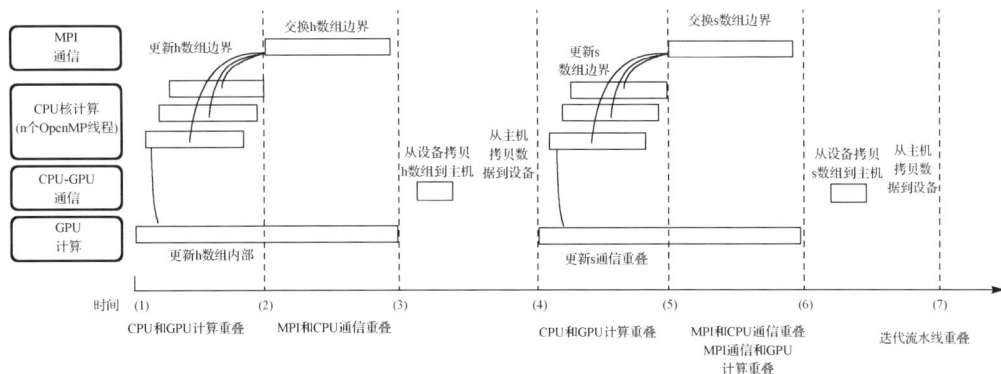

(b) CPU和GPU混合编程模式(MPI+OpenMP+CUDA)执行时间推进表

图 7.7　CPU-GPU 混合计算模式的处理过程

给出了各种计算之间以及计算与通信之间的重叠示意过程。整个处理过程分为如下几个阶段：阶段（1）是指一个 MPI 进程启动本地节点的一个 GPU 对分配到该节点的子矩阵 h 的内部区域进行计算。同时该 MPI 进程启动与本地节点 CPU 核数相等的 OpenMP 线程对子矩阵 h 的边界数据进行计算。在这一步中，CPU 端的边界计算和 GPU 上的计算可以重叠进行。阶段（2）是指当 OpenMP 线程完成 CPU 上边界部分的计算任务之后，CPU 利用 MPI 进行节点之间边界数据的交互，此时，GPU 继续对节点上子矩阵 h 内部区域的计算。该步骤中 GPU 计算和节点之间数据通信重叠。阶段（3）是指当 GPU 完成内部区域的计算之后，CPU 和 GPU 之间进行数据交换，GPU 将内部区域的边界数据传回 CPU，以进行下一次 CPU 上边界数据的迭代过程。更新矩阵 s 的处理过程与更新矩阵 h 的处理过程类似。

　　为了使得上述各种重叠执行过程完美重合，关键是 CPU-GPU 之间的任务划分要均衡。换句话说，GPU 上 kernel 的执行时间应该等于 CPU 上边界数据的计算时间和节点间数据交互时间的总和。

　　为了寻找最佳平衡点，我们对 CPU-GPU 混合实现的时间分布情况进行分析。表 7.1 列出了全局输入规模为 4096×4096 时，不同 CPU-GPU 任务比例划分方式下在 2 个节点上各个部分的执行时间。总的执行时间包括 kernel 的执行时间（kernelH+kernelS）、CPU 的计算时间（CPUcomputingH+CPUcomputingS）、节点间 MPI 通信时间（MPIcomm.H+MPIcomm.S）以及 CPU-GPU 数据传输时间（MemcpyH+MemcpyS）。同步情况下的总时间（Synch.）是以上各个部分的和。前面已经介绍过，CPU 的计算时间以及 MPI 的通信时间可能和 GPU 上 kernel 的计算时间重叠。理想情况下，这两个部分应该完美重叠。因此，理论上程序执行的最短时间是这两个部分耗时较长者与 CPU-GPU 之间数据传输开销的和，即 Max(kernelH, CPUcomputingH+MPIcomm.H)+Max(kernelS, CPUcomputingS+MPIcomm.S)+MemcpyH+MemcpyS。程序的实际执行时间应该与理论最短时间接近才能说明任务划分比较均匀。从表中可以看出，本书实现的 CPU-GPU 混合实现获得了较高的性能。尤其是当 CPU 上的计算任务为 10% 时，CPU-GPU 混合实现获得最佳的性能。类似地，表 7.2 给出了相同输入规模情况下，4 个节点并行时间的时间分布情况，其结果与 2 个节点的测试结果类似。

表 7.1　输入规模为 4096×4096 时，
2 个节点上 CPU-GPU 混合实现不同比例任务划分下各个部分的时间开销　　　（单位：s）

CPUworkloadratio	10%	16%	20%	30%
Totaltime(Synch.)	19.97	22.82	23.09	25.23
kernelexecutionH	5.05	4.71	4.49	3.93
kernelexecutionS	3.65	3.39	3.30	2.82
CPUcomputingH	3.03	4.45	4.98	6.62
CPUcomputingS	3.08	4.40	5.25	7.33

续表

MPIcommH	0.15	0.12	0.38	0.28
MPIcommS	0.12	0.22	0.26	0.26
CPU-GPUmemcpyH	2.35	2.22	2.13	1.90
CPU-GPUmemcpyS	2.35	2.22	2.12	1.90
Totaltime(theorical)	13.40	13.77	15.12	18.29
Totaltime(tested)	13.57	13.98	15.36	18.77

表 7.2　输入规模为 4096×4096 时，

4 个节点上 CPU-GPU 混合实现不同比例任务划分下各个部分的时间开销　　（单位：s）

CPUworkloadratio	10%	16%	20%	30%
Totaltime(Synch.)	12.29	13.87	13.27	14.69
kernelExecutionH	2.53	2.40	2.25	1.98
kernelExecutionS	1.82	1.82	1.67	1.44
CPUcomputingH	1.43	1.84	2.26	3.36
CPUcomputingS	1.57	2.22	2.57	3.74
MPIcommH	0.29	0.22	0.21	0.17
MPIcommS	0.09	0.09	0.15	0.25
MemcpyH	1.29	1.21	1.19	1.08
MemcpyS	1.28	1.22	1.17	1.08
Totaltime(theorical)	6.93	7.14	7.55	9.68
Totaltime(tested)	7.08	7.45	7.72	9.83

7.4　实验评估与分析

7.4.1　实验设置和结果

以上三种并行实现方式在天河-1A 超级计算机湖南超算中心进行性能测试。图 7.8 给出了天河-1A 超级计算机的体系结构。湖南超算中心计算机系统由 2048 个节点组成，节点之间使用 InfiniBand 连接。每个节点内配备了一个 NVIDIA M2050 GPU，其双精度浮点峰值计算性能为 505Gflops。每个节点还包含两个 Intel CPU(Xeon X5670，6 核，293GHz)以及总共 24GB 的内存空间。节点之间使用 MPICH1.3.2 进行通信，GPU 编程环境为 CUDA4.2。

下面所有的实验结果都是使用 Okeechobee 湖数据对系统中各个系数进行初始化测试得到的。需要指出的是，Okeechobee 湖的粗粒度模拟已经实现[7]。本章的主要目标是比较不同并行实现之间的性能。Okeechobee 湖位于佛罗里达州南部，直径为60km。该湖平均深度为 2.7m[11]。Kissimmee 河位于该湖的西北部，是湖中沉淀物的主要来源之一，占据湖水供应量的 30%[12]。本书以文献[13]中测试的 Okeechobee 湖水深度作为 h 的初始值，如图 7.9 所示。矩阵 s 的所有点的初始值均设置为 0.5。此外，沙子和淤泥的流动系数 α 和 β 分别设置为不同的值。更详细的参数设置可以参照文献[7]。

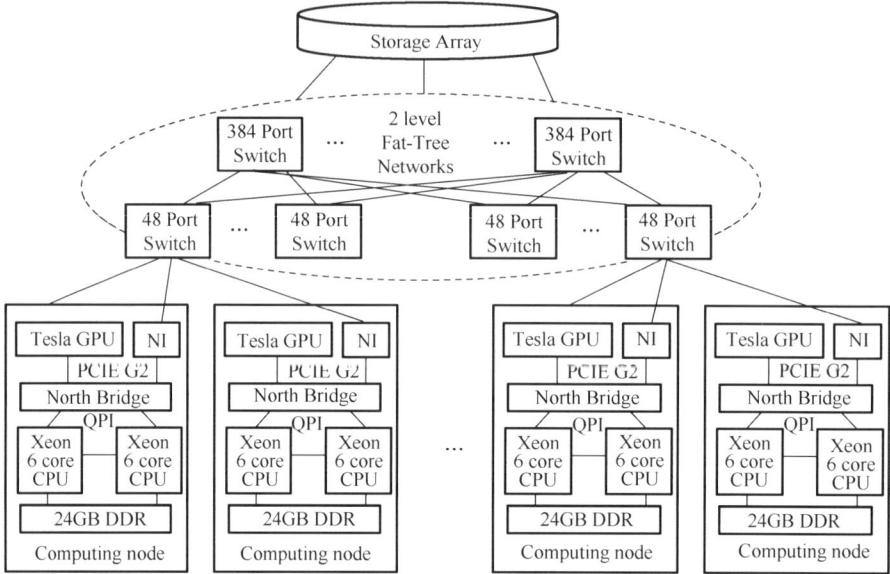

图 7.8　天河-1A 超级计算机体系结构

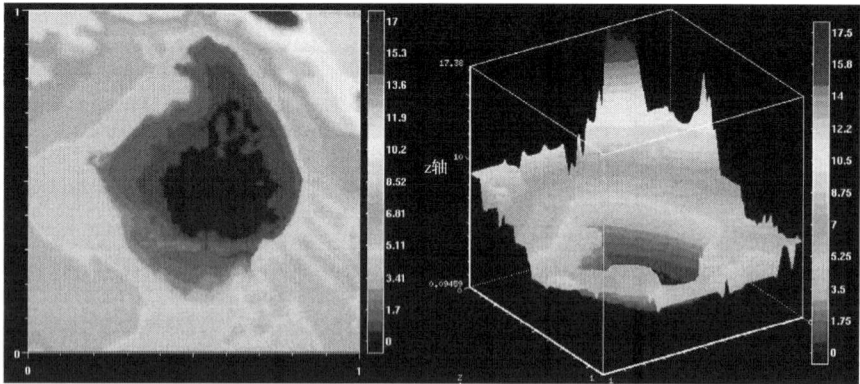

图 7.9　Okeechobee 湖的测量水深：数组 h 的初始值示意图（见彩插）

借助 GPU 增强型超级计算机的强大计算能力，我们可以对 Okeechobee 湖实现细粒度的模拟，空间分辨率可以达到 131072×131072。与文献[7]的数值实验相比，本书实现的细粒度模拟具有数量级上的飞跃。另外，为了验证文献[7]中的模拟结果，我们在时间维度上也进行长时间的模拟。例如，图 7.10 和图 7.11 给出了 50000 年之后 s 和 h 的模拟结果。

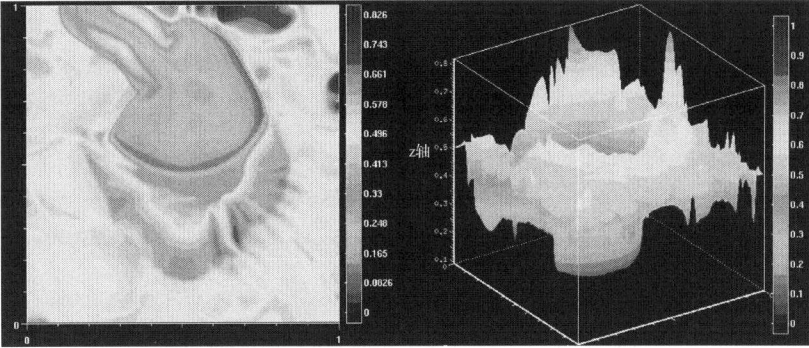

图 7.10　模拟 50000 年后湖中沉积物 s 的结果（见彩插）

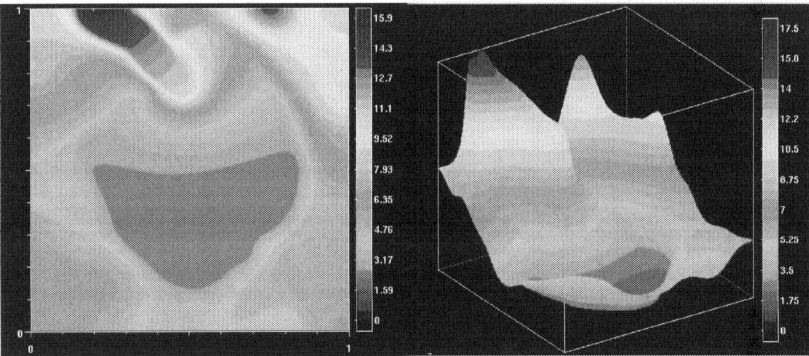

图 7.11　模拟 50000 年后湖水深度 h 的结果（见彩插）

7.4.2　单 GPU 性能比较与分析

本节评估本书实现的 GPU 并行程序的性能。我们使用 CUDA 提供的事件机制统计 GPU 程序中各个部分的执行时间，同时采用系统时钟统计 CPU 端的时间开销。此外，我们使用 PAPI 程序对浮点计算需求进行统计[14]。

首先，我们评估基于 GPU 实现的双岩沉降模拟的性能以及各种优化方式的效果。表 7.3 和表 7.4 分别给出了两个 kernel 在 M2050 上各种不同实现方式的性能。表中不同实现的命名规则如下：Baseline 是 7.3.2 节的第 1 部分提到的 GPU 实现方式；OPT-1 是指均衡寄存器和共享存储器的实现方式；OPT-2 是在 OPT-1 基础上使用 halothread 线程的实现方式。从表中可以看出，本章提出的新的实现方式在我们原有的基础上获得很大的性能提升[15]（该实现方式使用共享存储器保存只读数据和中间结果，并且没有使用 halothread 的线程配置方式）。对于 h 矩阵的更新，采用 OPT-2 实现方式时，

update_h 的单 GPU 性能提升了 30%，从文献[15]中的 58Gflops 上升到 76Gflops。对于 kernelupdate_s，将 L1 Cache 设置为最大值时获得最佳性能，性能提升达到 50%。对于整个应用，单 GPU 的性能从文献[15]中的 53Gflops 上升到 71Gflops。对于 kernelupdate_h，如果完全不使用共享存储器，则每个线程对寄存器的需求量巨大，这将导致程序的占用率极低。使用共享存储器不仅可以减少对寄存器的需求，同时还重用了中间计算结果，减少了计算量。对于 update_s，基本实现程序对应的占用率已经超过 50%。虽然使用 halothread 线程配置优化方式，统计得到的程序占用率为 87.5%，但是计算过程中实际的有效占用率却仅为 50%。当把数据加载到共享存储器之后，大概 38%的线程将处于闲置状态，不会参与计算。因此，在后续的评测中，update_h 以 OPT-2 的形式运行，而 update_s 则以 OPT-1 的方式运行，并将 L1 Cache 的大小配置为 48KB。

表 7.3　Kernelupdate_h 在 TeslaM2050 上的性能

实现	Gflops	每个线程的寄存器	每个线程的共享存储/KB	占有率	限制因素
文献[15]	58.03	29	10368	0.667	寄存器共享存储
Baseline	65.97	31	4896	0.667	寄存器
OPT-1	68.29	51	0	0.333	寄存器
OPT-2	76.98	21	4896	0.875	寄存器

表 7.4　Kernel update_s 在 TeslaM2050 上的性能

实现	Gflops	每个线程的寄存器	每个线程的共享存储/KB	占有率	限制因素
文献[15]	42.78	26	10368	0.667	寄存器共享存储
Baseline	51.49	29	3264	0.667	寄存器
OPT-1	61.48	36	0	0.583	寄存器
OPT-2	53.91	23	3264	0.875	寄存器

7.4.3　扩展性评测

1. 强扩展

强扩展是指程序输入规模不变，性能随着机器规模的增加而变化的一种特性。图 7.12 给出了本书实现的多种并行模式在不同输入规模下的性能，包括 4096×4096，8192×8192 和 16384×16384 三种分辨率。图中 CPU-only 表示使用基于 MPI 的 CPU 并行实现方式获得的性能，而 GPU-only 则代表使用 GPU 加速所有计算的实现，CPU-GPU 混合实现表示在 GPU 加速实现的基础上，CPU 也参与部分任务的计算。横轴 x 中每个点表示使用的机器节点数和对应的 CPU 核数，纵轴 y 表示对应节点获得的双精度浮点计算性能。

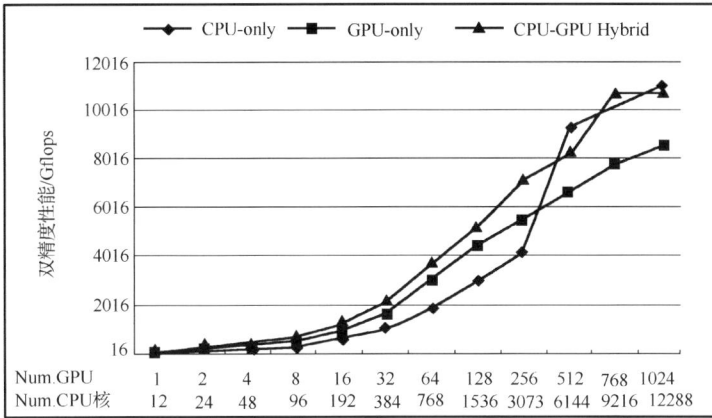

(a) 全局输入规模为 4096×4096 对应的性能

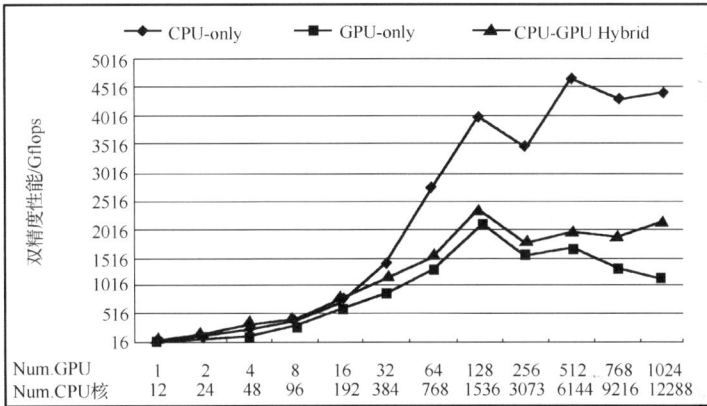

(b) 全局输入规模为 8192×8192 对应的性能

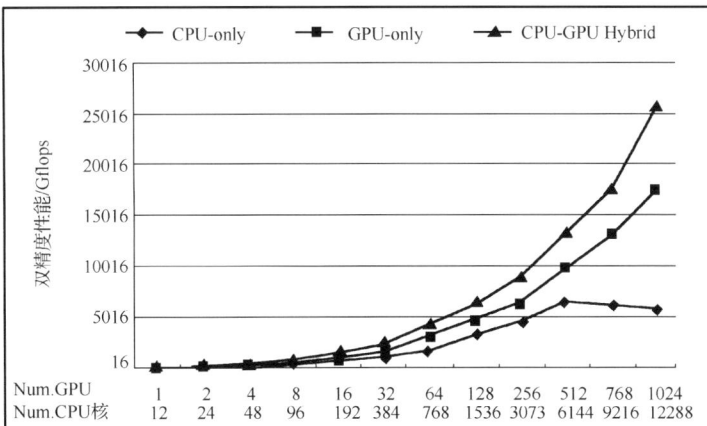

(c) 全局输入规模为 16384×16384 对应的性能

图 7.12　基于天河-1A 超级计算机的并行地质沉降模拟强扩展特性

　　从图 7.12 中可以看出,随着计算节点数的增加,程序获得的 Gflops 性能持续增加,直到某一个阈值。程序的强扩展特性除了与机器的规模有关,还与输入规模相关。例如,对于天河-1A 这样的超级计算机,4096×4096 的输入规模太小,每个节点的计算任务极其小,还不足以弥补使用 GPU 带来的额外开销。如图 7.12 所示,当机器规模超过 16 个节点时,CPU-only 并行实现获得的性能比基于 GPU 的实现方式还要好。对于输入规模为 8192×8192,当计算节点增加到 256 个时,每个节点分配的任务也变得比较小,使得 GPU 带来的性能优势被 GPU 计算引起的额外开销所吞噬。这部分开销主要是 CPU-GPU 之间的数据传输和 GPU 同步等待。另外,从图中还可以看出,当使用的机器规模超过 256 时,继续增加计算节点数获得的性能提升变得缓慢。这主要是由于节点数增加时,节点之间 MPI 通信开销逐渐成为程序的主要性能瓶颈。当输入规模为 16384×16384 时,除了 CPU-only 模式在节点规模超过 512 时表现出性能下降之外,本书实现的所有并行计算模式都表现出很好的强扩展特性。我们认为这可能是 CPU-only 实现中过多的核间 MPI 通信造成的。

　　从上面的分析可知,本章实现的各种并行沉降模拟在输入规模足够大的情况下表现出很好的强扩展特性。通过比较,CPU-GPU 混合实现方式具有最好的性能,因为随着输入规模的增加,CPU 和 GPU 同时计算以及隐藏节点之间的通信开销带来的优势就越发明显。对于输入网格为 16384×16384,使用 1024 个 GPU 和 12288 个 CPU 核,采用 CPU-GPU 混合实现比 CPU-only 和 GPU-only 的实现方式分别快了 5.07 倍和 1.3 倍。CPU-only 的计算性能为 5.8Tflops,而 GPU-only 和 CPU-GPU 混合并行的性能分别为 20.4Tflops 和 26.7Tflops。随着网格规模的增加,基于 GPU 的实现方式比基于 CPU 的实现方式性能高得多,这主要得益于 GPU 的强大计算能力。虽然一个 M2050 GPU 的峰值计算能力是一个 Intel Xeon X5670 CPU 核性能的 20 倍以上,但是一个天河-1A 计算节点内有 12 个 CPU 核,其综合计算能力不可小觑,同时程序在 CPU 上的效率往往比 GPU 高。因此,在这样的机器上,实现 CPU-GPU 同时并行计算对有效利用硬件资源就显得尤为重要。

　　2. 弱扩展

　　弱扩展是指每个计算节点处理的数据规模不变,程序的总输入规模随着机器规模的增加而增加所表现出的扩展特性。我们分别对一个节点上三种不同的计算规模进行评测,每个节点计算任务分别为 1024×1024、2048×2048 和 4096×4096。图 7.13 给出了各种不同输入规模下在 1024 个天河-1A 计算节点上的弱扩展性能特点。从图中可以看出,所有的并行实现方式均表现出良好的弱扩展性,但是不同的实现之间还是存在一些差异。需要注意的是,在如此大规模的计算系统中,网络不可能一直保持流畅。如图 7.13 所示,当每个节点的计算任务从 1024×1024 增加到 4096×4096 时,不同实现之间的性能差距越来越大。

　　类似于在强扩展阶段观察到的现象,CPU-GPU 混合实现在大多数情况下都有很好的弱扩展性,并且获得最高的性能。由于 CPU-GPU 之间的数据传输以及使用 GPU 带来的同步开销,在每个节点计算任务为 1024×1024 时,如果机器规模少于 128 个节点,那么

CPU-GPU 混合并行模式的性能将低于 CPU-only 的性能。当全局网格数据规模足够大时，CPU-GPU 混合实现的性能比其他实现方式都高。对图 7.13(a)～图 7.13(c)进行比较，可以看出 CPU-GPU 混合实现的 Gflops 性能始终随着计算资源的增加而上升。这进一步验证了 7.3 节论述的 CPU-GPU 计算与通信重叠的有效性。同时，这也说明了本书的 CPU-GPU 混合异构并行方式在 CPU 和 GPU 之间实现均衡的任务划分。当输入全局网格规模为 131072×131072 时，采用 CPU-GPU 混合计算模式在 1024 个天河-1A 计算节点上可以获得 72.8Tflops 的性能。而 CPU-only 和 GPU-only 获得的性能分别为 25Tflops 和 58Tflops。

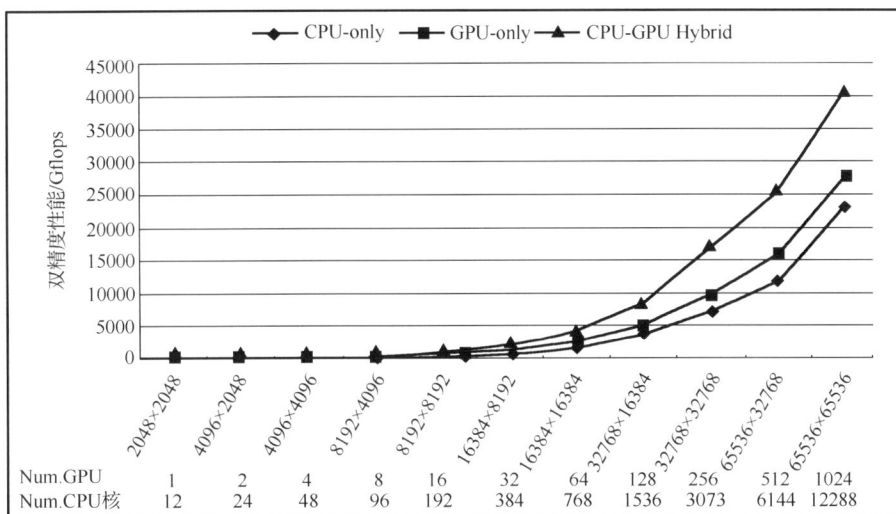

(a) 每个节点的计算任务为：1024×1024

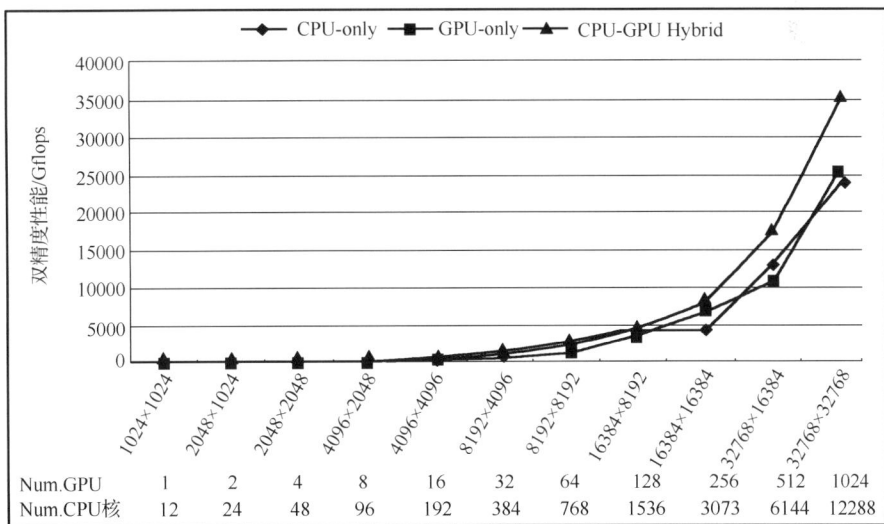

(b) 每个节点的计算任务为：2048×2048

图 7.13　基于天河-1A 超级计算机的并行地质沉降模拟弱扩展特性

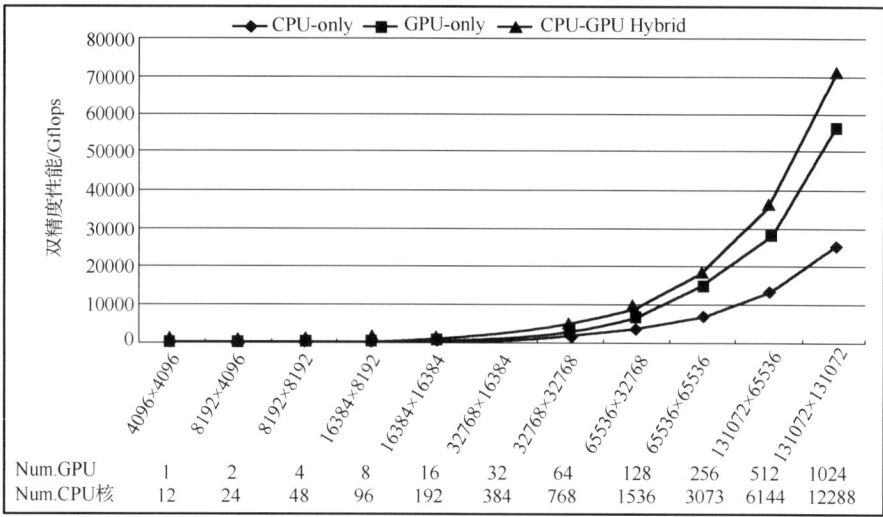

(c) 每个节点的计算任务为：4096×4096

图 7.13　基于天河-1A 超级计算机的并行地质沉降模拟弱扩展特性（续）

　　本书在实际应用中获得的高浮点计算性能，是中小规模计算机机群无法达到的。除了每个节点上只处理 1024×1024 大小的数据规模外，基于 GPU 的实现方式都要优于 CPU-only 计算模式。其中一个可能的原因是数据规模较小时无法有效利用 M2050 的计算能力。另外，MPI 进程之间的通信开销可能无法有效地隐藏，以及 CPU-GPU 之间数据传输开销相对于计算来说较大也是导致数据规模较小时 GPU 性能比 CPU-only 性能差的原因。CPU-only 计算模式也表现出很好的弱扩展性。但是，单个节点的计算规模达到 4096×4096 时，CPU-only 计算模式所表现出来的扩展性要差于基于 GPU 的实现方式。

7.4.4　时间分布

　　本节对各种不同实现方式的时间分布情况进行评测。每个节点处理的数据规模为 4096×4096。图 7.14 给出了并行双岩沉降模拟应用在天河-1A 上的时间分布情况。由于程序的每一次迭代都是严格同步的，本书使用 0 号进程对应的时间分布来表示整个应用的时间分布。从图中可以看出，随着计算节点的增加，MPI 进程之间的通信开销占总执行时间的比例越来越大。对于 CPU-only 实现方式，当使用 1024 个计算节点时，节点间的通信开销占总执行时间的 10%左右。而使用 GPU 时，该通信开销变得越来越大，因为 GPU 的参与使得计算时间下降，所以通信开销所占比例有所增加，而且使用 GPU 还会引入 CPU-GPU 之间数据传输开销。在基于 GPU 实现的并行模式下，MPI 通信开销大约占据了总执行时间的 20%。CPU-GPU 之间数据传输开销随着使用的计算节点数的增加而有所降低，这是因为 CPU-GPU 之间的数据传输量数固定不变，并且是发生在节点内的一种数据交互。在本书的 CPU-GPU 混合实现方式下，虽然 MPI 的通信开销很高，但是使用通信与计算重叠技术可以完美地隐藏这部分开销，这也是这种模式能够获得较高性能的原因。从以上分析可以看出，避免节点间数据通信和合理有效地开发丰富并行性是在 10000+CPU 和 1000+GPU 规模系统中获得高性能的两个重要因素。

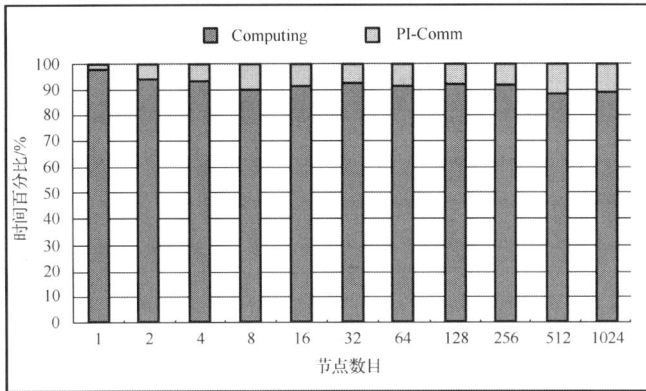

(a) CPU-only 并行实现的时间分布

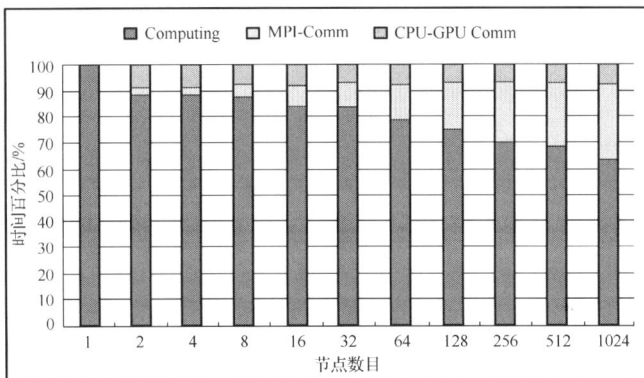

(b) GPU-only-OPT 并行实现的时间分布

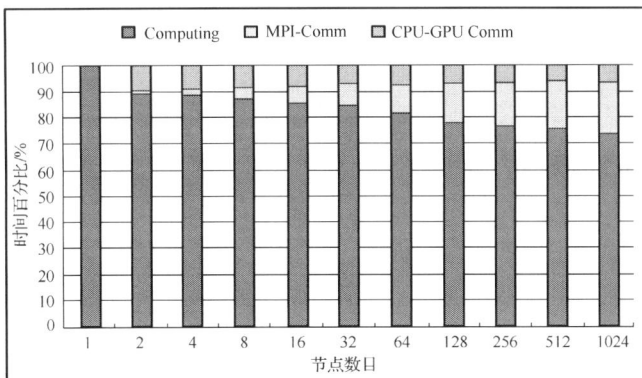

(c) CPU-GPUhybrid-OPT 并行实现的时间分布

图 7.14　并行双岩沉降模拟在天河-1A 超级计算机上的时间分布情况，每个节点的计算规模为 4096×4096

7.5　小　　结

本章阐述了全显式双岩沉降模型的多种并行方式，包括 CPU-only，GPU-only 和 CPU-GPU 混合实现。我们在天河-1A 超级计算机系统上采用最多 1024 个计算节点（12288CPU 和 1024GPU）对这些并行方式进行测试和分析。为了在 GPU 上获得较好的性能，我们对 GPU 程序进行一系列优化，包括使用常数存储器、寄存器和共享存储器均衡、使用 halothread 线程等技术。实验结果表明，本章实现的多种大规模并行双岩沉降模拟表现出很好的强扩展和弱扩展特性。通过 CPU-GPU 计算技术以及通信和计算重叠技术，CPU-GPU 混合并行方式可以有效地利用 CPU 和 GPU 的计算资源，隐藏节点之间数据通信开销。在 1024 个天河-1A 计算节点上，CPU-GPU 混合并行方式可以达到 72.8Tflops 的双精度浮点性能，这意味着每秒可以对 Okeechobee 湖在 0.5m×0.5m 分辨率条件下进行成百上千年的模拟。

参 考 文 献

[1]　Nickolls J, Dally W J. The GPU computing era [J]. IEEE Micro, 2011, 30 (2): 56-69.

[2]　Shimokawabe T, Aoki T, Muroi C, et al. An 80-fold speedup, 15.0 Tflops full GPU acceleration of non-hydrostatic weather model ASUCA production code [C]. High Performance Computing, Networking, Storage and Analysis (SC), 2010 International Conference for IEEE, 2010: 1-11.

[3]　Thibault J C, Senocak I. CUDA implementation of a Navier-Stokes solver on multi-GPU desktop platforms for incompressible flows [C]. Proceedings of the 47th AIAA Aerospace Sciences Meeting, 2009.

[4]　Tsuyoshi H, Keigo N. 190 Tflops astrophysical N-Body simulation on a cluster of GPU [C]. SCIEEE Computer Society, 2010: 1-9.

[5]　Hampton S S, Alam S R, Crozier P S, et al. Optimal utilization of heterogeneous resources for biomolecular simulations [C]. High Performance Computing, Networking, Storage and Analysis (SC), 2010 International Conference for IEEE, 2010: 1-11.

[6]　Shimokawabe T, Aoki T, Takaki T, et al. Peta-scale phase-field simulation for dendritic solidification on the TSUBAME 2.0 supercomputer [C]. SC Conference ACM, 2011: 1-11.

[7]　Clark S R, Wei W, Cai X. Numerical analysis of a dual-sediment transport model applied to lake Okeechobee, Florida [C]. Proceedings of the 9th International Symposium on Parallel and Distributed Computing, 2010: 189-194.

[8]　Jordan T E, Flemmings P B. Large-scale stratigraphic architecture, eustatic variation, and unsteady tectonism: a theoretical evaluation [J]. Journal of Geophysical Research, 1991, 96: 6681-6699.

[9]　Rivenæs J C. A Computer Simulation Model for Siliclastic Basin Stratigraphy [D]. Trondheim:

University of Trondheim, 1993.

[10]　Wei W, Clark S R, Su H, et al. Balancing efficiency and accuracy for sediment transport simulations [J]. Computational Science & Discovery, 2013, 6 (1): 1749-4699-6-1-015011.

[11]　Schottler S P, Engstrom D R. A chronological assessment of lake Okeechobee (Florida) sediments using multiple dating markers [J]. Journal of Paleolimnology, 2006, 36: 19-36.

[12]　Reddy K R, Diaz O A, Scinto L J, et al. Phosphorus dynamics in selected wetlands and streams of the lake Okeechobee basin [J]. Journal of Ecological Engineering, 1995, 5: 183-207.

[13]　Hill G W, Dewitt N T, Hansen M. Lake Okeechobee bathymetry data [R]. US, 2002.

[14]　Browne S, Dongarra J, Garner N, et al. A portable programming interface for performance evaluation on modern processors [J]. Int J High Perform, 2000, 14 (3): 189-204.

[15]　Wen M, Su H, Wei W, et al. Using 1000+ GPU and 10000+ CPU for sedimentary basin simulations [C]. Cluster Computing (CLUSTER), 2012 IEEE International Conference on IEEE, 2012: 27-35.

第8章 接近纳米级精度的钙动力模拟并行计算

纳米级精度的亚细胞级钙动力数值模拟可以作为一个重要的工具，用于探索很多心脏疾病的生理原因。然而这样级别的模拟对计算能力存在巨大需求，所以人们一直很难实现这样的模拟一直都不可行。异构混合阵列天河2号是最新的世界第一的超级计算机，在此超级计算机上，我们通过使用多达 12288 个 Intel Xeon Phi 31S1P 协处理器获得了 1.27Pflops 的双精度性能，这使得我们可以更加接近纳米级精度的模拟。性能的取得是同时在 3 个层次上高效开发硬件能力的结果：①单个 Xeon Phi；②由 host 和 3 个协处理器组成的单个计算节点；③巨大数目的互联计算节点。为了克服在 Intel 新的 MIC 体系结构上编程所面临的挑战，我们采用如下技术：向量化、层次化数据分块、寄存器重用、利用协处理器加速计算、流水化计算和节点内/节点间通信等。

8.1 引　　言

心脏的主要功能是为身体供血。在细胞级，细胞内的钙离子浓度增加会触发心脏收缩。在每个心脏细胞，有超过 10000 个钙释放单元（CRU）释放钙离子。在健康的心脏细胞中，这种释放具有同步和稳定性。然而，在病态的细胞中，钙释放是不协调、缓慢和不稳定的，可能会在非正常的心跳时进行钙释放。在某些情况下，会导致心律失常甚至可能致命。

一个能够同时对健康和病态的钙释放进行生理学精确描述的真实多尺度钙释放模型，仍然未曾实现。主要原因之一就是巨大的模拟计算需求，导致已有的研究或者专注于太小的细节，或者限制在非常小的空间体积。例如，为了在单个肌纤维节内模拟求解纳米级精度的 CRU，会占用一个体积为 10μm×10μm×2μm 的 3 维空间，需要 2×10^{11} 个体积单元，每个单元的体积为 1nm^3。而体积单元的数量增加会导致时间步数量的巨大增加。例如，为了模拟一个肌纤维为 1ms，可能需要总的浮点操作数在 10^{19} 的量级。如此巨大的计算量使得亚细胞钙动力学在纳米精度的模拟极具挑战性。

在这一章里，我们通过领域专家、数值专家和计算机并行专家的协作努力，利用一个极大规模的 Xeon Phi 协处理器阵列来解决这个计算挑战。解决方案的亮点在于使用了真实钙通道动力学和亚细胞钙扩散的数学模型，并且尝试解决由新型 Intel 众核体系结构（Many-integrated Core，MIC）组成的大规模阵列所引起的新的编程和性能挑战。

8.2　应　用　描　述

CRU 随机控制钙的释放，每次钙释放由两个平行位置的结构体所操作：t-细管（t-tubule）和肌纤质网（Sarcoplasmic Reticulum，SR），见图 8.1。每次正常心跳时，钙通过 t-细管上的 L-型钙通道进入细胞，然后扩散到 SR 上的兰尼碱受体（Ryanodinereceptor，RyR），然后从 SR 进一步释放钙。外套一层膜的 t-细管主要存在于所谓的 Z-线（Z-line）上，并与其上的 CRU 相作用。随机钙释放也能够在 2 次心跳之间发生。然而，这种钙释放与来自 L-型通道的钙释放不同步，因此比较少见。这种自发的钙释放，被称为钙火花（Ca^{2+} sparks），有重要的作用，通过在心跳间调节细胞内的钙浓度，能够设置细胞整体的钙敏感度[2]。单独的钙火花能够在特定条件下演变成整个细胞的钙波动（Ca^{2+} waves），能够横穿整个细胞，使得细胞内的空间被钙离子洪水般淹没。这些发生在心跳间的影响整个细胞的钙释放会引起心律不齐并导致致命的可能[3,4]。

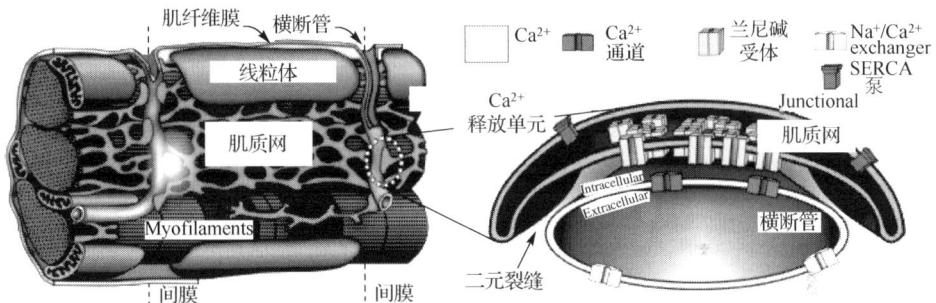

图 8.1　基本原理图，肌纤维节（左）和钙离子释放单元（右）（左图重绘自文献[1]）

目前已经建立了很多计算模型，通过计算模拟来更好地理解钙信号以及钙波动产生的复杂动力学过程[5]。然而，基本的挑战来自其中包括极其不同的长度量级：t-细管和 SR 之间的裂缝范围在 10nm[6,7]以内，单个 RyR 的通道口是 1nm[8]大小，而细胞规模从 10～100μm 不等。当前建立的亚细胞钙波动生成模型为了研究整个细胞，而对钙动力学折中了部分细节[9]，即使用集中式的单一钙浓度，代替在每个 CRU 中单独求解钙梯度。得益于具有顶尖硬件的超级计算机所提供的强大计算能力，本章的目标是求解单个 CRU 在纳米级的细节以及单个 RyR 的来源，并通过与 CRU 间的钙扩散相联合来研究钙波动发生的可能性。

8.2.1　数学模型

亚细胞钙动力学通过反应-扩散（reaction-diffusion）类型的非线性差分方程（Partial Differential Equation，PDE）耦合系统来建模。本章使用的数学模型由 5 个反应-扩散方程和 2 个常微分方程（Ordinary Differential Equation，ODE）组成。选择的反应-扩散方程与已有的一个模型[10]相似。

$$\frac{\partial c}{\partial t} = D_{ca}^{cyt} \nabla^2 c + R_{SR}(c, c^{sr}) - \sum_i R_i(c, c^{B_i})$$

$$\frac{\partial c^{sr}}{\partial t} = D_{ca}^{sr} \nabla^2 c^{sr} - \frac{R_{SR}(c, c^{sr})}{\gamma} - R_{CSQN}(c^{sr}, c^{B_{CSQN}})$$

$$\frac{\partial c^{B_{ATP}}}{\partial t} = D_{ATP}^{cyt} \nabla^2 c^{B_{ATP}} + R_{ATP}(c, c^{B_{ATP}})$$

$$\frac{\partial c^{B_{CMDN}}}{\partial t} = D_{CMDN}^{cyt} \nabla^2 c^{B_{CMDN}} + R_{CMDN}(c, c^{B_{CMDN}})$$

$$\frac{\partial c^{B_{Fluo}}}{\partial t} = D_{Fluo}^{cyt} \nabla^2 c^{B_{Fluo}} + R_{Fluo}(c, c^{B_{Fluo}})$$

$$\frac{dc^{B_{TRPN}}}{dt} = R_{TRPN}(c, c^{B_{TRPN}})$$

$$\frac{dc^{B_{CSQN}}}{dt} = R_{CSQN}(c^{ST}, c^{B_{CSQN}})$$

式中，7 个主要未知量就是在细胞质和 SR 里的钙浓度：c 和 c^{sr}，4 个额外的钙缓冲液浓度：$c^{B_{ATP}}, c^{B_{CMDN}}, c^{B_{Fluo}}, c^{B_{Fluo}}$，以及只存在于肌集钙蛋白（CSQN）区域的钙浓度 $c^{B_{CSON}}$。

在 5 个扩散 ∇^2- 项中的 D 常量表示各自的扩散属性，在第 2 个方程中的 γ 常量表示 SR 体积比例。不同的 $R(\cdot, \cdot)$ 函数表示反应项，都可以用下面的数学公式来表达：

$$R_i(c, c^{B_i}) = k_{on}^i c(B_{tot}^i - c^{B_i}) - k_{off}^i c^{B_i}$$

式中，k_{on}^i, B_{tot}^i 和 k_{off}^i 是来自于文献的已知常量。唯一的例外是 $R_{SR}(c, c^{sr})$，它由 2 个组件组成：

$$R_{SR}(c, c^{sr}) = R_{RyR}(c, c^{sr}) - R_{serca}(c, c^{sr})$$

第 1 个项表示通过 RyR 的释放流，由下面公式给出

$$R_{RyR}(c, c^{sr}) = P_o(c)k(c^{sr} - c)$$

式中，P_o 是一个 2 进制变量，在没有通道的体元中是 0，0 也表示体元包含一个关闭的 RyR。只在通道打开时值才为 1；k 是通道中最大的电导率；R_{SR} 的第 2 项表示 SERCA 抽取，其形式如下：

$$R_{serca}(c, c^{sr}) = \frac{a_1 c \cdot c + a_2 c^{sr} \cdot c^{sr}}{a_3 c \cdot c + a_4 c^{sr} \cdot c^{sr} + a_5}$$

式中，$\alpha_1, \alpha_2, \alpha_3, \alpha_4, \alpha_5$ 是来自文献[10]、[11]的常量。

在建模 c 的第 1 个反应-扩散方程中，变量的下标 i 包括 ATP, CMDN, Fluo 和 TRPN。

RyR 分布在 CSQN 域之中，每个具有 $30\mu m$ 的 z-厚度，并且沿着 Z-线分布。图 8.2 显示了一个在 Z-线所在面的 RyR 和 CSQN 的分布示例。$c^{B_{CSQN}}$ 值在 CSQN 域中变化，由 $R_{CSQN}(c^{sr}, c^{B_{CSON}})$ 函数来管理。对于每个 RyR，使用重新参数化的 4 状态马尔可夫模型[13]来随机管理 P_o。马尔可夫模型使用蒙特卡罗方法来求解。对于每个 RyR，在每个时间步产生一个随机数 R，并被用于比较当前状态的总逃离率 γ。如果 $R < 1 - e^{-\Delta t\gamma}$，则状态跃迁会发生。通过选择一个全显式数值策略（介绍如下），Δt 的较小值使我们可以使用 $\Delta t\gamma$ 来近似等于 $1 - e^{-\Delta t\gamma}$。

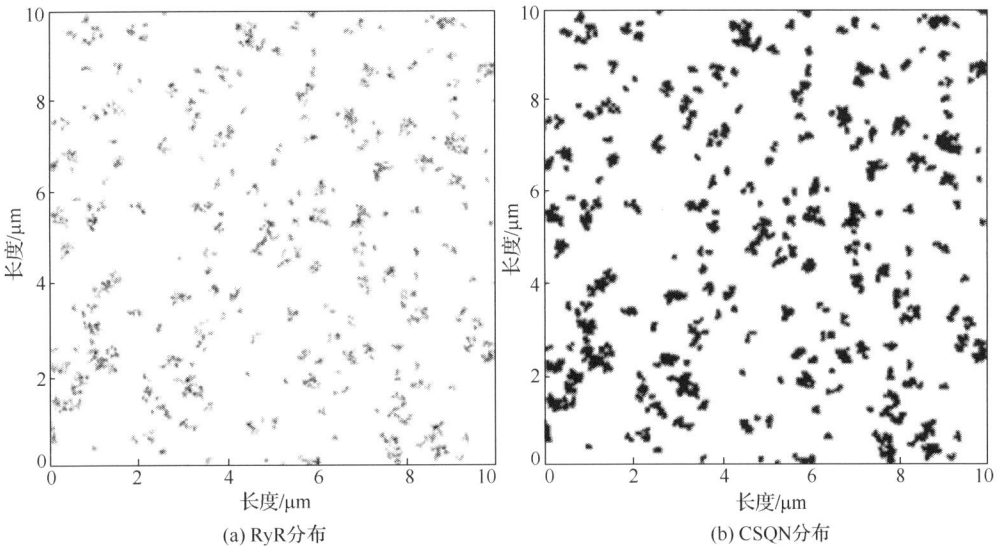

(a) RyR分布   (b) CSQN分布

图 8.2 一个健康的心肌细胞中典型的 RyR 分布和 CSQN 分布
基于文献[12]中提出的简单增长算法，加以修改用于产生分布情况

3D 计算空间的整体边界使用无流动（no-flow）的边界条件。此外，围绕每个 CSQN 域（除了 RyR）以及沿着每个二元裂缝对无流条件进行强化，将钙释放限制在一个较小的空间（图 8.1）。

8.2.2 数值方法

3D 解空间被均匀地离散化为 3D 网格体元，体元的大小为（Δx, Δy, Δz）。在每个体元的中心进行数值求解。采用中央有限差分来离散化扩散项，抽象为一个标准的 7 点 stencil 计算。数值求解时反应项和扩散项被分别对待。在时域方向都使用前向欧拉离散化方法。虽然为了保证数值求解的稳定性而把这个全显式数值策略的时间步大小 Δt 设为一个非常小的值，但其每个时间步的计算量相比全隐式策略还是要小很多。这是因为后者需要在每个时间步求解一个耦合的非线性代数方程系统。全显式策略只需要最近邻居通信，其另一个优势是良好的并行扩展性。

8.3　目标体系结构

为了获得所需要的巨大计算能力，本章使用超级计算机天河 2 号。其拥有 16000 个计算节点，每个节点有 2 个 Intel Xeon IvyBridge 处理器和 3 个 Xeon Phi 协处理器，因此总共有 3120000 个计算核，是全世界最大规模安装 Intel Xeon Phi 协处理器的机器。天河 2 号在 2013 年 6 月的全球超级计算机排名榜 TOP500 上排名第一[14]，对于计算密集的 Linpack benchmark 获得了 33.86Pflops 的持续性能。

此异构系统最特别的性质就是它的每个计算节点装配了 3 个 Xeon Phi 协处理器，见表 8.1。每个协处理器都通过单独的 PCI Express 2.0 总线（x16 通道，16GB/s 的双向带宽）连接到由 2 个多核 CPU 组成的 host CPU。整个阵列使用了胖树互联网络，通过定制的网络接口和交换机芯片（名为 TH Express-2）使得每个通道拥有 160Gbit/s 的双向带宽。使用带定制 GLEX 通道的 MPICH2 用于 MPI 通信。

表 8.1　天河 2 号单个计算节点的硬件描述

体系结构芯片名称	Intel IvyBridge Xeon E5-2692	Intel MIC Xeon Phi 31S1P
时钟	2.2GHz	1.1GHz
单片核数	12	57
单核的 L1 Cache	32KB	32KB
单核的 L2 Cache	256KB	512KB
单核的 L3 Cache	30MB	—
单节点芯片数	2	3
存储	64GB	3×8GB
DP/Gflops	422.4	3009.6

天河 2 号独特的硬件系统结构使得对编程和性能优化需要进行仔细的考虑。MPI 显然是节点间通信的最佳选择，每个节点的 host CPU 和协处理器可以通过 symmetric 模式或者 offload 模式来使用。对于传统的 MPI 程序，symmetric 模式不需要额外的编程就可以使用协处理器，这时每个协处理器至少需要一个 MPI 进程。最近的研究[15, 16]指出协处理器的 MPI 通信速度在当前这一代 MIC 上性能不足。为了获取更好的应用性能，本章采用 offload 模式。在每个节点只需要运行于 CPU 的 1 个 MPI 进程，由 host CPU 通过 offload 模式控制多个协处理器。因此，协处理器不需要直接参与任何 MPI 通信。这种方式在一定程度上增加了编程的负担，要求 host CPU 通过#pragma offload target(mic) 形式的核心函数调用来使用协处理器。此外，host CPU 负责中转 3 个协处理器之间的数据交换和邻居节点 MPI 通信，以及适当地参与计算。

关于 MIC 体系结构上的性能优化，当前的研究主要是基于单个或者很少的协处理器，如文献[17]～[21]。据我们所知，在同一节点内使用 3 个协处理器或者编程大规模的 MIC 阵列这一研究主题到目前还没被研究过，因此，本章重点介绍了使用单个协处理器来高效求解一个反应-扩散方程耦合系统，高效使用由 host 和 3 个协处理器组成的单个计算节点，以及在使用大规模的基于协处理器的节点中实现延迟隐藏。

8.4　实现和优化

8.4.1　整体策略

根据计算节点来划分全局的 3D 求解空间。每个节点分配 $N_{\mathrm{subd}}^{x} \times N_{\mathrm{subd}}^{y} \times N_{\mathrm{subd}}^{z}$ 个体元，这就确定了每个节点的计算子空间。为了强化物理上无流动的边界条件或者使能子空间的通信，设计一层冗余的体元围绕着子空间网格。因此为了存储 7 个钙浓度域 $c, c^{\mathrm{sr}}, c^{\mathrm{ATP}}, c^{\mathrm{CMDN}}, c^{\mathrm{Fluo}}, c^{\mathrm{TRPN}}, c^{\mathrm{CSQN}}$ 在单个时间步的值，总共有 12 个大小为 $(N_{\mathrm{subd}}^{x} + 2) \times (N_{\mathrm{subd}}^{y} + 2) \times (N_{\mathrm{subd}}^{z} + 2)$ 的 3D 数组被分配到每个子空间，注意前 5 个域要求 1 个额外的数组用于数值计算它各自的扩散项。每个 3D 数组在 x 方向有最短的访存跨度（stride），在 z 方向有最长的跨度。

通过时间步迭代来完成整个模拟，每个时间步有如下计算任务。

（1）扩散计算：在每个体元，通过对上一次时间步迭代的值使用一个 7 点 stencil 计算来更新 5 个钙浓度域：$c, c^{\mathrm{sr}}, c^{\mathrm{ATP}}, c^{\mathrm{CMDN}}, c^{\mathrm{Fluo}}$。对域 c 的扩散计算是上标表示时间级，下标表示 3D 体元的索引。

$$c_{i,j,k}^{\ell+1} = c_{i,j,k}^{\ell} + \alpha_1 \left(c_{i-1,j,k}^{\ell} - 2c_{i,j,k}^{\ell} + c_{i+1,j,k}^{\ell} \right)$$
$$+ \alpha_2 \left(c_{i,j-1,k}^{\ell} - 2c_{i,j,k}^{\ell} + c_{i,j+1,k}^{\ell} \right)$$
$$+ \alpha_3 \left(c_{i,j,k-1}^{\ell} - 2c_{i,j,k}^{\ell} + c_{i,j,k+1}^{\ell} \right)$$

常量 α_1 是 $(D_{\mathrm{Ca}}^{\mathrm{cyt}} \Delta t) / \Delta x^2$ 值，常量 α_2 和 α_3 也是类似定义。

（2）反应计算：在每个体元，5 个刚计算得到的新域值，加上 c^{TRPN} 域，使用所有各自的反应项（除了 R_{CSQN} 项）被进一步计算更新。

（3）CSQN 计算：在只占用整个 3D 解空间非常小部分的所有 CSQN 域内部，c^{sr} 和 c^{CSQN} 使用 R_{CSQN} 反应项来进一步计算更新。

（4）钙通道处理：随后通过一个随机马尔可夫链计算每个 RyR，以决定是否发生钙释放。如果是，则在相应的体元中 c 和 c^{sr} 值被重新计算。

每个子空间的计算在 host CPU 和 3 个协处理器之间被进一步划分为各个子块。每个协处理器负责子空间的一个 3D 子块。在每个时间步，host CPU 使用 offload 模式调用 3 个协处理器来计算自己相应的子块。host CPU 除了计算 3 个子域外剩余的 3D 空间，还负责节点内和节点间的数据传输。细节见 8.4.3 节和 8.4.4 节。

天河 2 号的主要计算能力来自于新的 MIC 协处理器，为了高效利用其强大的计算能力，本章重点关注 3 个方面的并行设计和实现：高效利用单协处理器、高效利用单节点、高效利用大规模节点。

8.4.2　单协处理器利用

用 $N_{\text{coproc}}^x \times N_{\text{coproc}}^y \times N_{\text{coproc}}^z$ 表示 host 分配给每个协处理器的 3D 体元块大小。因此 12 个大小为 $(N_{\text{coproc}}^x + 2) \times (N_{\text{coproc}}^y + 2) \times (N_{\text{coproc}}^z + 2)$ 的 3D 数组被分配给协处理器，x 方向为最低维度，数组在 x 方向连续存储。典型的计算是通过三重嵌套的 for 循环进行遍历，三重循环的索引分别从 1 到 N_{coproc}^z，N_{coproc}^y，N_{coproc}^x。每个三重嵌套循环使用 OpenMP 标记 omp for collapse(2)实现并行。当选择 offload 模式时，只有 56 个（实际总共有 57）协处理器核能够用于计算。这是因为在此模式下，最后一个 MIC 核不能被使用，因为它被系统保留用于运行协处理器的微操作系统。此外，通过节点 ID、本地协处理器 ID 和 OpenMP 线程 ID 共同决定来使各线程的随机数种子是独一无二的，从而确保用于每个 OpenMP 线程的随机数产生器生成的随机性，而生成的随机数被用于蒙特卡罗方法来求解与每个 RyR 相关的马尔可夫模型（见 8.2.1 节）。

这两种主要的计算任务：扩散计算和反应计算，最方便的实现方式是 10 个单独的三重嵌套 for 循环。即前 5 个循环分别对 $c, c^{\text{sr}}, c^{\text{ATP}}, c^{\text{CMDN}}$ 和 c^{Fluo} 进行扩散计算。后 5 个循环分别对 c^{sr}、c^{ATP}、c^{CMDN}、c^{Fluo} 和 c^{TRPN} 进行反应计算。注意在后 5 个循环中对 c 域也都计算更新。

这种使用 10 个单独的嵌套循环的直接实现方式并不是最优的。原因是对 Cache 中数据重用性较差。因此本章采用 2 种循环变换技术：循环融合和层次化数据分块，这样改进代码结构如代码 8.1 所示。

代码 8.1　改进代码结构

```
#pragma omp for collapse(2) private(j,j1,j2,i)
for(k=1; k<=Nz_coproc; k++)
    for(j=1; j<=Ny_coproc; j+=block_size1) {
      #pragma prefetch ...
      for(j1=0; j1<block_size1; j1+=block_size2)
      {
          for(j2=0; j2<block_size2; j2++)
              for(i=1; i<=Nx_coproc; i++)
              /* diffusion for c, one voxel */

          for(j2=0; j2<block_size2; j2++)
              for (i=1; i<=Nx_coproc; i++)
              /* diffusion for c_sr, one voxel */
              /* reaction for c_sr & c, one voxel */
```

```
        for(j2=0; j2<block_size2; j2++)
            for(i=1; i<=Nx_coproc; i++)
            /* diffusion for c_batp, one voxel */
            /* reaction for c_batp & c, one voxel */

        for(j2=0; j2<block_size2; j2++)
            for(i=1; i<=Nx_coproc; i++)
            /* diffusion for c_bcmdn, one voxel */
            /* reaction for c_bcmdn & c, one voxel */

        for(j2=0; j2<block_size2; j2++)
            for(i=1; i<=Nx_coproc; i++)
            /* diffusion for c_bfluo, one voxel */
            /* reaction for c_bfluo & c, one voxel */

        for(j2=0; j2<block_size2; j2++)
            for (i=1; i<=Nx_coproc; i++)
            /* reaction for c_btrpn & c, one voxel */
        }
    }
```

从上面的代码结构可以发现原始的 10 个单独的嵌套循环已经被融合到一个具有 5 个层次的单独的嵌套循环。因为要保留 z 方向用于 OpenMP 并行化，保留 x 方向用于向量化（稍后讨论），所以在 y 方向引入 2 个新的循环层次。由于循环分块，在新的循环层次使用 j1 作为索引，目的是改进 L2 Cache 的数据重用。block_size1 的值为

$$\frac{\dfrac{\text{Size of L2 Cache per core}}{\text{\# threads per core}}}{11 \times (N_{\text{coproc}}^{x} + 2) \times 8\text{B}}$$

12 个 3D 数组除了 $c^{B_{\text{CSQN}}}$ 的数据都会被用于计算，因此分母中有因子 11。另一个新的循环层次使用 j2 为索引，面向 L1 Cache。用 L1 Cache 的大小代替 L2，block_size2 的值就可以按照以上公式近似计算。另一个很重要的因素是不同的计算在 j1 循环中进行的顺序。这是为了确保来自一个扩散计算的新结果能够立即参与到相应的反应计算。另外，由于在 x 方向以跨越式的方式来访问会失去代码向量化的作用，在 x 和 y 方向以数据条带化（tiling）的形式来进行优化（见文献[22]）对本章并不起作用。

然而，以上的融合嵌套循环还存在一个性能缺陷，即没有发挥 Xeon Phi 协处理器的向量化计算能力。虽然本章计算受限于存储带宽，但实验显示代码向量化对于性能提升极其重要。考虑到 Xeon Phi 的 512 位向量操作能够同时处理 8 个双精度浮点值，因此所有以 i 索引的 for 循环不应该单个计算体元，而应该采用 8 个一批作为一个向量

同时计算。虽然能够采用 SIMD 的 pragma 标记向量和编译器的自动向量化，但是本章仍然选择了手动插入 mm512_xxx 内建变量（intrinsics）的方式来获得更好的性能。两个向量化时可以改进的性能技术是以 64B 为边界来对齐每个数组行的起始，以及通过显式的编程来重用向量寄存器中的数据。

其他因素也能影响到 Xeon Phi 协处理器的 OpenMP 多线程的性能。本章在每个协处理器物理核上发射 4 个 OpenMP 线程，并且通过 pragma 和编译选项实现线程绑定（thread binding）、提前初始化（first-touch），以及显式的数据预取（prefetch）。

8.4.3 单节点利用

前面提到选择 offload 模式是用于避免协处理器之间的较慢的 MPI 通信，而其另一个优点是可以灵活地分配计算任务到 host CPU。分配给每个协处理器的数据子块总是一个 3D 的体元块，但分配给 host CPU 的并不一定也是这样的形状。例如，host CPU 可以被分配一个薄或者厚的体元层，环绕包围着协处理器的 3D 块。

传统异构系统的典型硬件配置是每个计算节点只有一个协处理器（如 Stampede 阵列），然而天河 2 号的每个节点有 3 个协处理器，因此要求在并行设计时需要有一些额外考虑。首先是在每个节点的子空间如何分布 3 个协处理器的子块。实验显示最好是将 3 个协处理器顺序地放置于 y 方向。第 2 个考虑是关于如何实现协处理器之间的数据交换。使用 offload 编程时无法实现节点内的两个协处理器之间直接的数据移动，本章使用 host CPU 来有效地中转数据交换。

因此，host CPU 在每个时间步有 3 个任务。

（1）调用 3 个协处理器计算子空间内部区域。

（2）计算子空间剩下的边界区域。

（3）调用 host-MIC 和 MIC-host 数据交换。

注意以上每个任务包括若干子任务。例如，host CPU 的计算区域由 6 部分边界面组成。对于多核 CPU，采用 OpenMP 多线程并行，用其中少量的 OpenMP 线程处理非计算子任务，剩余的 OpenMP 线程进行计算。

8.4.4 多节点效率

多节点通过 MPI 多进程通信实现并行计算，按照数据子空间网络划分的逻辑位置，每个 host CPU 需要负责与所在节点的多个邻居子空间节点交换冗余边界。为了隐藏节点间通信开销，本章采用了流水线的方式来执行 host CPU 上的不同子任务。相似的流水线方法可见文献[23]、[24]。图 8.3 显示了一个有 6 个邻居子空间的情况：左、右（x 方向）、前、后（y 方向）、上、下（z 方向）。为了帮助减轻 host CPU 上的负担，"Front" 和 "Back" 子空间的边界计算由 MIC0 与 MIC2 分别完成，一旦完成立即传输到 host CPU 来初始化与"Front"和"Back"相邻节点的非阻塞 MPI 通信。这些子任务与 host CPU 上的其他子任务混合到一起，即与其他 4 个子空间边界上的计算和通信混合，一个接一个顺序化。此外，host CPU 也同时流水化各种节点内数据交换。

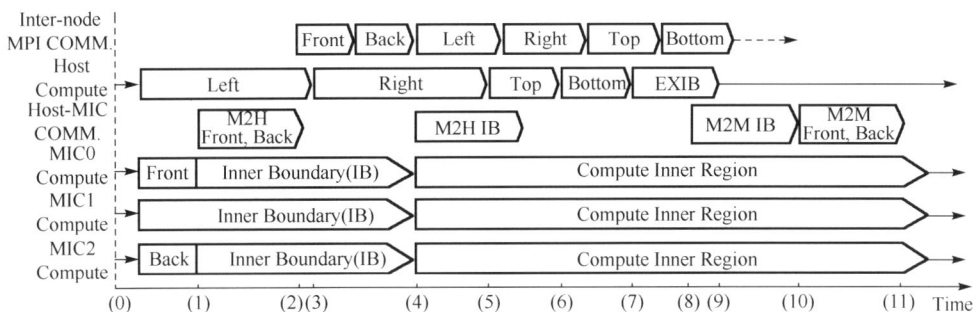

图 8.3　通过流水化计算和数据传输实现节点内/节点间通信延迟隐藏
（IB 表示每个协处理器的内部边界）

8.5　性　能　研　究

本章所有数值实验使用双精度浮点计算，采用 Intel 编译器 icc v13.0.0。分别研究了单协处理器性能、单节点性能、大规模节点的强扩展性和弱扩展性。

8.5.1　单协处理器性能

图 8.4 显示了在单个 Xeon Phi 31S1P 协处理器上获得的性能，使用 224 个 OpenMP 线程（分配到 56 个物理核）。性能 Gflops 根据每个体元在每个时间步需要 150 个浮点操作（通过 PAPI 工具测量得到）并结合体元数和迭代次数计算得到。测试了 2 个不同大小的问题规模，一个是 62×24×112 体元，另一个是 142×400×112 体元。第一个问题规模使得对存储容量的需求（16MB）能够满足完全放置于所有的 L2 Cache 上，然而第 2 个问题规模的存储容量（640MB）远超出了 L2 容量。在图 8.4 中最差的性能是使用 10 个单独的三重嵌套循环，也没有线程绑定、循环分块和向量化等。最好的性能是使用 8.4.2 节中提到的所有优化。

对于超出 L2 容量的测试规模，注意到单协处理器的最佳性能是 118 Gflops。虽然只达到单协处理器理论双精度峰值性能的 11.8%，但从中可获得的访存带宽的角度可以解释这一比例值。118 Gflops 换算成 138GB/s。

$$118 \text{ Gflops} \times \frac{(6 \text{ writes} + 16 \text{ reads}) \times 8\text{B}}{150 \text{ flop}} = 138\text{GB/s}$$

这是因为对于每个体元的 $c, c^{st}, c^{B_{ATP}}, c^{B_{CMDN}}, c^{B_{Fluo}}, c^{B_{TRPN}}$ 各自有 6 次对协处理器的 DRAM 存储写操作。因为 L1 和 L2 Cache 能够在 x 和 y 轴支持数据重用，但没有数据重用在 z 方向，所以读存储的次数包括对 $c^{B_{TRPN}}$ 的 1 次和对 5 个扩散项共 15 次（注意 $N^z_{coproc} = 112$，所以 224 线程的每个线程只分配到计算 xy 层面的一半）。在 STREAM

测试程序中报道的 copy 速率大约为 150GB/s[17]，本章获得的存储带宽是 138GB/s，达到真实存储带宽限制的 90%以上。

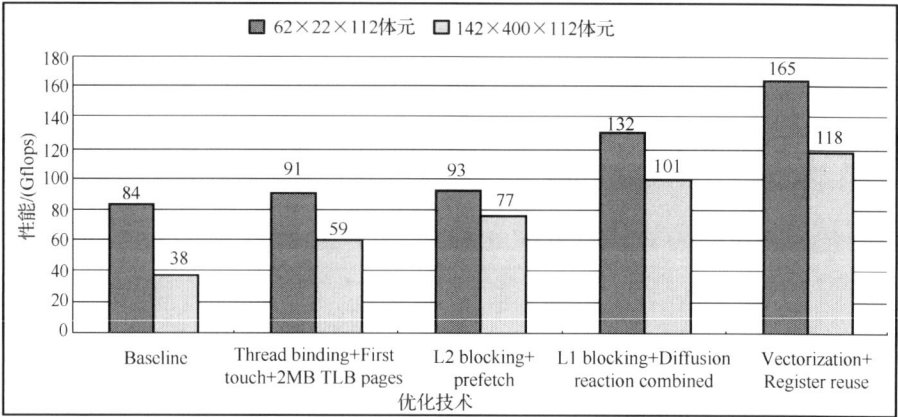

图 8.4　单协处理器上不同优化对性能的影响

8.5.2　单节点性能

在单计算节点分别使用 1、2、3 个协处理器研究了强扩展。host CPU 配置为不参与计算，只负责协处理器数据交换的中转。全局网格规模固定为 142×1200×112 体元，我们测量了 1000 个时间步的时间开销，见表 8.2。可以看到，1～3 个协处理器的性能扩展性良好，表示 host CPU 有效地实现了协处理器间的数据中转交换。

表 8.2　在天河 2 号单节点上的强扩展

#MIC 数	每个 MIC 上的网格规模	时间开销/s	Gflops
1	142×1200×112	25.86	111
2	142×600×112	12.68	226
3	142×400×112	8.78	326

8.5.3　弱扩展性

本章完成了两种弱扩展性研究，在天河 2 号上使用了多达 4096 个计算节点，总计 12288 个协处理器。获得的 flops 性能见图 8.5。

第 1 个弱扩展研究与前面的单节点性能研究一致，host CPU 不参与计算，每个节点分配一个固定的子空间规模：142×1200×112 体元，全局网格只在 z 方向增加，即每个节点子空间只存在 z 方向上的 2 个 MPI 通信邻居。此"1 维-扩展"测试在 4096 个节点上获得了 1.27Pflops 的性能，平均每个节点为 310Gflops。与表 8.2 中的单节点 326Gflops 性能相比，意味着得到 95%的并行效率，也意味着 8.4.4 节中的流水线方法在隐藏通信开销方面发挥了作用。

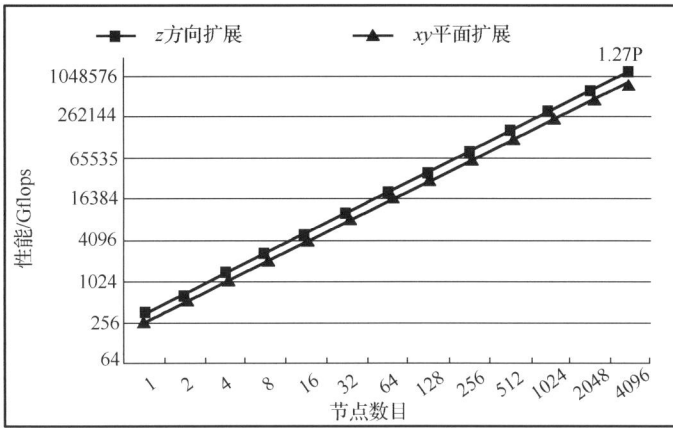

图 8.5　使用多达 4096 个节点时的两种弱扩展测试

第 2 种弱扩展研究更具挑战性,当子空间的数量增加时,全局网格在 xy 层面增加。即使得每个节点子空间有 4 个 MPI 通信邻居。另外, 对 host CPU 分配 4 个体元层的计算任务:"Left"、"Right"、"Front"、"Back"子空间边界面。每个子空间被固定为 150×1206×112 体元。这个"2 维-扩展"测试获得相对低一点的性能。

我们认为这个低一点的弱扩展性主要是因为天河 2 号的胖树互联网络当时一直处于调试和研发阶段,网络状态不是很稳定。这使得多节点时,特别是使用 2048 个和 4096 个节点时,难以获得一个有效的对 MPI 进程的 2D 节点映射。细节方面,使用 512 个和 1024 个节点时获得 131Tflops 和 259Tflops 的性能, 使用 2048 个和 4096 个节点时获得 486Tflops 和 863Tflops 性能。

8.5.4　强扩展性

作为一个更实际的测试,本章研究了强扩展性,设置固定的全局网格为 3456×3456×672 体元。这个全局网格等于在 3nm 精度上离散化单个肌纤维节。图 8.6 显示从 72～1152

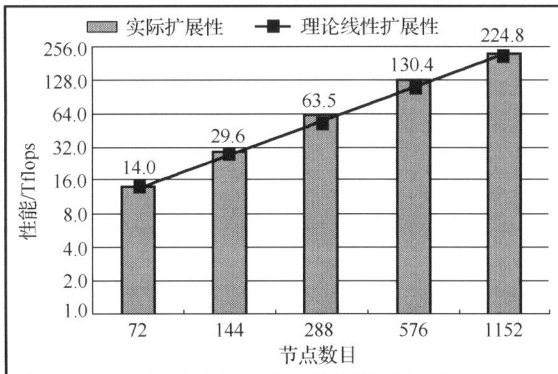

图 8.6　多达 1152 个节点的强扩展测试

节点获得较理想的加速比。在这个强扩展测试中采用的是 2D 网格划分，因此确定在相对少的节点数目时通过流水线方式隐藏通信开销是有效的。

8.6　模　拟　结　果

虽然本章的并行代码能够在1nm 分辨率的精度上模拟一个肌纤维节，但由于天河 2 号上的多用户共享的使用模式，本章不能独占使用数千节点长达数小时。因此，本章将在本节展示在 3nm 精度获得的模拟结果，这个结果可以在天河 2 号上较快获得。

在图 8.7 的顶部左边，显示了模拟时间 $t = 7$ms 时的细胞质钙分布，能够清楚地看到本地浓度在打开的 RyR 附近有所提高。下面的子图显示了在 SR 中的钙浓度，能够看到在打开的 RyR 周围相应的本地缺失。图的右列显示了其中一个 CRU 周围的特写。

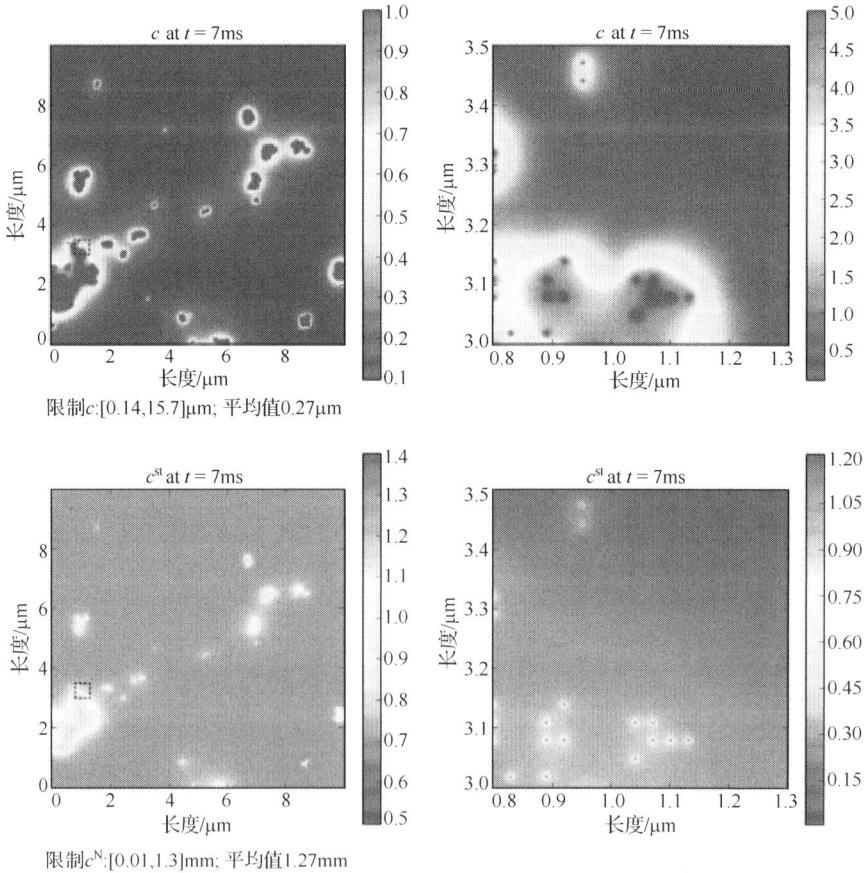

图 8.7　模拟 7ms 的 xy 截图，左列展示了 xy 空间的全范围结果，右列展示了
CRU 周围的特写（见彩插）

（注意到对 c 和 c^{sr} 分别使用μm 和 mm 作为单位）

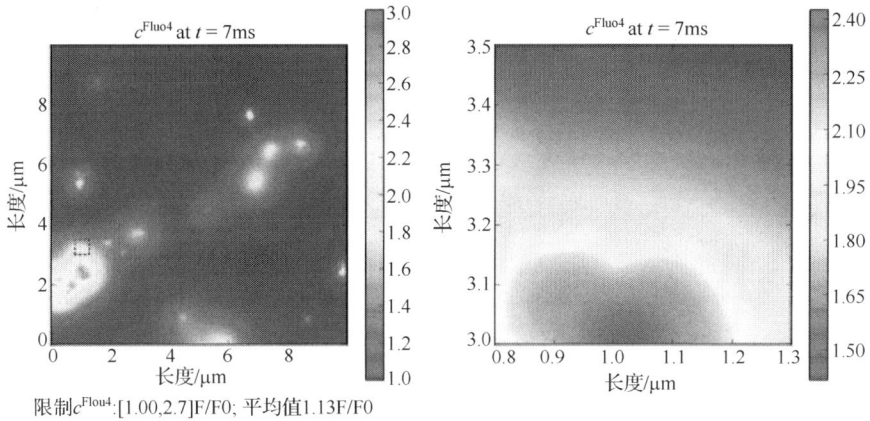

限制c^{Flou4}:[1.00,2.7]F/F0; 平均值1.13F/F0

图 8.7　模拟 7ms 的 xy 截图，左列展示了 xy 空间的全范围结果，右列展示了
CRU 周围的特写（见彩插）（续）
（注意到对 c 和 c^{sr} 分别使用μm 和 mm 作为单位）

在顶部的右边子图，颜色深度的改变强调了事实上在 CRU 之中以及细胞质中存在急
剧变化。在他人已有的对钙波动的 3D 研究中，没有在 CRU 中求解出单独的 RyR[9, 25, 26]。
本章介绍的高分辨率模拟能够求解、捕捉这些变化。

在对 SR 的相应特写中，能看到单独打开的 RyR 在浓度上具有高度本地化的缺失。
围绕每个打开的 RyR，1μs 时在每个边的浓度达到本地平衡，意味着 SR 的输出通量不
是受限于通道的传导率，而是受限于扩散，因为显然 SR 中钙存在急剧变化。

底部的 2 个子图显示受限于钙的 Fluo 浓度，它是一种方式，用于模拟钙离子如何
绑定到对钙具有敏感性的荧光 Fluo4 上，然后发光。这 2 个子图应该和顶部一行图相比
较。这两者之间自然存在良好的关联性，但是显著的特点是氟图像更加平滑，事实上更
接近于实验所观察到的。注意到 c 特写图的上面部分的钙行为完全被氟图像所掩盖。

图 8.8 显示钙波动的演变，基于一个 3μm×3μm×2μm 的肌纤维节片段。第 1 行显
示了由于 2 个 CRU 的自发活动导致钙初步增加。然后在 $t = 8$ms 时行为已经被传播，
特别是来自最左边的簇。随着钙浓度增加，触发邻居 CRU 的概率增加，这就是钙波
动传播的机制。在最后一列，在 $t = 24$ms 时，空间中的所有 CRU 被激活至少一次。
注意在右下角的低浓度，这是早期的独立行为。而因为 RyR 没有被激活，从左边正在
到来的波动没有重新触发这个 CRU。相反，由于 SERCA 抽取的活动，钙浓度逐渐恢
复为基础值。

图 8.8 的第 2 行显示了 c^{sr}。如图 8.7 所示，在打开的 RyR 周围有本地缺失。更进
一步，在 $t = 24$ms 时，发现钙从远处没有 CRU 的位置（左上角）被排泄掉（最后一
行的 CSQN 分布中很显然）。也注意到在左下角图，SERCA 抽取和 SR 内部的钙扩散
都已经在 CRU 周围部分恢复到钙水平。最后一行显示绑定到肌集钙蛋白
（Calsequestrin）的钙浓度，位于 SR 中围绕着 RyR，见图 8.1。这些缓冲的出现作用于

通过 RyR 的流, 在释放时它们的行为是对钙做本地保留。初始时, 它们被完全加载 (第一行的深红色), 随着 SR 被排泄而逐渐被消耗。

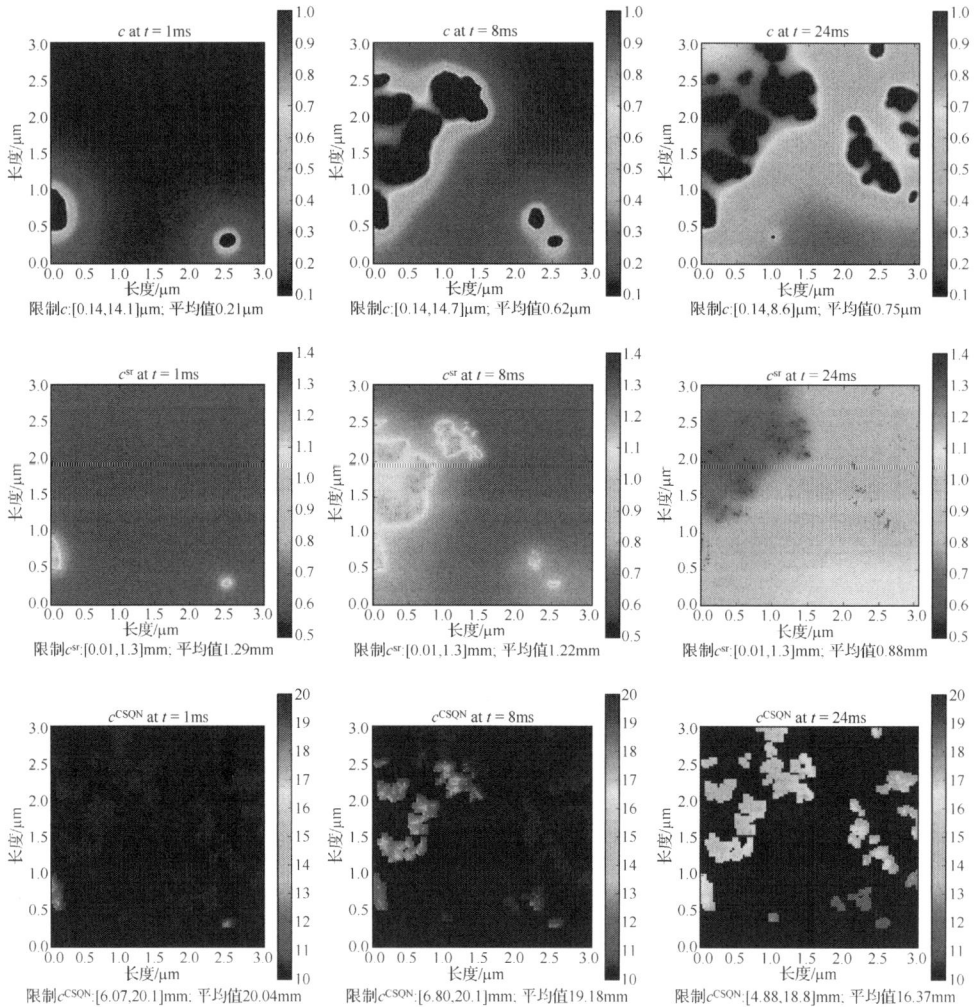

图 8.8 钙波动的演变, 在最后一行, 深蓝色表示空的空间, 即没有 CSQN 缓冲 (见彩插)

虽然本章没在 1nm 精度运行模拟, 但是本章提出了一个在未曾有的精度上的亚细胞钙波动产生和传播模型。在未来的研究中, 本章将包含若干肌纤维节, 能够研究整个细胞的钙波动产生, 而且在病态心脏细胞中, 钙处理系统需要重新建模并且钙波动的倾向增加。近年来的研究表明在健康的细胞中 CRU 更小了, 它们包含更少的 RyR, 但是 CRU 的密度更高, 使得整体上保持 RyR 的数目相等甚至更多[27]。使用本章的模型能够轻松捕获这样结构化的重建模, 在未来的研究中, 我们将观察在病态细胞中的钙波动产生。

8.7　小　　结

可能会有研究者认为当 Intel 的下一代 MIC 拥有改进的 MIC-MIC 通信速度时，offlaod 模式由于存在额外的编程复杂性，将会被淘汰。然而，本章的目的是希望使用 10000 或者更多节点来满足在纳米精度模拟亚细胞钙动力学的计算需求。使用 3000（或者 4000）与使用 10000 个 MPI 进程存在一个很大的不同。目前后者只有在 offload 模式才有可能实现。

对于本章的单协处理器性能，获得的存储带宽达到真实限制的 90%以上，从中获得的性能经验就是需要考虑计算的数值特性。其关键就是需要在协处理器上通过整个本地的存储层次来实现最大化数据重用。本章在 8.4.2 节中的发现可以应用到求解包含差分方程耦合系统的相似问题。

通过本章的内容介绍，可以推出现在对纳米精度的亚细胞钙动力模拟能否完成。为了研究单个肌纤维节，要求全局网格需要 2×10^{11} 个体元，因此可以估计到完全显式的数值策略需要大约 1.5×10^{6} 时间步来模拟 1ms。如果每个体元在每个时间步执行 150 个浮点操作，总的浮点操作次数需要

$$1.5 \times 10^{6} \times 2 \times 10^{11} \times 150 = 4.5 \times 10^{19}$$

如果在天河 2 号上使用 10000 个节点，每个节点贡献 150 Gflops 的真实性能，那么需要执行 30000s（8.33h）的真实时间。然而，由于需要研究若干次模拟，每次模拟 50ms，才能使得钙波动的传播速度有充分的统计可靠性。因此说明 1nm 精度仍然还没有达到。另外，如果选择 3nm 的空间精度，总的需要的计算量能够减少一个倍数 $3^{5} = 243$。这是因为体元的数目减少一个倍数 $3^{3} = 27$，时间步的数目就减少倍数 $3^{2} = 9$。因此本章说明 3nm 的空间精度模拟已经达到。

另一个节约时间开销的可能性是改进数值方法。注意到当前使用的非常严格的时间步需求是由在 5 个反应-扩散方程中最强的扩散系数所决定的。选择的较小 Δt 值是由于数值稳定性的需要，不是精度。其他 4 个扩散系数实际上能够允许更大的时间步长。同时，因为扩散和反应项是在数值上单独对待的（见 8.2 节），反应项能够使用更大的时间步长来计算。我们未来的部分工作就是尝试一个多层次的时间步进策略。更详细地说，就是找到一个更大的可能的 ΔT，这样反应项的精度和稳定性就都能得到保证。ΔT 将会被作为整体的时间步长。当对 5 个扩展项的每个计算时，将会采用一个内部的时间步长 Δt 来处理一个更大的时间步 ΔT。最大允许的 Δt 值依赖于 5 个反应-扩散方程的每个扩散系数。计算效率的改进主要归结于极大地减少了所有的 5 个反应部分的更新频率，同时 5 个扩散部分的其中 4 个也减少了更新。

参 考 文 献

[1] Fawcett D W, McNutt N S. The ultrastructure of the cat myocardium ventricular papillary muscle [J]. Journal of Cell Biology, 1969, 42 (1): 1-45.

[2] Bers D M. Excitation-contraction coupling and cardiac contractile force [J]. Springer Netherlands, 2006, 1 (1): 45.

[3] Cheng H, Lederer M R, Lederer W J, et al. Calcium sparks and [Ca^{2+}] waves in cardiac myocytes [J]. Am J Physiol, 1996, 270: C148-C159.

[4] Pogwizd S M, McKenzie J P, Cain M E. Mechanisms underlying spontaneous and induced ventricular arrhythmias in patients with idiopathic dilated cardiomyopathy [J]. Circulation, 1998, 98 (22): 2404-2414.

[5] Izu L T, Xie Y, Sato D, et al. Ca^{2+} waves in the heart [J]. Journal of Molecular & Cellular Cardiology, 2012, 58(5): 118-124.

[6] Franzini-Armstrong C P F R V. Shape, size, and distribution of Ca^{2+} release units and couplons in skeletal and cardiac muscles [J]. Biophysical Journal, 1999, 77 (3): 1528-1539.

[7] Hayashi T, Martone M Z, Thor A, et al. Three-dimensional electron microscopy reveals new details of membrane systems for Ca^{2+} signaling in the heart [J]. Journal of Cell Science, 2009, 122: 1005-1013.

[8] Serysheva I I, Hamilton S L, Chiu W, et al. Structure of Ca^{2+} release channel at 1403 resolution [J]. Journal of Molecular Biology, 2005, 345: 427-431.

[9] Nivala M, De Lange E, Rovetti R, et al. Computational modeling and numerical methods for spatiotemporal calcium cycling in ventricular myocytes [J]. Frontiers in Physiology, 2012, 3 (3): 114.

[10] Hake J, Edwards A G, Yu Z, et al. Modelling cardiac calcium sparks in a three-dimensional reconstruction of a calcium release unit [J]. Journal of Physiology, 2012, 590 (18): 4403-4422.

[11] Tran K, Smith N P, Loiselle D S, et al. A thermodynamic model of the cardiac sarcoplasmic/ endoplasmic Ca^{2+} (SERCA) pump [J]. Biophysical Journal, 2009, 96 (5): 2029-2042.

[12] David B, Jayasinghe I D, Leo L, et al. Optical single-channel resolution imaging of the ryanodine receptor distribution in rat cardiac myocytes. [J]. Proceedings of the National Academy of Sciences of the United States of America, 2009, 106 (52): 22275-22280.

[13] Stern M D, Song L S, Cheng H, et al. Local control models of cardiac excitation-contraction coupling [J]. Journal of General Physiology, 1999, 113 (3): 469-489.

[14] TOP500. TOP500 Supercomputer Sites [EB/OL]. http: //www.top500.org/lists/2013/06.

[15] Potluri S, Tomko K, Bureddy D, et al. Intra-MIC MPI communication using MVAPICH2: Early experience [C]. TACC-Intel Highly Parallel Computing Symp, 2012.

[16] Yoshinaga K, Tsujita Y, Hori A, et al. Delegation-based MPI communications for a hybrid parallel

computer with many-core architecture [C]. Proceedings of the 19th European Conference on Recent Advances in the Message Passing Interface, 2012.

[17] Williams S, Oliker L, Kalamkar D D, et al. Optimization of geometric multigrid for emerging multi- and manycore processors [C]. SC Conference, 2012: 1-11.

[18] Harkness R. Experiences with ENZO on the Intel many integrated core Intel MIC architecture [C]. Proceedings of TACC-Intel Highly-Parallel Computing Symposium, 2012.

[19] Voran T, Garcia J, Tufo H. Evaluating Intel's many integrated core architectureor climate science [C]. Proceedings of TACC-Intel Highly-Parallel Computing Symposium, 2012.

[20] Hulguin R C, Brook R G. Early experiences developing CFD solvers for the Intel MIC architecture [C]. Proceedings of TACC-Intel Highly-Parallel Computing Symposium, 2012.

[21] Schulz K W, Ulerich R, Malaya N, et al. Early experiences porting scientific applications to the many integrated core (MIC) platform [C]. Proceedings of TACC-Intel Highly-Parallel Computing Symposium, 2012.

[22] Rivera G, Tseng C W. Tiling optimizations for 3D scientific computations [C]. Supercomputing, ACM/IEEE 2000 Conference, 2000: 32.

[23] Shimokawabe T, Aoki T, Muroi C, et al. An 80-fold speedup, 15.0 Tflops full GPU acceleration of non-hydrostatic weather model ASUCA production code [C]. High Performance Computing, Networking, Storage and Analysis (SC), 2010 International Conference, 2010: 1-11.

[24] Wen M, Su H, Wei W, et al. Using 1000+ GPU and 10000+ CPU for sedimentary basin simulations [C]. Proceedings of IEEE CLUSTER 2012, 2012: 27-35.

[25] Izu L T, Means S A, Shadid J N, et al. Interplay of ryanodine receptor distribution and calcium dynamics [J]. Biophysical Journal, 2006, 91 (1): 95-112.

[26] Soeller C, Jayasinghe I P, Holden A V, et al. Three-dimensional high-resolution imaging of cardiac proteins to construct models of intracellular Ca^{2+} signalling in rat ventricular myocytes [J]. Experimental Physiology, 2009, 94 (5): 496-508.

[27] Wu H D, Xu M, Li R C, et al. Ultrastructural remodelling of Ca^{2+} signalling apparatus in failing heart cells [J]. Cardiovascular Research, 2012, 95 (4): 430-438.

第 9 章 未来的高性能计算

传统高性能计算的本质就是集中力量办大事，简单来说就是利用大规模的集群来完成一个任务。因此最终的评价指标就是一个最短的任务执行时间。前面的章节给出了一个任务如何在多节点之间划分，并且在节点间、节点内的各个层次获得并行的一些基本方法。随着摩尔定律的持续，VLSI 工艺的发展，我们很快将进入 E 级计算的时代。可以预见的面向应用的挑战有哪些？互联网经济和大数据的兴起又对传统高性能计算产生什么样的影响？

9.1 E 级计算的挑战

作为世界大国抢占的重要战略制高点，国际上各主要工业国家都极为重视 E 级计算技术的研发，将其列入主要科技计划。美国 DARPA（Defense Advanced Research Projects Agency）于 2008 年 9 月发布的《ExaScale 计算研究报告》，明确提出了要在 2020 年前实现 E 级的超级计算机，一方面用于美国国防部（DOD）军事项目，另一方面用于抢占高端民用市场。2009 年，IBM 和欧洲工业发展署合作启动百万万亿次计算机的研究工作，为石油、气象和实时金融服务等领域设计 E 级超级计算机。2010 年 10 月，著名咨询机构高德纳（Gartner）公司报告指出：在新兴技术的市场期待值曲线上，人们对高性能计算技术的期望值已经逼近顶峰，计算机技术必须取得突破。E 级计算对性能的渴求早已超出了当前处理器的能力，并且在追求性能的同时，对能耗、可用性、成本等指标的追求也日益苛刻[1]，下面主要列出与编程技术相关的关键科学问题。

1. 浮点效率的挑战

文献[2]指出，有限元/有限差分和分子动力学模拟这两大类的基本数值方法仍将是未来百亿亿级（Exaflops）科学与工程计算的核心应用算法。尽管用于并行计算机性能评价的 Linpack 标准测试测得的并行计算的浮点效率一般可以达到 80%以上，但是对于真实的科学工程计算，程序达到的浮点效率一般只占到峰值性能的一小部分。特别是对于隐格式计算，这个比例很少超过 20%。而对于加速器增强型的并行计算机，这个浮点效率的问题则更为严重。因为 GPU、MIC 一类的加速器芯片虽然大幅提升了峰值浮点计算性能，但是访存带宽却没有同比提升。目前的科学工程应用算法多以访存密集型为主，性能提升由硬件的访存能力决定（对于大规模并行机群，节点之间的通信性能也是性能的另一个重要影响因素）。

　　根据在天河-1A、天河 2 号上进行的心电模拟、岩石沉降模拟等研究工作也验证了以上论点。本质上，这两个应用的数学模型分别是非线性的偏微分方程系统+常微分方程组、非线性的偏微分方程系统，我们采用的数值方法是有限差分、显格式。尽管选用了相对高计算访存比的数值解法，并且做了相当的手工调优工作，但是我们在天河-1A 和天河 2 号上所达到的浮点效率仍然有限。我们使用了 1024 个天河-1A 节点进行沉降模拟，双精度浮点性能最高达到 72.8Tflops，浮点效率为 14%[3]；使用 128 个天河-1A 节点进行心电细胞级行为模拟，双精度浮点为 5.57Tflops，浮点效率为 8.5%[4]；基于天河 2 号系统的心脏亚细胞级钙动力学模拟（接近 1 纳米级），我们最多使用了 4096 个节点，双精度浮点性能为 1.27Pflops，浮点效率为 9%[5]。当前我们还没有对 1 个肌纤维节在 1nm 的精度进行模拟。在文献[5]中，我们就 3nm 精度下 1 个肌纤维节 24ms 的钙动力学行为进行模拟。

　　值得注意的是，由于节点间通信开销的增长，应用浮点性能并不会随着节点规模线性增长。也就是说，过低的浮点效率将会导致超级计算机名义上的峰值性能的提升，不会带来真实模拟性能的提升。

　　2. 应用向硬件的协同设计挑战

　　对于科学与工程应用的最终用户（领域专家），浮点效率虽然很重要，但是他们的第一关注点还是可接受的精度和稳定性结果，然后是最短计算时间，这也是高性能计算所追求的终极目标。因此，面向体系结构选择合适的数值解法对于取得多方的折中至关重要。除了传统精度、收敛性等指标之外，计算密集度、数据移动复杂性（包括芯片级的访存、节点内计算设备间、节点间的数据通信）等都需要数值专家仔细考量。

　　以心脏亚细胞钙动力学[5,6]为例，其数学模型是由非线性偏微分方程组成的紧耦合系统，能够描述更多的钙动力学细节，对应的数值解法有隐格式、半隐格式、显格式三种。相对来说，虽然显格式的数值方法精度和稳定性较低，需要更多的时间步，总的计算操作数要远高于其他数值方法，但是显格式数值算法具有更好的并行性。现有的数值算法基于在每个时间步，通过求解单个全耦合非线性代数方程组来同时更新所有的未知量，采用结构化规则网格和显式求解。然而这种解法并不完全适合天河 2 号上的纳米级精度模拟。一方面，这种解法需要的牛顿迭代次数极大，如何设计出能够求解所有的耦合在一起的不同位置的钙离子浓度，并且快速迭代收敛的线性解法是一个挑战；另一方面，通用的显式数值算法计算访存比仍然比较低，难以发挥 MIC 这类加速器优势，而且不加选择地使用显式解法，会使得计算量急剧增多，导致大量的冗余计算，浪费计算资源。因此，如何创新选择和调整已有模型的数值解法，兼顾应用和硬件的需求、实现应用向硬件的协同设计、减少对宝贵计算资源的浪费，是一个巨大挑战。

　　3. CPU-加速器协同程序设计的挑战

　　加速器增强型超级计算机的编程难度很大，就可查到的公开发表的文献来看，我们的研究团队目前在天河-1A 和天河 2 号超级计算机上的使用规模在国内乃至国际上都处于前列。我们在天河 2 号上最高使用了 12288 个 Intel MIC 加速器，而在 2013 年11 月全球超算大会上公布的使用协处理器加速的最高性能的应用是在美国 Titan 超级计算机上使用了 18600 个 NVIDIA GPU 加速器。这从一个侧面反映了编程的难度。通常对于这一类机器的使用，很多用户考虑程序移植性的问题仅使用 CPU。特别是天河2 号超级计算机，每一个计算节点有 3 块 MIC 加速器，其系统结构特征在世界上也是唯一的，编程模式几乎无从参考。

根据我们的经验，使用天河 2 号进行大规模高性能计算的编程难点主要为：①通信层次繁多且复杂，涉及节点间、节点内、芯片内三个层次，包括节点间多进程 MPI通信、节点内 host-MIC 以及 MIC-MIC 的 PCI-E 设备间通信、单 CPU/MIC 上的核间多线程通信等多种类型。而最大化减少通信又是程序性能优化的重要手段。②加速器和 CPU 都需要性能调优，特别是对于原本用 Python 语言编写的科学计算串行代码，不仅需要用 C 语言将其重新并行实现到新的平台上，而且针对新型的加速器 MIC 的性能优化也极具挑战性，需要耗费极大的人力和时间，如我们的钙动力学程序由原来的串行代码的 3000 行变成了 25000 行，耗费 12 个月。因此，急需用户友好的编程和调优手段来辅助程序开发人员进行高效的程序设计。

9.2　Scale up 与 Scale out 的比较

前面章节所描述的都是传统高性能计算的范畴。随着机器性能的不断提升，互联网经济/大数据时代的到来催生的新兴应用及开源软件飞速进步，使得以往很多需要传统高性能计算才能解决的问题有了更多选择，如廉价集群的广泛使用。这里有两个非常重要的概念：Scale up 和 Scale out。

根据 Wikipedia 的解释[7]，Scale up 指纵向扩展，或向上扩展，意思是在单节点内提高 CPU 或存储的配置，就是传统意义上的硬件升级；Scale out 指横向扩展或向外扩展，意思是增加更多的节点。随着计算机价格的不断下降和性能持续提升，低成本的商用系统（与传统高性能集群相比）可以被用来执行一些过去只能依靠超级计算机才能处理的高性能计算应用，如地震分析、生物计算。几百个廉价机器可以组合成集群获得超过传统高性能单节点的能力。尤其是现在高性能的互联，如 Myrinet 和 InfiniBand技术可用，直接使得以前对于商用系统不能处理的远程维护和批处理管理变得可行。

可以看出，Scale out 概念源头明确，是与传统高性能集群相反的，大约是从 Google使用廉价集群开始，并逐渐流行起来。事实上，硬件框架的构造还是由其上层任务决定的。与这两种框架对应的就是 Scale up/Scale out 任务。传统的计算任务多数是 Scaleup 任务，如科学计算、桌面应用、Spec2000[8]等，随着单机配置的提高，任务完成的时间会缩短；Scale out 任务则是随着互联网时代的到来兴起的，主要存在于数据密集型计算、数据存储服务、云计算、Web 搜索引擎、数据存储等领域，典型的 Benchmark

有 HiBench[9]、YCSB[10]、Cloudsuit[11]、BigdataBench[12]、Berkeley BigData Benchmark[13]
等，这类应用单个任务通常不会随着单机的配置有明显变化，这是由这类任务的典型
计算特征决定的：①指令 Cache 预取与任务需求不匹配，失效率高；②指令级、存储
级并行程度低；③任务所涉及的数据集大，往往超过片上 Cache 的大小；④片上片外
带宽需求低。因此对于这类任务，人们更多地关注如何处理更多的任务、更大的数据。

　　通过分析不同的任务特点，反过来可以帮助我们理解传统高性能计算和面向大数
据的计算的区别，前者是为了集中优势力量（物理上机器集中放置在一个超算中心）
完成一个任务，而后者是利用分散的力量（物理上机器分布式存放，数据中心实体可
能分散在各地）完成多个任务，这些任务之间独立性强，相关性弱，通信需求极低。

9.3　未来可能的发展方向

　　随着互联网任务的复杂化、硬件性能的提升，我们认为根据应用的需求，技术也
将逐渐走向融合。例如，廉价商用集群以前是使用以太网互联的，而现在也开始使用
InfiniBand 这类高速互联，GPU 等高性能加速器的使用也屡见不鲜。高性能计算随着
数据中心这一功能的兴起，也将逐渐走下神坛，逐步为大众服务。所以，应用的需求
是计算平台永恒的驱动。下面我们就简述大规模机器学习这一新兴的复杂任务。

9.3.1　大规模机器学习

　　互联网使得人类第一次有机会收集全人类的行为数据，从而为机器学习这一持续
了数十年的研究方向提供了全新的机会——从互联网数据中归纳人类的知识，从而让
机器比人类"聪明"（一些较为常用的机器学习算法科普请参见文献[14]、[15]）。机器
学习也从浅层学习逐渐向深度学习发展[16,17]，深度神经网络（deep neural network）就
是其中之一，它代表当前最先进发展水平的感知模型之一。该模型能够将原始输入的
数据逐层解析为符号，提取出复杂的多层组合特征，在机器视觉和听觉系统方面取得
了巨大的成功和广泛的应用[18-21]。2013 年 *MIT Technology Review* 杂志将深度学习评为
十大突破性技术之首。许多深度学习算法是受到人的视觉系统的启发，利用卷积操作来
模拟真实神经元的感受，称为卷积神经网络（Convolutional Neural Networks，CNN）[22]。

　　由于这些深度学习通过提升训练样本的数量和模型参数的规模，大幅提高了分类
的精准度，所以通常处理的都是大数据。根据纽约大学教授 facebook、人工智能实验
室主任 LeCun 的定义，数据通常以 $N \times T$ 这样一个 2D 表的形式存在，N 表示每个样本
向量的维度（可能非常稀疏），T 表示训练样本的数量（可能有限），大数据指 N 或者
T 非常大或者二者都大[23]。例如，一个面向 ImageNet 的 1000 类图片的标准 CNN 网络[24]
的训练样本为 1.3M 幅图片，每幅图片大小为 80~150k，特征向量维度为 4096，一次
前向计算涉及 60M 网络参数，计算量为 1.7Gflops。

　　面对大规模机器学习，Scale up 和 Scale out 任务的特征兼而有之，人们自然想到提升算法的扩展性以使用更好更大的平台来完成[25-27]。

　　权值共享的特点使 CNN 训练具有良好的多层次并行性，包括模型并行和数据并行两个方面，如图 9.1 所示。

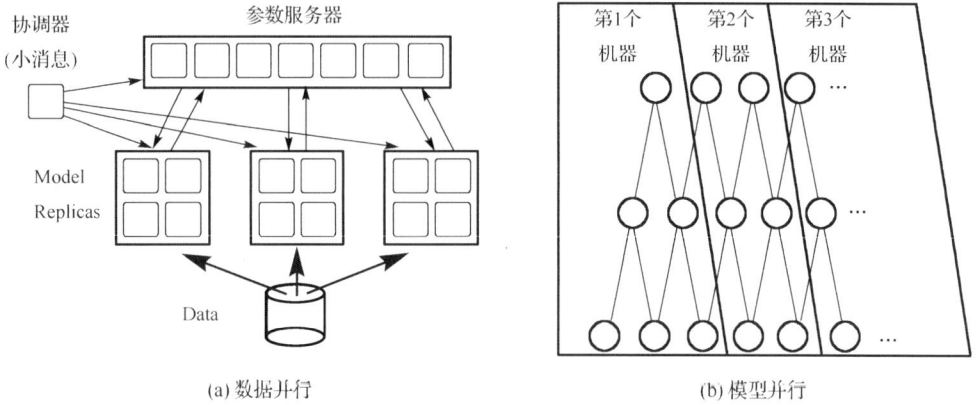

(a) 数据并行　　　　　　　　　　　　　　　　(b) 模型并行

图 9.1　典型的数据并行和模型并行示意图

　　所谓数据并行，是指对训练数据进行切分，同时采用多个模型实例，对多个分片的数据进行并行训练。完成数据并行需要进行参数的交换和更新，通常由一个参数服务器来完成（参数服务器不一定为一个独立的服务器，也可以附属在一个负责分发数据的主进程上）。训练过程中，多个模型实例的训练相互独立，训练的结果，即模型参数的残差 Δw 需要传回参数服务器，由参数服务器负责完成模型参数的更新 $w' = w - \eta \cdot \Delta w$，并将新的模型参数分发给各个训练程序继续进行训练[27]。模型参数的更新通常也分为同步和异步两种模式，取决于参数交换的过程是否需要各个训练进程之间进行一次同步。所谓模型并行，是指将网络模型拆分为几个部分，分别由不同的计算单元所持有，利用任务可并行性达到整个模型在计算过程中的并行化效果[28]。模型并行通常带来的是模型的切分以及通信和同步的时间开销，尤其是使用多 GPU 架构时，由于远程设备存储访问速度远低于本地存储访问速度，所以如何高效利用设备间的数据复制，使计算数据本地化，也是提高并行效率的关键问题所在。

　　我们使用天河-1A 做了一个初步的尝试。基本配置为 16 个节点，每个节点 2 × Intel Xeon CPU（6 core）+ 1 × NVIDIA C2050 GPU。我们主要采用的并行模式是数据并行，每个计算节点上存储一个网络模型实例，主进程负责训练数据的存储和分发，每次当所有训练进程完成一个 batch-size 的数据集，所有进程进行一次同步，并由主进程完成残差的收集与归约，并将更新后的模型重新分发给各个训练进程。但是最终测试效果不理想，究其原因有以下几个方面：①图像数据的读取开销成为瓶颈。由于数据集规模巨大且集中存储于主节点，训练前磁盘 I/O，数据预处理的时间开销在一定程度上影响了程序的性能。②同步时间开销较大。一个 batch-size 的训练结束后需要进行所有进程的同步，完成残差的收集和模型参数的更新，随着节点数目的增加，进程间的同步开销逐渐增大。③GPU 显存受限，由于天河-1A 使用的是 C2050 的显卡，其显存大小为 3G，因此单进程所能允许设置的最大 batch-size 仅为 128，这就降低了一个 batch-size 的训练效率，同时降低了模型的收敛速度。

在美国著名超计算机蓝水（blue water）上做了尝试。基于异步随机梯度下降（Stochastic Gradient Descent，SGD）原理[29]，使用了 32 个节点，每个节点上有一块 NVIDIA Tesla K20X GPU，采用的并行模式是异步数据并行+模型并行，在大规模 GPU 集群下加速了深度学习网络的训练。由于异步数据并行，每个训练进程完成一个 batch-size 后独立地回传残差并更新模型参数，降低所有进程同步的频率，减小进程间的同步等待开销，而模型并行将整个网络模型拆分到多个 GPU 上进行存储和训练，突破了单 GPU 的显存限制，可以提高 batch-size 的大小，也可以训练更大规模的网络结构，从实验效果上来看，这种异步的数据并行+模型并行能够有效地提高训练效率。

目前据我们所知，在 CNN 网络上，单节点训练速度最快的为 krizhevsky 在卷积神经网络上做的并行优化[30]，使用的是 12-core Intel CPU + 8 × NVIDIA K20 GPU 组成的单节点服务器。CNN 中卷积层参数只占 5%，计算时间占据了 90%～95%，全连接层参数占据了 95%，而计算时间只有 5%～10%。为了更深层次地挖掘网络模型的并行性，他们采取的模式是卷积层的数据并行+全连接层的模型并行，如图 9.2 所示。每个训练单元保存一个独立的卷积层结构，并执行不同的数据 batch 进行训练，全连接层所有训练单元执行同一个数据 batch，并进行必要的数据通信。这种方式的优势在于既提高了卷积层模型的训练效率，将卷积层对图像空间特性提取的特点的影响降到最低，又将全连接层的参数分布到多个训练单元，降低了全连接层并行训练的通信开销。同时根据训练单元的数目相应调整了学习率等参数的大小，保证网络能够更高效地收敛。在 8GPU，batch-size 设置为 1024 时取得的最高的加速比达到 6.25 倍。

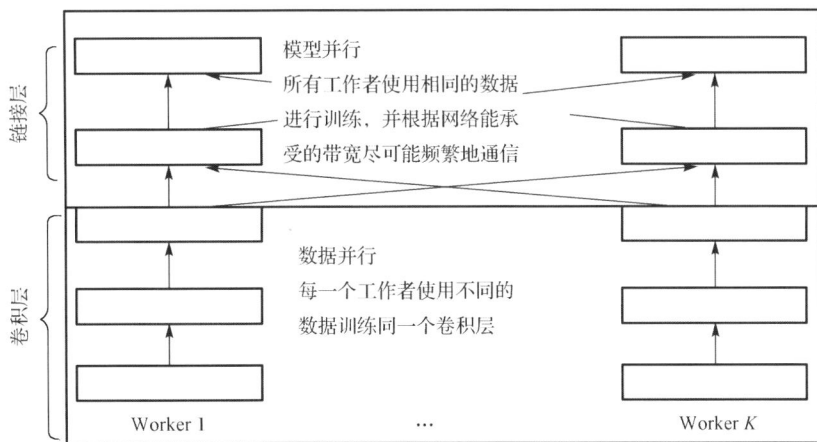

图 9.2　卷积层数据并行+全连接层模型并行分析

　　尽管用于图片分类（延伸的机器学习领域还包括语音、视频等）的 CNN 网络训练是一个典型的高性能计算问题，但是不代表高性能计算可以处理所有的大规模机器学习的问题。首先 Scale up 扩展本身就有很多值得研究的问题，其次数据可以很轻松地突破限制，例如，今后的分类样本可以是 50MB 的高分辨率图像，分类的样本就是 200MB 大小的视频[31]，亦或存储在分布式文件系统中[32]的分布式数据。

　　下面给出了一些与未来可能的高性能计算编程环境相关的、值得借鉴的热点方向。

9.3.2　热点方向

1.　自动并行框架

　　基本上不可能存在一种普适的自动并行框架能够解决所有任务在各种大规模集群上的并行，因为不同的任务有不同的特征，通常都是面向一类问题，运行层次也不完全相同。下面介绍几种比较有代表性的工作。

　　Google MapReduce[33]/Apache Hadoop[34]，它们都是 MapReduce 的两种框架实现，后者是前者的仿品，因为前者不开源，所以有一定区别。本质上，MapReduce 就是将任务自动部署到多机器上并行实现，并且将运行结果收集整合的过程，适合那些并行度高的情况（也就是任务之间无相关性），无法处理需要迭代或者通信的计算任务，如深度网络、科学计算等。

　　Google Distbelief[35]用在大规模集群上进行并行分布式的训练深度网络的软件框架，支持多层次并行：①模型并行，单节点内和多节点之间；②数据并行。这个框架也实现了节点间同步、通信的管理，提出了 Downpour SGD 和 L-BFGS 算法，都是分布式节点间梯度等参数通信的方法，也是其他大规模机器学习可能会涉及的，关于这个主题也可以参考每年的机器学习预级会议 ICML 会议。

2.　编程友好、高产出、高效率

　　为了追求高性能，Scale up 扩展使用加速器结构（如 GPU、MIC 或者一些面向计算或数据处理的 FPGA）成为常见做法。由于多种异构处理器引发的编程挑战在前面多次提及，编程友好、高产出、高效率的编程语言是程序员的福音。事实上，这几个指标是有其不一致的目标。编程友好指易于编程，它是相对概念，例如，OpenMP 只需要在串行程序中增加一些指导语句，就可以实现并行，比 CUDA 要容易简单。高产出指可以很快地开发出软件，高效率指程序可以高效率地在硬件上执行，高效率的语言往往并不是高产出的，例如，C++是公认的高效率语言，但是编程不易；而 Java，Python，MATLAB 较为高产出，但是由于是解释执行，效率不高。下面介绍几类有代表性的工作。

　　OpenCL，号称是统一的跨平台的编程模型。虽然它被众多处理器支持，如多核 CPU、GPU、Cell、Xeon Phi 等，OpenCL 程序可以不加修改地运行在不同平台上，但是 OpenCL 的性能可移植性不令人满意，这一点在体系结构差别较大的情况下尤为突出。也就是说为多核 CPU 编写的 OpenCL 程序不可能同样高效地运行在 GPU 上，必须进行体系结构适配的改写[36]。其根本原因是 OpenCL 模型抽象所有的目标机为统一的平台模型、存储模型、执行模型，但在真实环境中目标机是变化的，程序员需要为不同的平台实现平台对应的优化策略[37,38]，近期也涌现了代码转换（code transformation）[39]和自动调优（auto-tuning）[40]等方法来帮助简化程序员的负担。

面向领域的语言（Domain-specific Language，DSL）是一种面向领域专家的高产出编程方法，如 MATLAB[41]、Python[42]、Ruby[43]等。这些高产出语言使用高级语法使得程序可以很简洁，但由于脚本语言的特征，这类程序往往呈现执行时间长等低效特征，使用库函数 BLAS[44]、LAPACK[45]是一种可行的加速方法。Stanford 大学提出的 DSL 框架 Delite[46]，将语言分层，分别面对开发应用的领域专家和关注底层硬件的效率专家，可以使用它来开发 DSL。在执行时，Delite 将这些 DSL 开发的应用转换成一种中间表示（Intermediate Representation，IR），进行分门别类的面向领域的并行优化，并且产生面向多种异构硬件设备的执行图。近期，以超威（Advanced Micro Devices，AMD）为首的 HAS（heterogeneous）基金会也提出了基于 HSAIL 中间语言的编程架构以及规范[47]，也是试图解决程序功能/性能可移植性问题。

3. 容错

容错传统高性能计算是巨大挑战，因为节点任务之间是紧耦合，每一步迭代之间会有通信。目前天河系列超级计算机上，主要是依靠程序员自己在程序中设置检查点，换句话说就是只要有一个节点工作不正常，程序就会停止运行，然后我们可以从上一个检查点处重新执行。如果程序涉及的节点规模很大，那么这个出错的概率变得很高。例如，天河 2 号全系统，上万个节点同时稳定工作的时间也就是数小时。对于以周或月为单位计算的大规模机器学习以及全年无休的大数据商业服务，容错显得极其重要。

这一点以 Google 为首的大数据公司做得很好，因为他们使用的是更加不稳定的分布式异构廉价集群，于是大规模集群的管理系统必不可少，这里面一个重要的功能就是容错。一旦某个任务失败，它会在其他节点上部署并重启该任务。例如，Google 的 Borg（C++）/Kubernetes[48,49]（用 Go 语言重写的 Borg，2014 年下半年开源），MapReduce 就是建立在 Borg 的基础上，所以某种程度上 Borg 属于 OS 层次，已经在 Google 运行十年之久。其他的 YARN[50]和加州大学伯克利分校/Twitter 的合作项目 Mesos[51]都试图复制 Borg，不过还是有所区别，一些相关知识科普可以参考文献[52]。

除了 Google、Facebook，国内的百度、腾讯都组建和开发了自己的高性能集群以及并行框架，一些开源项目也风起云涌，具体可以参考文献[53]~[56]。

参 考 文 献

[1] Researchgate. ExaScale Computing Study: Technology Challenges in Achieving Exascale Systems

[EB/OL]. https://www.researchgate.net/publication/242366160_ExaScale_Computing_Study_Tech-nology_Challenges_in_Achieving_Exascale_Systems.

[2] 田荣, 孙凝晖. 关于我国百亿亿级计算发展的思考 [J]. 中国计算机学会通讯, 2013, 9 (3):52-60.

[3] Wen M, Su H, Wei W, et al. Using 1000+ GPU and 10000+ CPU for sedimentary basin simulations [C]. IEEE International Conference on Cluster Computing (CLUSTER), 2012: 27-35.

[4] Jun C, Mei W E N, Nan W U, et al. Simulating cardiac electrophysiology in the era of GPU-cluster computing [J]. IEICE Transactions on Information and Systems, 2013, 12 (96) :2587-2595.

[5] Chai J, Hake J, Wu N, et al. Towards simulation of subcellular calcium dynamics at nanometre resolution [J]. International Journal of High Performance Computing Applications, 2013, 29: 51-63.

[6] Hake J, Edwards A G, Yu Z, et al. Modelling cardiac calcium sparks in a three‐dimensional reconstruction of a calcium release unit [J]. The Journal of Physiology, 2012, 590 (18): 4403-4422.

[7] Wikipedia. Scalability [EB/OL]. http://en.wikipedia.org/wiki/Scalability.

[8] Standard Performance Evaluation Corporation. SPEC CPU2000 [EB/OL]. http://www.spec.org/cpu2000/.

[9] Murali G. Intel HiBench [EB/OL]. https://github.com/intel-hadoop/hibench.

[10] Yahoo. Cloud Serving Benchmark [EB/OL]. https://github.com/brianfrankcooper/YCSB.

[11] EPFL PARSA. Cloudsuit [EB/OL]. http://parsa.epfl.ch/cloudsuite/cloudsuite.html.

[12] Wang L, Zhan J, Luo C, et al. Bigdatabench: a big data benchmark suite from internet services [C]. High Performance Computer Architecture (HPCA), 2014 IEEE 20th International Symposium on IEEE, 2014: 488-499.

[13] University of Berkeley. Berkeley Big Data Benchmark [EB/OL]. https://amplab.cs.berkeley.edu/benchmark/.

[14] 吴军. 数学之美 [M]. 北京: 人民邮电出版社, 2012.

[15] 王益. 分布式机器学习的故事 [EB/OL]. http://cxwangyi.github.io/notes/2014-01-20-distributed-machine-learning.html.

[16] 叶晓芸, 秦鉴. 论浅层学习与深度学习 [J]. 教育技术导刊, 2006 (1): 19-21.

[17] Hinton G, Osindero S, Teh Y W. A fast learning algorithm for deep belief nets [J]. Neural Computation, 2006, 18 (7): 1527-1554.

[18] Farabet C, Couprie C, Najman L, et al. Learning hierarchical features for scene labeling [J]. Pattern Analysis and Machine Intelligence, IEEE Transactions on, 2013, 35 (8): 1915-1929.

[19] Kavukcuoglu K, Sermanet P, Boureau Y L, et al. Learning convolutional feature hierarchies for visual recognition [C]. Advances in Neural Information Processing Systems, 2010: 1090-1098.

[20] Dahl G E, Yu D, Deng L, et al. Large vocabulary continuous speech recognition with context-dependent DBN-HMM [C]. Acoustics, Speech and Signal Processing (ICASSP), 2011 IEEE International Conference on IEEE, 2011: 4688-4691.

[21] Mohamed A, Sainath T N, Dahl G, et al. Deep belief networks using discriminative features for phone recognition [C]. Acoustics, Speech and Signal Processing (ICASSP), 2011 IEEE International Conference on IEEE, 2011: 5060-5063.

[22] LeCun Y, Bengio Y. Convolutional networks for images, speech, and time series [J]. The Handbook of Brain Theory and Neural Networks, 1995, 3361: 310.

[23] CILVR Lab @ NYU. Big Data, Large Scale Machine Learning [EB/OL]. http://cilvr.cs.nyu.edu/doku.php?id=courses:bigdata:start.

[24] Krizhevsky A, Sutskever I, Hinton G E. Imagenet classification with deep convolutional neural networks [C]. Advances in Neural Information Processing Systems, 2012: 1097-1105.

[25] Coates A, Huval B, Wang T, et al. Deep learning with COTS HPC systems [C]. Proceedings of the 30th International Conference on Machine Learning, 2013: 1337-1345.

[26] Le Q V. Building high-level features using large scale unsupervised learning [C]. 2013 IEEE International Conference on Acoustics, Speech and Signal Processing (ICASSP), 2013: 8595-8598.

[27] Dean J, Corrado G, Monga R, et al. Large scale distributed deep networks [C]. Advances in Neural Information Processing Systems, 2012: 1223-1231.

[28] 蒋杰, 金滓. 解密接近人脑的智能学习机器——深度学习及并行化实现 [J]. 中国计算机学会通讯, 2014, 10(11): 64-75.

[29] Zhang S, Zhang C, You Z, et al. Asynchronous stochastic gradient descent for DNN training [C]. 2013 IEEE International Conference on Acoustics, Speech and Signal Processing (ICASSP), 2013: 6660-6663.

[30] Krizhevsky A. One weird trick for parallelizing convolutional neural networks [J]. arXiv preprint arXiv:1404.5997, 2014.

[31] Karpathy A, Toderici G, Shetty S, et al. Large-scale video classification with convolutional neural networks [C]. 2014 IEEE Conference on Computer Vision and Pattern Recognition (CVPR), 2014: 1725-1732.

[32] Goodfellow I J, Bulatov Y, Ibarz J, et al. Multi-digit number recognition from street view imagery using deep convolutional neural networks [J]. arXiv preprint arXiv:1312.6082, 2013.

[33] MAPREDUCE. MapReduce [EB/OL]. http://research.google.com/archive/mapreduce.html.

[34] HADOOP. Hadoop [EB/OL]. http://hadoop.apache.org/.

[35] Dean J, Corrado G, Monga R, et al. Large scale distributed deep networks [C]. Advances in Neural Information Processing Systems, 2012: 1223-1231.

[36] Lan Q, Xun CQ, Wen M, et al. Improving performance of GPU specific OpenCL program on CPU [C]. Parallel and Distributed Computing, Applications and Technologies (PDCAT), 13th International Conference on IEEE, 2012: 356-360.

[37] Seo S, Jo G, Lee J. Performance characterization of the NAS parallel benchmarks in OpenCL [C]. IEEE International Symposium on Workload Characterization IEEE Computer Society, 2011: 137-148.

[38] 蓝强. 面向异构平台的典型编程模型分析与扩展 [硕士学位论文]. 长沙: 国防科学技术大学, 2012.

[39] Huang D, Wen M, Xun C, et al. Automated Transformation of GPU-Specific OpenCL Kernel Targeting Performance Portability on Multi-Core/Many-Core CPU [M]. Euro-Par 2014 Parallel Processing: Springer International Publishing, 2014: 210-221.

[40] Fang J, Varbanescu A L, Sips H. An auto-tuning solution to data streams clustering in opencl [C]. Computational Science and Engineering (CSE), 2011 IEEE 14th International Conference on IEEE, 2011: 587-594.

[41] The Mathworks. MATLAB [EB/OL]. http://cn.mathworks.com/products/matlab/.

[42] Python Software Foundation. Python [EB/OL]. https://www.python.org/.

[43] Wikipedia.Ruby(Programming Language)[EB/OL].https://en.wikipedia.org/wiki/Ruby_(programming_language).

[44] BLAS. Basic Linear Algebra Subprograms [EB/OL]. http://www.netlib.org/blas/.

[45] LAPACK Team. Linear Algebra Package [EB/OL]. http://www.netlib.org/lapack/.

[46] Nathan Bronson. Delite [EB/OL]. http://stanford-ppl.github.io/Delite/.

[47] HAS Intermediate Language [EB/OL]. http://www.extremetech.com/gaming/164817-setting-hsail-amd-cpu-gpu-cooperation.

[48] Kubernetes. Manage a Cluster of Linux Containers as a Single System to Accelerate Dev and Simplify Ops[EB/OL]. http://kubernetes.io/.

[49] Verma A, Pedrosa L, Korupolu M, et al. Large-scale cluster management at Google with Borg [J]. EuroSys'15, 2015, 4: 1-17.

[50] Apache Software Foundation. Apache Hadoop 2.7.1[EB/OL]. http://hadoop.apache.org/docs/current/.

[51] Apache Mesos. Program Against Your Datacenter Like It's a Single Pool of Resources[EB/OL]. http://mesos.apache.org/.

[52] 王益. 分布式机器学习的故事: Docker 改变世界 [EB/OL]. http://zhuanlan.zhihu.com/cxwangyi/19902938.

[53] HPCWire. Tech Giants Battle for lmage Recognition Supremacy [EB/OL]. http://www.hpcwire.com/2015/05/13/tech-giants-battle-for-image-recognition-supremacy/.

[54] Wu R, Yan S G, Shan Y, et al. Deep Image: scaling up image recognition [J]. arXiv: 1501.02876v3, 2015.

[55] Zou Y Q, Jin X, Li Y, et al. Mariana: tencent Deep learning platform and its applications, proceedings of the VLDB endowment[J]. 2014, 7(13): 1772-1777.

[56] GitHub. Cxxnet [EB/OL]. https://github.com/antinucleon/cxxnet.

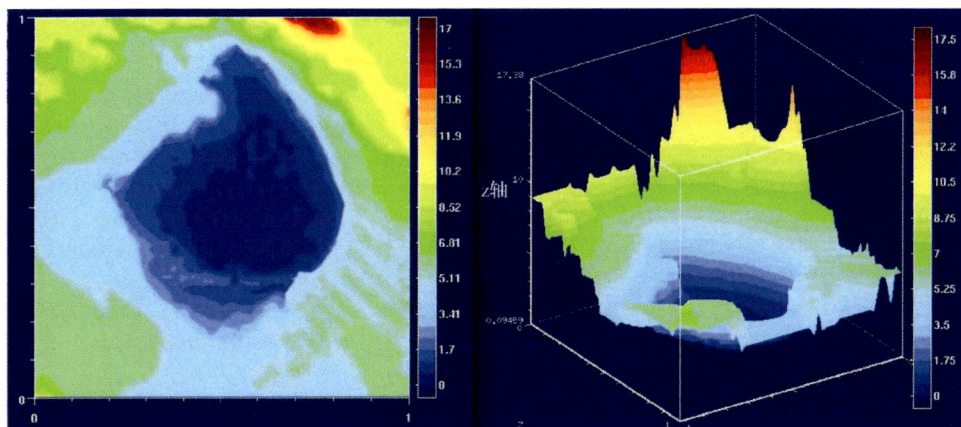

图 7.9　Okeechobee 湖的测量水深：数组 h 的初始值示意图

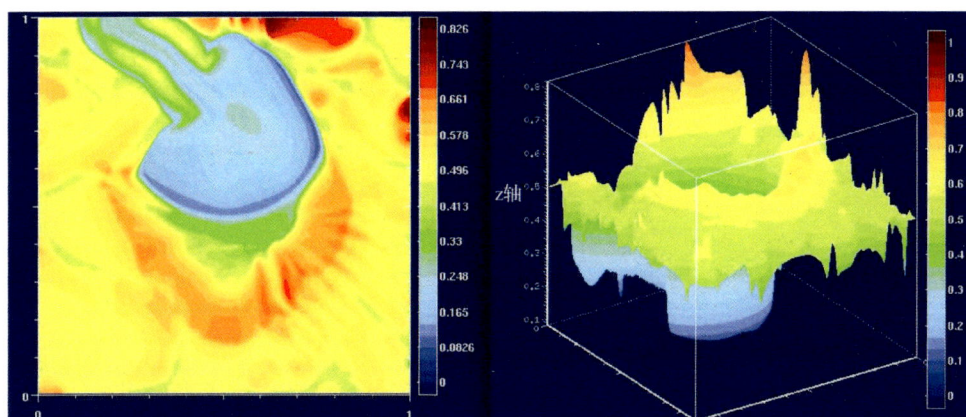

图 7.10　模拟 50000 年后湖中沉积物 s 的结果

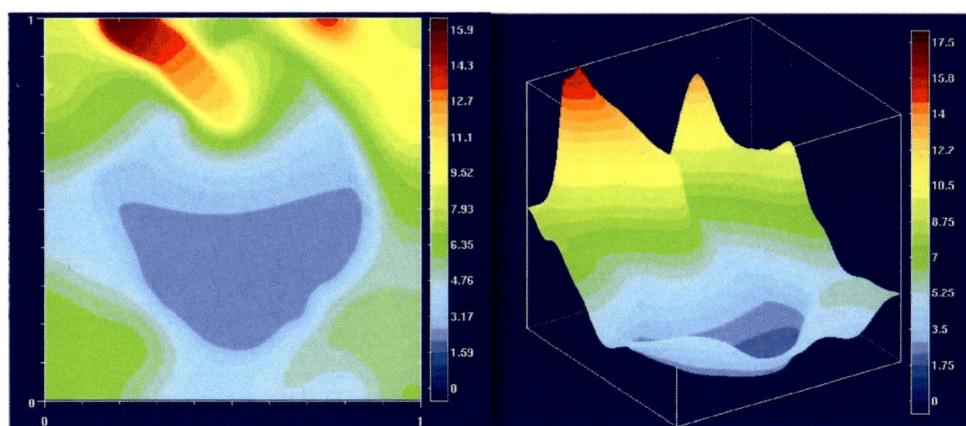

图 7.11　模拟 50000 年后湖水深度 h 的结果

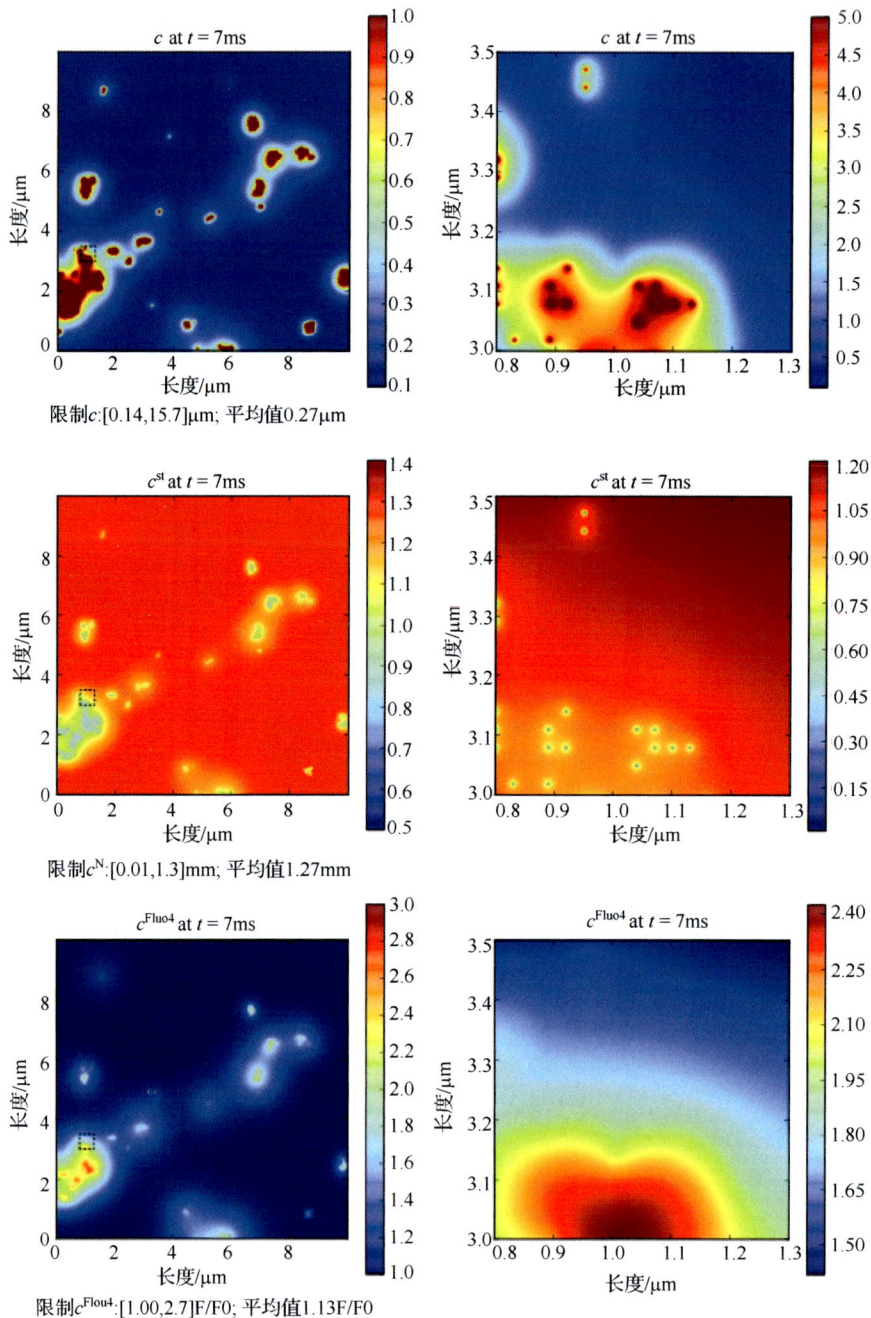

限制c:[0.14,15.7]μm; 平均值0.27μm

限制c^N:[0.01,1.3]mm; 平均值1.27mm

限制c^{Flou4}:[1.00,2.7]F/F0; 平均值1.13F/F0

图 8.7　模拟 7ms 的 xy 截图，左列展示了 xy 空间的全范围结果，右列展示了
CRU 周围的特写

（注意到对 c 和 c^{st} 分别使用μm 和 mm 作为单位）

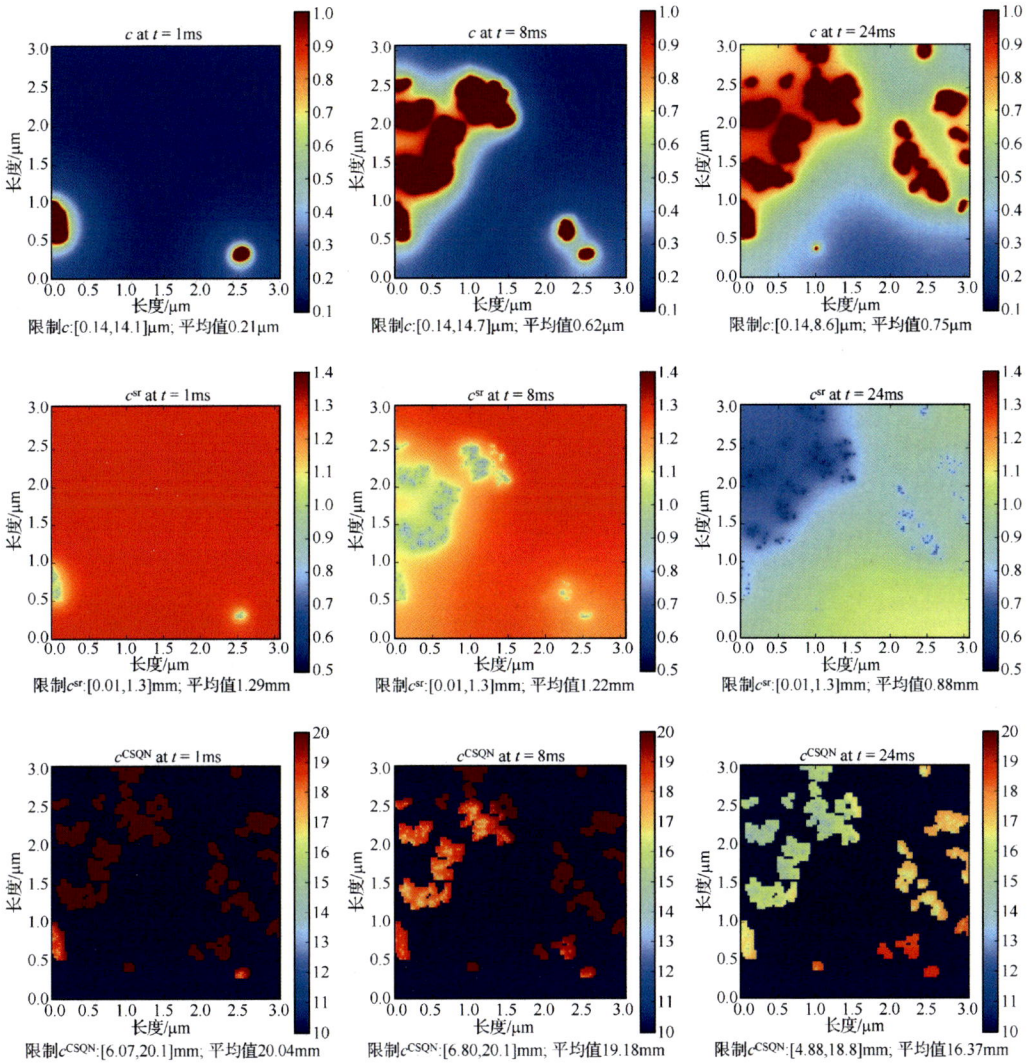

图 8.8　钙波动的演变，在最后一行，深蓝色表示空的空间，即没有 CSQN 缓冲